Das Geographische Seminar

Herausgegeben von
PROF. DR. RAINER DUTTMANN
PROF. DR. RAINER GLAWION
PROF. DR. HERBERT POPP
PROF. DR. RITA SCHNEIDER-SLIWA

PAUL REUBER
CARMELLA PFAFFENBACH

Methoden der empirischen Humangeographie

Beobachtung und Befragung

westermann

Privatdozentin Dr. Carmella Pfaffenbach (Jg. 1963). Studium der Fächer Geographie, Islamwissenschaften und Soziologie an der Universität Erlangen, 1993 Promotion an der Universität Erlangen, 2001 Habilitation an der Universität Bayreuth. 1994-1999 wissenschaftliche Assistentin an der TU München; 1999-2003 wissenschaftliche Assistentin und Oberassistentin an der Universität Bayreuth; 2003-2005 Vertretungsprofessur an der Universität München; seit 2005 Oberassistentin an der Universität Bayreuth. Forschungsschwerpunkte: Sozialgeographie, Transformationsforschung, Migrationsforschung, Tourismusforschung.

Prof. Dr. Paul Reuber (Jg. 1958). Studium der Fächer Geographie, Biologie und Pädagogik. 1992 Promotion an der Universität zu Köln, 1998 Habilitation an der Universität Heidelberg, 2000 Vertretung einer Professur an der Universität Mainz, ab 2001 Lehrstuhl für Anthropogeographie am Institut für Geographie der Universität Münster. Sprecher des Arbeitskreises Politische Geographie der Deutschen Gesellschaft für Geographie, Member of the Steering Committee of the IGU Commission on Political Geography, Mitglied der Deutschen Akademie für Landeskunde, Mitglied im wissenschaftlichen Beirat des Leibniz-Instituts für Länderkunde, Mitherausgeber der Studienbücher Geographie. Forschungsschwerpunkte: Politische Geographie, Kultur- und Sozialgeographie.

1. Auflage 2005

© Bildungshaus Schulbuchverlage Westermann Schroedel Diesterweg Schöningh Winklers GmbH, Braunschweig 2005

Titelillustration: Mario Valentinelli
Verlagslektorat: Rainer Aschemeier, Sylke Haß
Herstellung: Barbara Thomas
Druck und Bindung: popp druck Langenhagen

ISBN 3-14-**16 0342**-1

Inhalt

Vorwort

Empirisches Arbeiten ist ein wichtiger Bestandteil der Humangeographie und des humangeographischen Studiums. Da viele der methodischen Arbeitsweisen der Geographie ihre Wurzeln in den Nachbarwissenschaften haben, kann auf eine Vielfalt entsprechender Spezialliteratur aus diesen Bereichen zurückgegriffen werden, die auch für geographische Arbeitsweisen Relevanz besitzt. Hinzu kommt, dass insbesondere die im engeren Kern einer klassisch raumbezogenen Arbeitsweise liegenden Verfahren auch innerfachlich schon mit einer Vielfalt von Detail- und Spezialliteratur vertreten sind. Das gilt für den traditionellen Bereich der Kartographie, die Computerkartographie und die Karteninterpretation ebenso wie für die analogen und digitalen Verfahren der Fernerkundung und – last but not least – für die neuen und neuesten Anwendungen aus dem Bereich der Geographischen Informationssysteme.

Mit Blick auf ein einführendes Methodenbuch fällt bei der Durchsicht des reichhaltigen Literaturkorpus ein Manko auf, das sich sicherlich nicht durch alle, aber doch durch einen erheblichen Teil der vorhandenen Abhandlungen zieht: die meisten methodisch ausgerichteten Bücher konzentrieren sich entweder auf die Vermittlung des jeweiligen „technischen" Spezialwissens, das notwendig ist, um eine Arbeitsweise auf der praktisch-instrumentellen Ebene richtig zu handhaben und vernachlässigt dabei die konzeptionelle Reflexion. Andere Lehrbücher, insbesondere im Bereich der qualitativen Sozialforschung, argumentieren fast ausschließlich auf der theoretisch-konzeptionellen Ebene, vernachlässigen aber den empirischen Teil in der praktischen Umsetzung. Das Anliegen des vorliegenden Lehrbuchs besteht darin, zumindest einführend diese beiden Aspekte miteinander zu kombinieren. Auf diese Weise lassen sich die Fragen, die bei der empirischen Feldarbeit aufkommen, grundlegender beantworten: Was leistet eine Methode? Welchem wissenschaftlichen Weltbild und Selbstverständnis ist sie verpflichtet? Welche Art von Weltkonstruktion entsteht durch den Einsatz einer bestimmten Methode?

Wo liegen – nicht nur aus technischer, sondern aus grundsätzlicherer Perspektive – die jeweiligen Stärken und Schwächen bestimmter Verfahren?

Inwieweit man derartige Inhalte bereits in ein einführendes Lehrbuch über Arbeitsmethoden aufnehmen soll, wird in der wissenschaftlichen Gemeinschaft kontrovers diskutiert. Während die einen meinen, im Grundstudium sei eher die Vermittlung konkreten und damit auch für die Studierenden einfacher erfassbaren Wissens angesagt, plädieren andere dafür, bereits früh auch auf die erkenntnistheoretischen Grundlagen des eigenen Tuns hinzuweisen und konzeptionelle Fragen der methodologischen Reflexion von Anfang an gleichberechtigt mit einzubeziehen, weil eigentlich nur auf einer solchen Basis auch eine tiefgreifende, über rein instrumentelle Aspekte hinausgehende Kritik möglich wird. Die Autoren dieses Buches schließen sich eher der zweiten Richtung an, sie sind der Meinung, dass dem methodischen Detailwissen von vorn herein eine Sensibilität für die konzeptionelle Ebene der Betrachtung zur Seite gestellt werden muss. Dabei soll es im vorliegenden Buch aber nicht um eine fachchinesisch abschreckende Form der Erörterung gehen, sondern um den Versuch, den Studierenden des Faches bereits im Grundstudium die entsprechenden Aspekte in didaktisch reduzierter und sprachlich verständlicher Form näher zu bringen.

Die Einbindung der konzeptionellen Ebene in ein einführendes, auch vom Umfang her begrenztes Lehrbuch geht ganz zweifellos zu Lasten der Detailtiefe. Dies bezieht sich einerseits auf die Anzahl der als Beispiele für die unterschiedlichen Grundpositionen verwendeten Methoden, andererseits auf die Differenziertheit der vorgestellten Arbeitsweisen. Entsprechend musste eine Auswahl getroffen werden. Dabei haben wir uns inhaltlich entschieden, den Fokus auf die Instrumente der Beobachtung (inkl. Zählung) und Befragung im geographischen Forschungskontext zu konzentrieren. Diese Wahl trägt dem Umstand Rechnung, dass die Spezialliteratur über Kartographie, Fernerkundung und GIS – wie oben bereits dargelegt – innerhalb des Faches gut ausgebaut ist, während Befragung und Beobachtung sowie Verfahren zu deren Auswertung oft eher in den Nachbarwissenschaften, aber nicht im spezifischen Kontext der Humangeographie thematisiert werden.

An diesen beiden Techniken lässt sich auch aus konzeptioneller Sicht besonders gut darlegen, wie unterschiedlich die Arbeitsweise ausfällt, wenn sie alternativ in einer quantitativ-analytischen oder in einer qualitativ-verstehenden Tradition erfolgt. Vom Design des Forschungsvorhabens, über die Gestaltung der Instrumente und die Durchführung bis zur Auswertung wirkt sich diese voranstehende Richtungsentscheidung tiefgreifend aus und beeinflusst auf diese Weise, wie der untersuchte Gegenstand am Ende in der wissenschaftlichen Repräsentation „erscheint". Insbesondere bei der Befragung lassen sich in Bezug auf die Auswertungsstrategien offener Interviews auch stellvertretend für die neuen poststrukturalistischen Methoden Ansätze der

Diskursanalyse diskutieren, die sich in der Geographie in den letzten Jahren in einer Reihe von Forschungsfeldern als Erweiterung des instrumen-tellen Spektrums zu verbreiten beginnt.

Die einführenden Bemerkungen zeigen bereits, dass hier alles andere als ein „vollständiges" Buch entstanden ist. Das Buch selbst ist eine Konstruktion, eine zutiefst heuristische Auswahl der Autoren, welche Bereiche aus der Vielfalt methodischer und methodologischer Aspekte einer modernen und postmodernen Humangeographie hier diskutiert werden sollen. Zumindest den beiden Mainstreams des quantitativen und qualitativen Arbeitens haben wir bewusst annähernd gleich viel Raum gegeben. Wir wollen kein Ranking der beiden Methoden durchführen bzw. keiner Methode den Vorzug geben. Die Kontroverse „quantitativ versus qualitativ" werden wir zwar aufgreifen und die jeweiligen Stärken und Schwächen thematisieren, jedoch nicht um zu polarisieren. Vielmehr möchten wir gegen einen Methoden-Rigorismus und für einen Methoden-Pluralismus plädieren, sofern die jeweils gewählte Methode konzeptionell auf ihre Angemessenheit hin überprüft und dann konsequent umgesetzt wird. Zudem werden in humangeographischen Studien nicht selten beide Methoden miteinander kombiniert, um vielfältige Ergebnisse von unterschiedlicher Reichweite gewinnen zu können. Die Kombination der Methoden darf jedoch keine Beliebigkeit bedeuten: *Many Things Go* lautet die Devise – und nicht: *Anything Goes*!

Das Buch hätte in dieser Form nicht entstehen können ohne die vielfältige Diskussion mit den Fachkolleginnen und -kollegen. Wir können an dieser Stelle nicht allen danken, die uns in den verschiedenen Phasen der Entstehung des Buches mit ihren Ideen und Anregungen unterstützt haben. Unser besonderer Dank richtet sich an HERBERT POPP, der die Entstehung des Bandes als Mitglied des für die Reihe verantwortlichen Herausgebergremiums betreut hat. Des Weiteren danken wir sehr herzlich HANS GEBHARDT, GÜNTER WOLKERSDORFER, ANNIKA MATTISSEK, GERALD WOOD und MICHAEL FLITNER für Ihre inhaltlichen Anregungen bei der Durchsicht von Teilen des Rohmanuskripts. Schließlich gilt unser Dank dem Verlag, insbesondere Frau SYLKE HAß, und den Herausgebern für die Aufnahme des Bandes in die Reihe und für ihre Geduld.

Ein besonders herzlicher Dank gilt unseren studentischen Mitarbeiterinnen und Mitarbeitern IRIS DZUDZEK, KIRSTEN FESTERS, SHADIA HUSSEINI, MIRIAM OSTER und STEFFEN RAMER, die mit viel Engagement, Herz und Verstand an diesem Projekt mitgearbeitet haben.

München/Münster, Dezember 2004   PAUL REUBER und
                                                  CARMELLA PFAFFENBACH

1 Wir forschen noch immer am Strand, aber der Strand ist bunter geworden

„Der Strand" – das ist das fast schon legendäre Fallbeispiel, mit dem PETER HAGGETT in den 1980er Jahren seinen Lehrbuch-Klassiker über die *„Geographie als moderne Synthese"* einleitete. Unzählige Studierende haben an HAGGETTS Analyse des *„Strandlebens"* ihre erste „Tuchfühlung" mit den Inhalten unseres Faches aufgenommen, sind ihm gefolgt, wenn er die Frage diskutierte: *„Was macht das Strandleben mit seinen so gewöhnlichen Ereignissen für Geographen eigentlich interessant?"* HAGGETT beantwortet diese Frage, indem er an Beispielen zeigt, durch welche theoretischen und methodischen Brillen ein Geograph den Strand betrachtet und welches Bild dabei jeweils herauskommt. Der Geograph befasst sich aus seiner Sicht *„mit Vorliebe mit der Lage im Raum, [...] eine ungenaue Standortangabe wäre für einen Geographen genauso schrecklich wie die falsche Aussprache für einen Sprachforscher"* (HAGGETT 1991, S. 34). Auf die Situationsbeschreibung folgt dann die Suche nach *„räumlichen Mustern und Aufgliederungen"* (ebd.). Und sobald der Raum mit seinen natürlichen und sozialen Phänomenen vermessen ist, kann der Geograph diese Muster zeitlich weiter differenzieren, denn *„Raum und Zeit bilden zusammen das Rahmenwerk [...], innerhalb dessen sich menschliches Leben entwickelt"* (ebd. S. 41).

Die anschließende Suche nach dem „warum", nach Erklärungsansätzen für die räumlichen und zeitlichen Muster im Strandleben führen aus diesem klassischen Blickwinkel in eine Welt der Begründungen, die ihre konzeptionellen Fundamente schwerpunktmäßig in naturwissenschaftlich ausgerichteten Formen der sozialräumlichen Analyse findet. So wird zum Beispiel die Verteilung der Menschen am Strand als räumliche Diffusion beschrieben, ihr Kommen, Verweilen und Gehen schlägt sich in Form von Raum-Zeit-Pfaden in dreidimensionalen Aktionsraum-Diagrammen nieder etc. Solche Ansätze sind typisch für diejenigen Teilbereiche der Humangeographie, die diese Phänomene als objektiv messbare oder zumindest als objektiv erfassbare Größen untersuchen, und die deshalb fachsprachlich oft als *„szientistisch"* bezeichnet werden.

Abb. 1a: Rucksacktouristen am Strand von Kho Phangan, Südthailand
Foto: P. REUBER 2003

Abb. 1b: Ein anderer Blick auf den Strand: tunesische Binnentouristen am Strand von Gammarth/Tunis
Foto: C. PFAFFENBACH 1997

Es besteht kein Zweifel: Mit ihren verschiedenen Betrachtungsperspektiven hat uns die quantitativ ausgerichtete Humangeographie den Strand näher gebracht. Sie hat ihn uns „vertraut gemacht", denn sie hat die bunte Vielfalt des Lebens mit wissenschaftlichen Methoden in überschaubarer Form geordnet. Sie hat uns dabei aber gleichzeitig und fast unmerklich eine bestimmte Form der Sicht auf den Strand nahe gelegt, uns eine bestimmte wissenschaftliche Brille aufgesetzt, die unseren Blick auf das Strand-Leben und die Art, wie wir dessen Phänomene analysieren, bestimmt.

Diese wissenschaftliche Perspektive hat aber ihre Grenzen, sie hat – um im Bild zu bleiben – blinde Flecken an bestimmten Stellen. Sie betrachtet zum Beispiel höchstens am Rande den relativen und sozial konstruierten Charakter des Strandes und des Strand-Lebens. Auf dieses Problem weist HAGGETT selbst in seiner Einführung bereits hin, wenn er ansatzweise Betrachtungsperspektiven hinein nimmt, die uns jenseits der metrischen Gewissheit mathematisch-statistischer Berechnungen führen. Wie der einzelne Mensch beispielsweise den Strand bewertet, ist sehr unterschiedlich und hängt von subjektiven Faktoren ab: *„Die Umwelt bietet viele Auswahlmöglichkeiten, wovon aber immer nur einige gesehen werden"* (ebd., S. 44). Das Problem reicht jedoch tiefer und zeigt sich deutlicher, wenn wir HAGGETTs Strandleben weiterspinnen und dabei auch unseren geographisch-fachlichen Betrachtungspunkt auf bisher weniger beleuchtete Aspekte konzentrieren. Was wir mit einer quantitativ-analytischen Perspektive kaum in den Blick bekommen konnten, sind zum Beispiel die vielschichtigen Hintergründe des Strandlebens. Gemeint sind die Spielregeln des Miteinanders am Strand, die Ziele und Handlungen der Menschen, die hier zusammenkommen. Gemeint sind auch die vielen spielerischen bis bitterernsten Konflikte um „Macht und Raum", die das Strandleben zu einer dynamischen, sozialgeographischen Miniatur der Gesellschaft machen. Sie äußern sich – ganz vordergründig bereits – im Kampf der Strandbewohner um ihr Territorium. Die Urlauber zücken, ob mit oder ohne Badehose, ein subtiles Arsenal an Waffen, um ein möglichst großes Territorium zu behaupten und ihre Nachbarn auf Distanz zu halten. Recht friedlich verlaufen dabei noch die mit Badeschlappen, Förmchen, Federballschlägern und Handtüchern ausgefochtenen Revierkämpfe. Doch es gibt weit schwierigere Schlachtfelder am Strand, dort, wo die Strategien des Kampfes um Macht und Raum auch physisch gesehen, das unterste nach oben kehren. Es sind die Terrains, wo der Burgenbau dominiert und sein gewaltiges Netz symbolträchtiger Demarkationslinien schafft. Heimat und Grenze, das Eigene und das Fremde, sind die großen Motive dieses endlosen Strandkampfes. Die ersten Urlaubstage vergehen mit einer aufwendigen Grabungsphase, und je tiefer der Strandkorb im Sand verschwindet, desto höher erhebt sich die Sandmauer zu den Nachbarn. Was man innen mit Liebe und Muschelmosaiken verziert, das schützt man nach außen mit Gießkanne und

Burgwall – und wehe, eins von diesen unberechenbaren kleinen Kindern trampelt in seiner jugendlichen Ignoranz über das urlaubsarchitektonische Festungswerk!

Wenn man über solche Geographien des Alltags noch schmunzeln mag, und vielleicht über ihr Fehlen in der wissenschaftlichen Analyse leichter hinwegkäme, so blieben aber ohne einen handlungsorientierten Blick auch ernstzunehmendere Perspektiven im Dunkeln, wie zum Beispiel die „Dunkelmänner" selbst. Nur ein Blick hinter die Kulissen des Strandlebens, etwa auf die verborgenen Netzwerke der lokalen Tourismusakteure von den Strandverkäufern bis zu den Immobilienspekulanten, vermag die subtile Archäologie der Macht offen zu legen, die sich hinter dem idyllischen Szenario verbirgt. Was von außen regional verschieden als Strandkorb-Idylle, als sangria-seliger Ballermann-Beach oder als exotische Palmen-Kulisse mit farbigen Händlern, wehenden Tüchern und Kinderarbeit daherkommt, gehorcht einer dahinter liegenden Choreographie der Macht im Raum. Nur eine handlungs- und konfliktorientiert arbeitende Humangeographie kann mit ihren Methoden zeigen, wie der Strand von den kleinen Geldgeschenken der Sandwichverkäufer an die Hotel- und Strandkneipeneigentümer bis zu den Schlepperbanden im Hintergrund als Einkommensressource instrumentalisiert und als Territorium konstruiert wird.

Eine weitere, für das Verständnis der „merkwürdigen" Aktivitäten der Menschen am Strand vielleicht noch viel grundsätzlichere Frage bleibt aber auch bei einem solchen, inhaltlich und methodisch erweiterten Zugriff unbeantwortet: Wie kommt die Gesellschaft dazu, ausgerechnet dieses sandig-salzige Schmutzmilieu zu dem Ort zu erheben, an dem sie ihr Goldenes Kalb „Urlaub und Freizeit" am liebsten anbetet? Was bringt ganze Familien und Lifestyle-Traveller gleichermaßen dazu, die Welt von Sauberkeit und Sagrotan und die Sphären von Design und Duftkultur zu verlassen, um sich bis auf die Badehose auszuziehen, sich mit einer schmierigen weißen Creme einzureiben, die den Sand an der Haut kleben lässt, und sich – manchmal bis zur Blasenbildung – dem Brand der Sonne auszusetzen?

Um solches Verhalten „sinnhaft" zu machen, bedarf es der Schaffung eines gewaltigen Mythos, einer semantischen Aufladung des „Strandes", die ihn von einem Ort lebensfreundlicher Kargheit zum Freizeitmekka der westlichen Industrie- und Wohlstandsgesellschaften gemacht hat. Diese Mutation ist alles andere als eine „natürliche" Entwicklung. Dieser Mythos ist vielmehr ein Produkt der Mode, einer der wichtigsten Diskurse unserer Spaßgesellschaft. Und er ist doch nicht universell, sondern hat nur eine eingeschränkte geographische Gültigkeit: Noch heute wenden sich etwa viele Balinesen mit Grauen vom Meer ab. Sie überlassen den Strand, wo die bösen Geister an Land kommen, gerne den weißhäutigen Ferntouristen und begreifen kaum, dass diese auch noch viel Geld dafür bezahlen, sich den finsteren

Energien durch ausgiebiges Verweilen auszusetzen. Und wenn die gefährli-
che Brandung dann wieder einmal einen von ihnen verschluckt, sehen sie das
als die Macht des Schicksals an. Der Strand als Ort der bösesten Geister und
der höchsten Freizeitfreuden – diese Differenzen sind alles andere als „natürlich": Sand ist Sand, mögen die Naturwissenschaftler sagen, aber die symbolische Aufladung lässt die Bedeutung dieses Ortes für die Gesellschaft gravierend auseinander klaffen[1]. Diese Unterschiede entstehen in der Sprache,
im Diskurs, in der Art, wie eine Gesellschaft einen solchen Ort interpretiert

Abb. 2: Ballermann 6 - Die semantische Aufladung des Strandes zum bevorzugten Freizeit-
ort der Spaßgesellschaft

---

1) Dass solche symbolischen und alltagsweltlichen Bedeutungsdifferenzen sich auch wandeln können,
zeigt sich am Beispiel Tunesiens. War der Strand traditioneller Weise allenfalls ein „kühler" Ort, der
eine Flucht aus der inländischen Hitze möglich machte, so adaptieren mittlerweile gerade die
Angehörigen einer in ihrem Lebensstil stärker international ausgerichteten Klientel die von den
Urlaubsgästen ins Land gebrachte Bade- und Spaßkultur am Strand.

und ihn in das Geflecht ihrer Mythen, Erzählungen und sozialen Spielregeln einordnet. Der Strand ist nicht „von Natur aus" ein idealer Freizeitort, sondern er wird es erst im Diskurs der Gesellschaft, der Strand als Freizeitort ist – so würde man heute radikaler sagen – eine Erfindung der Menschen, er ist eine soziale Konstruktion.

Solche Aspekte zu untersuchen, erfordert eine Vervielfältigung der Methoden. Unser Bild vom Strand bleibt lückenhaft, wenn wir uns allein auf die Methoden einer schwerpunktmäßig quantitativ-analytischen Geographie verlassen. Entsprechend hat sich – verstärkt bereits in den letzten beiden Jahrzehnten – nicht nur am Strand, sondern auch bei den Konzepten und Arbeitsweisen der Geographie einiges verändert, was den Blick auf weitere, für die geographische Analyse des Lebens in dieser Freizeitoase der modernen Gesellschaft wichtige Teilaspekte möglich gemacht hat. Mit anderen Worten: der Strand ist bunter geworden, nicht nur im Freizeit-Alltag, sondern auch in den wissenschaftlichen Analysen der Geographen.

1.1 Die Humangeographie in der Postmoderne und die Pluralität der Methoden

Die Veränderung im Selbstverständnis, mit dem ein Geograph das Strandleben untersucht, allgemeiner: die Veränderung im Selbstverständnis, mit dem die Geographie als Wissenschaft an ihren Gegenstand herangeht, zeigt bereits, wie stark sich die Humangeographie als eine prozessuale Wissenschaft versteht. Sie ist sich bewusst, dass sie sich als Gesellschafts-Raum-Wissenschaft den Turbulenzen ihres komplexen Gegenstandes durch eine dynamische Weiterentwicklung ihrer Theorien und Konzepte anpassen muss. Dieser Aspekt ist gerade auch für ein Buch über bestimmte Arbeitsweisen des Faches von grundlegender Bedeutung. Es geht hier ja ganz zentral um die Frage des wissenschaftlichen Blickes, und zwar sowohl um seine methodisch-konzeptionellen Grundlagen (*Methodologie*) als auch um seine ganz konkreten, praktischen Arbeitsweisen. Auch für diesen Aspekt bietet das einführende Beispiel vom Strandleben wichtige Hinweise: die Fokussierung des Strandes mit unterschiedlichen Sichtweisen und Erhebungstechniken, ob mit Verteilungsmessungen, mit Handlungsanalysen oder mit Diskursanalysen, lässt den Strand in den Augen der Wissenschaftler jeweils in unterschiedlicher Form „erscheinen". Der Strand zeigt sich einmal als distanzielle Anordnung von Menschen, einmal als Handlungszusammenhang, ein drittes Mal als sprachliche Erzählung im Freizeitdiskurs der Gesellschaft, und all diese Varianten sind nichts „objektives", sondern sie stellen Konstruktionen dar, die „erschaffen" werden durch die *Methoden*, mit denen der Geograph den Strand betrachtet.

Dieser Betrachtung und den daraus resultierenden Konsequenzen widmet die *Methodenreflexion* viel Aufmerksamkeit. Sie macht auch für die Geographie deutlich, dass die theoretischen Modelle und die praktischen Arbeitsweisen nicht objektiv sind, sondern Konventionen darstellen, die sich im Laufe der Zeit verändern können. Hatte seinerzeit die Wissenschaft noch stärker das Image eines objektiven Anwalts der Gesellschaft, der sozusagen aus neutraler Perspektive die relativen Weltsichten der Menschen am Strand bloßlegt, selbst aber – in der Tradition von Aufklärung und Moderne – als Sachwalter einer objektiv richtigen Perspektive auftrat, so tritt mittlerweile das Bewusstsein für die eigene Normativität und den kontextuellen Charakter wissenschaftlichen Arbeitens stärker in den Vordergrund.

Das zeigt die heutige Wissenschaftsforschung zunehmend klarer: Die Wissenschaften produzieren mit ihren Methoden keine letztlich „richtige" Erkenntnis, schon gar nicht im Sinne einer objektiven Wahrheit. Entgegen dem alten, positivistischen Weltbild der Aufklärung und dem damit verbundenen Gedanken vom linearen Fortschritt sind sie auch niemals in der Lage, ihr Beobachtungsobjekt „wirklich" (objektiv) zu erkennen. Stattdessen beschreiben ihre Arbeitsmethoden die soziale Welt auf eine spezifische Art und Weise; und mit der Methode, d. h. mit der Art der Beobachtung, verändert sich auch die Welt, die man beobachtet. *„Die Wissenschaften sprechen nicht von der Welt [...] Sie konstruieren (stattdessen) künstliche Repräsentationen, die sich immer weiter von der Welt zu entfernen scheinen und die sie dennoch näher bringen"* (LATOUR 2000, S. 43).

Diese relative Position ist eine folgerichtige Antwort der Postmoderne auf den Absolutheitsanspruch der Moderne. Mit dem Ende der *„Großen Erzählungen"* (LYOTARD 1999)[2] musste auch die Wissenschaft zur Kenntnis neh-

---

2) LYOTARD hat mit seinem Klassiker *„Das Postmoderne Wissen"* die sich verändernde Rolle der Wissenschaft und ihres Anspruchs innerhalb der Gesellschaft dargelegt. Eine der Kernthesen des bereits in den 60er Jahren entstandenen Textes besagt, dass (auch) die Wissenschaften mit ihren Methoden kein objektives Wissen produzieren, sondern dass der Gedanke wissenschaftlicher Objektivität vielmehr als strategisches Sprach-Spiel angesehen werden muss, als eine Art von Machtdiskussion, der – um mit FOUCAULT zu sprechen – die Rolle der Wissenschaften als objektive Instanz der Produktion „sicheren" Wissens und damit als unbestechlicher Anwalt der Gesellschaft zementiert hat. Tatsächlich kann LYOTARD darlegen, dass diese Rollenzuschreibung selbst keine unveränderliche Gültigkeit besitzt, sondern eine gesellschaftliche Konstruktion von großer Reichweite und Durchsetzungskraft bildet. Solche Konstruktionrn, die bereits so lange gültig waren, dass sie den Status von quasi-Gewissheiten erlangen konnten, bezeichnet er als *„Große Erzählungen"*. Diese Rolle wird in den letzten Jahrzehnten zunehmend aufgebrochen, und die Wissenschaft muss sich ein neues Selbstverständnis und auch eine neue Rolle innerhalb der Gesellschaft geben. Dabei gewinnt man insbesondere *„die Idee, dass die Überlegenheit der stetigen, ableitbaren Funktion als Paradigma der Erkenntnis und Prognose im Verschwinden begriffen ist. In ihrem Interesse für die Unterscheidbaren, für die Grenzen der Präzision der Kontrolle, die Quanten, die Konflikte unvollständiger Informationen, (...) entwirft die postmoderne Wissenschaft die Theorie ihre eigenen Evolution als diskontinuierlich, katastrophisch, nicht zu berichtigen, paradox"* (LYOTARD 1999, S. 172 f.). Dieser Prozess kennzeichnet im Augenblick vor allem die Kulturwissenschaften und beeinflusst auch Teilsegmente der Humangeographie. Er führt hier sowohl zu einer vermehrt theoriegeleitet-konzeptionellen Reflexion als auch zu einer Erweiterung und Pluralisierung der Methoden.

men, *„that all the great truths are false"* (DEAR 1994). Die ebenso unbestreitbare wie radikale Perspektive schafft zunächst große Verunsicherung, denn sie entzieht der Wissenschaft eine ihrer wesentlichen traditionellen Legitimationen: ihren Status als unabhängige und objektive Instanz gesellschaftlicher Selbstreflexion (und Wahrheitssuche). Aus postmodernem Blickwinkel ist das wissenschaftliche Wissen vielmehr eine *„Art des Diskurses"* (LYOTARD 1999, S. 25).

Entsprechend kann es auch in den Kulturwissenschaften nicht länger um die Suche nach dem heiligen Gral der Moderne, d. h. um die Suche nach der einen universellen Theorie der Gesellschaft gehen. Der große, teleologisch angelegte Spannungsbogen weitet sich auf in eine Vielzahl von Möglichkeiten, und die Wissenschaft reagiert darauf mit einer postmodernen Differenz pragmatischer Theoriekonstruktionen mittlerer Reichweite sowie einer Pluralisierung ihrer Methoden. Diese Entwicklung lässt sich auch in der Humangeographie beobachten. Was Geographinnen und Geographen als eine „gute" Methode ansehen, ist – so könnte man sagen – kontextspezifisch: Es ist historisch und geographisch „eingebettet" in die gesellschaftlichen Strukturen und Rahmenbedingungen, und es richtet sich entsprechend auch nach den Problemen, die die Gesellschaft ihrer Wissenschaft zur Bearbeitung aufgibt. Mit einer Vielzahl alter und neuer Methoden fängt die Humangeographie die ebenso vieldeutigen, wechselhaften und fließenden Geographien des Sozialen ein und erzählt sie in einer *„multiplicity of stories"* (MASSEY 1999, S. 14).

Wenn die Humangeographie eine solche Rolle als *„open geography"* (ALLEN 1999) erfüllen will, muss sie ihre theoretischen Fundamente und – damit untrennbar verbunden – ihre methodischen Arbeitsweisen laufend kritisch reflektieren und anpassen. Welche Ansätze – so muss die Frage lauten – sind geeignet, die neuen Geographien des Sozialen von der weltweiten Transformation bis zu den lokalen Lebensstilen und Milieus angemessen wissenschaftlich zu untersuchen? Die Humangeographie muss in der Lage sein, die Folgen von Makrotrends wie Globalisierung und politischer Transnationalisierung ebenso zu erfassen wie die sozialen Differenzierungs- und Fragmentierungsprozesse in den regionalen und lokalen Lebenswelten. Nur dann kann sie dazu beitragen, den für die derzeitige konzeptionelle Diskussion der gesamten Kulturwissenschaften wichtigen Aspekt des „Raumes" (*spatiality*, vgl. SOJA 1996, 2003) angemessen zu untersuchen und auch zu einem geographischen „Re-Thinking" traditionell „raumarmer" Gesellschaftstheorien beizutragen (*spatial turn*: vgl. GEBHARDT, REUBER & WOLKERSDORFER 2003).

Das setzt zunächst ganz grundsätzlich einen konstruktivistischen Blickwinkel voraus (MASSEY, ALLEN & SARRE 1999; GREGORY 1994; SOJA 1996 u. v. a.), und es verlangt Methoden, die die sehr unterschiedlichen inhaltlichen Perspektiven sensibel auszuleuchten vermögen. Die Humangeographie benötigte daher, neben den bereits länger etablierten quantitativ-szientisti-

schen Techniken, vermehrt sog. *„qualitative"* Verfahren, deren Renaissance
in den 1980er Jahren mit der Wiederentdeckung hermeneutisch-verstehender
Methoden begann (SEDLACEK 1982). Dieser Trend setzte sich mit dem *„cultural turn"*, dem *„spatial turn"* (SOJA 1999) und dem *„linguistic turn"* (JOHN-
STON 1997), generell mit der Einführung poststrukturalistischer Konzepte, in
den 90er Jahren fort. Methodisch traten hier sprach- und zeichenorientierte
Ansätze hinzu, wie z. B. die *Diskursanalyse* oder die *semiotische Analyse*.
    Diese Verfahren fußen aber nicht nur auf unterschiedlichen Techniken.
Sie werden dahinter liegend durch tiefe erkenntnistheoretische Gräben
getrennt. Wenn deshalb die Pluralisierung der Methoden in der Humangeographie nicht zu einem pragmatischen Inkrementalismus führen soll, dann
muss auch in einem Buch über humangeographische Arbeitsweisen neben
dem üblichen, eher praktischen Abriss über das konkrete methodische
Rüstzeug (hier konkret bezogen auf Verfahren der Beobachtung und Befragung) sehr viel stärker als bisher die *methodologische Dimension* mit erörtert werden. Das mögen Pragmatiker, die nach einem vordergründig praktischen, ergebnis- und anwendungsorientierten Leitfaden suchen, zunächst
bedauern. Wenn sie sich aber vor Augen führen, wie tief greifend sich
bereits die so genannten „qualitativen" Methoden erkenntnistheoretisch
und methodologisch von den bereits länger etablierten quantitativ-szientistischen Arbeitstechniken auf der Grundlage von POPPERS kritischem
Rationalismus unterschieden, dann wird ihnen klar, dass ohne eine beglei-
tende, auch die konzeptionellen Grundlagen thematisierende Reflexion die
spezifischen Stärken und Schwächen des praktischen Einsatzes unterschiedlicher humangeographischen Arbeitsweisen nicht befriedigend aus-
geleuchtet werden können. Ein Buch, das sich mit Methoden beschäftigt,
muss klären, was diese unter den Bedingungen einer „relativen" und konstruktivistischen Humangeographie zu leisten vermögen, welche inhaltlichen Aussagen damit möglich sind und wo die Grenzen solcher Ansätze
liegen.
    Eine solche Art der methodischen Reflexion wird erst recht unter den
Bedingungen einer sich pluralisierenden und konzeptionell offenen
Humangeographie notwendig, deren Werkzeuge sich in den letzten Jahrzehnten gleichsam vervielfacht haben. Schon immer gehörte zu den Traditionen des wissenschaftlichen Betriebes die methodische Fortentwicklung,
aber die Halbwertzeit neuer Theoriekonzepte und damit verbundener Forschungsmethoden scheint sich zunehmend zu verkürzen. Wie tief greifend
diese Veränderungen sind, wird noch klarer, wenn man sie über einen
größeren zeitlichen Rahmen hinweg betrachtet und sich beispielsweise vor
Augen führt, mit welchen Methoden die erdkundliche Beobachtung und
Forschung im *„Zeitalter der präklassischen Geographie"* (GEBHARDT
1993, S. 6) gearbeitet hat. Der Geograph, den ST. EXUPERY in seinem

„*Kleinen Prinzen*" beschrieb, kommt in seiner humoristisch anmutenden Karikatur (Abb. 3) als empirieloser Welt-Interpret daher, aber so weit hergeholt war eine solche Zuschreibung seinerzeit wohl nicht: Liest man zum Beispiel KANTS frühe geographische Beschreibungen, so zeigen diese, wie sehr der große Philosoph in seiner Rolle als Erdkundelehrer eine frühe Form des „*geographer of the armchair*" (STODDARD, zit. n. GEBHARDT 1993, S. 13) verkörperte, der genau die Methode zum Kern seiner Arbeit macht, die ST. EXUPERY im *Kleinen Prinzen* eher etwas amüsiert karikiert. KANT verwendete für die geographische Interpretation „fremder Welten" ausschließlich Berichte und Sekundärinformationen. Er hat, so wissen seine Biographen, seine Heimatregion um Königsberg zeitlebens nie verlassen (Abb. 4).

„Richtig", sagte der Geograph, „aber ich bin nicht Forscher, es fehlt uns gänzlich an Forschern. Nicht der Geograph geht die Städte, die Ströme, die Berge, die Meere, die Ozeane und die Wüsten zählen. Der Geograph ist zu wichtig, um herumzustreunen. Er verlässt seinen Schreibtisch nicht. Aber er empfängt die Forscher. Er befragt sie und schreibt ihre Eindrücke auf. Und wenn ihm die Notizen eines Forschers beachtenswert erscheinen, lässt der Geograph über dessen Moralität eine amtliche Untersuchung anstellen."

Abb. 3: Der Geograph satirisch gesehen
Quelle: Saint-Exupéry de, A.: Der kleine Prinz

Vergleicht man die heutige Situation der Humangeographie mit solchen Anfangsstadien, so hat sich die Methodenkompetenz von Geographinnen und Geographen nicht nur verändert, sondern geradezu umgekehrt. Wenn Praktiker gefragt werden, was sie an ihnen schätzen, dann nennen viele von ihnen an erster Stelle die methodische Ausbildung und Fertigkeit. Damit meinen die meisten die Kenntnisse im Bereich IT-basierter Methoden, z. B. Geostatistik, Computerkartographie oder Geographische Informationssysteme. Aber neben der „harten" Datenanalyse stellen auch die mittlerweile gut etablierten „weichen" (qualitativen) Forschungsmethoden eine Kompetenz dar, die in neuen Arbeitsfeldern gefragt ist, die vom Quartiersmanagement über die Konfliktmoderation bis zum Stadt- und Regionalmarketing reichen. Kurzum: Die Palette der humangeographischen Forschungspraktiken ist heute überaus breit. Sie deckt das gesamte Spektrum sozialwissenschaftlicher Arbeitsweisen ab und reicht von ethnomethodologischen Verfahren der teilnehmenden Beobachtung bis zur Satellitenbildanalyse.

§ 1

Man kann sagen, dass es nur in Afrika und Neuguinea wahre Neger gibt. Nicht allein die gleichsam geräucherte schwarze Farbe, sondern auch die schwarzen wollichten Haare, das breite Gesicht, die platte Nase, die aufgeworfenen Lippen, machen das Merkmahl derselben aus, ingleichen plumpe und große Knochen ...

(...)

§ 2

Einige Merkwürdigkeiten von der schwarzen Farbe der Menschen

1. Die Neger werden weiß geboren, außer ihren Zeugungsliedern und einem Ringe um den Nabel, die schwarz sind. Von diesen Theilen aus zieht sich die Schwärze im ersten Monat über den ganzen Körper.

(...)

§ 3

Meinungen von der Ursache der Farbe

Daß die Hitze des Erdstriches, und nicht ein besonderer Eltern-stamm hieran schuld sey, ist daraus zu ersehen, dass in eben demselben Lande diejenigen, die in den flachen Theilen desselben wohnen, weit schwärzer sind, als die in hohen Gegenden lebenden. Daher am Senegal schwärzere Leute als in Guinea, und in Congo und Angola schwärzere, als in Oberäthiopien oder Abyssinen.

(...)

§ 4

Der Mensch, seinen übrigen angebohrnen Eigenschaften nach, auf dem Erdboden erwogen.

In den heißen Ländern reift der Mensch in allen Stücken früher, erreicht aber nicht die Vollkommenheit der temperirten Zonen. Die Menschheit ist in ihrer größten Vollkommenheit in der Race der Weißen. Die gelben Indianer haben schon ein geringes Talent. Die Neger sind weit tiefer und am tiefsten steht ein Theil der amerikanischen Völkerschaften.

Abb. 4: Der Neger von Kant
Quelle: KANT, HENSCHEID (1802, 1988): Der Neger (Negerl). Zürich. S. 9 – 17, gekürzt.

Diese Methodenvielfalt des Fachs birgt in Forschung und Praxis große Chancen, führt aber gleichzeitig zu einer Reihe von ebenso ernsten Proble-

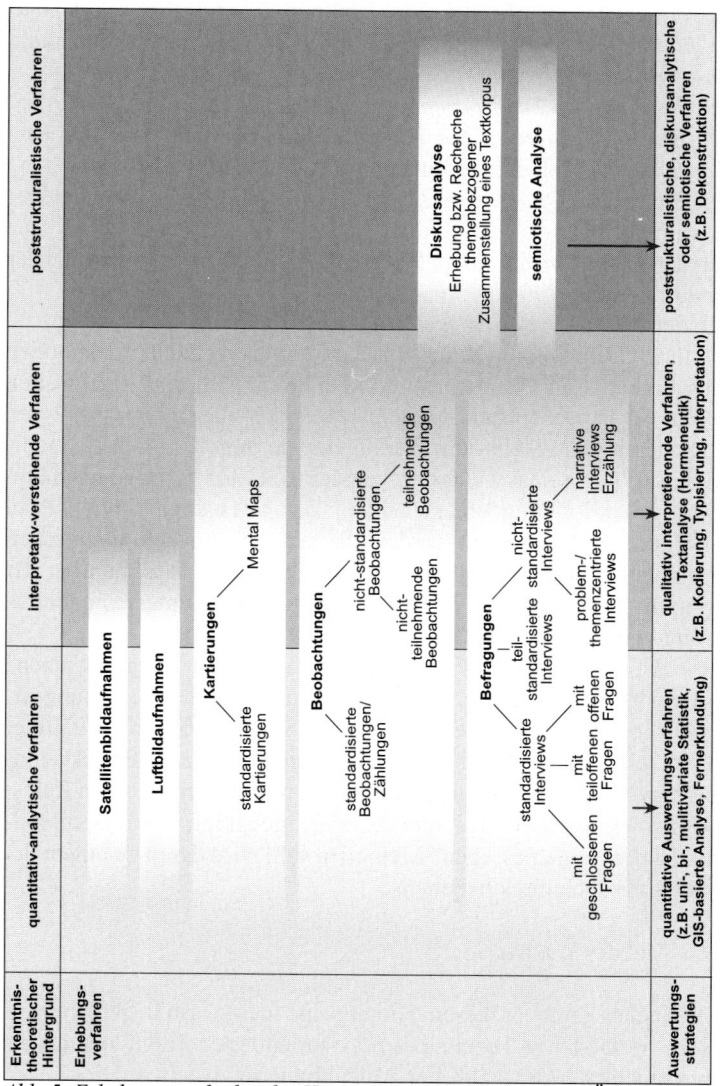

Abb. 5: Erhebungsmethoden der Humangeographie – ein kurzer Überblick
Entwurf: C. Pfaffenbach/P. Reuber; Grafik: S. Husseini

men, die sich erst auf den zweiten Blick offenbaren. So sind die unterschiedlichen Methoden, die in der Feldarbeit sogar oft in „hybriden" Ansätzen miteinander kombiniert werden, alles andere als beliebig einsetzbar. Sie benötigen im Gegenteil sehr differenzierte und festgelegte *Voraussetzungen* in mehrerlei Hinsicht:

- bezüglich ihres *erkenntnistheoretischen und methodologischen Fundamentes*, das *Gültigkeit und Reichweite* der auf ihnen beruhenden Aussagen und Ergebnisse bestimmt
- bezüglich des *theoretischen Konzeptes*, das der Studie zugrunde liegt
- bezüglich der *Strukturierung des Forschungsgegenstandes und des Forschungsdesigns*, das sich daraus ableitet
- bezüglich der *Art und Qualität der Daten und Materialen*, die dann konkret erhoben werden
- bezüglich der *Techniken der Feldarbeit* zur Gewinnung bzw. Recherche der Daten und Materialien
- bezüglich der *Techniken der Auswertung* dieser Daten und Materialien

Darüber hinaus ergeben sich aus den mit unterschiedlichen Methoden gewonnenen Ergebnissen jeweils bestimmte Gütekriterien und Reichweiten der Aussagen. So haben beispielsweise szientistisch-quantitative Analysen einen ganz anderen Gültigkeits- und Verallgemeinerungsanspruch als qualitative Studien, die sich selbst wiederum von der Relevanz von Diskursanalysen FOUCAULTscher Prägung unterscheiden. Das alles kann schnell dazu führen, dass Methoden verwendet werden, die man bei genauerem Hinsehen nicht oder nur mit Einschränkung verwenden dürfte, und dass man bei der Interpretation der Ergebnisse die methodenspezifisch sehr unterschiedlichen Rahmenbedingungen falsch einschätzt.

Kurzum – die Wahl einer der jeweiligen Fragestellung „angemessenen" Methode ist ein *Kernproblem* jeglicher humangeographischer Forschungsarbeit. Und mit diesem Problem werden auch die Studierenden in vielfältiger Weise konfrontiert – sei es bereits in studentischen Praktika, in Projektseminaren, in berufsvorbereitenden Langzeitpraktika, oder in Diplom- und Zulassungsarbeiten sowie später in den verschiedenen geographischen Berufsfeldern. Die Frage der „angemessenen" Methodenwahl wird damit zu einem der Schlüsselprobleme auch ihres Arbeitens.

1.2   Das Ziel des Buches

Das Ziel des Buches kann vor diesem Hintergrund nicht darin liegen, humangeographische Methoden in Form eines praxisorientierten Pragmatismus als eine Art instrumenteller, lexikalischer Aufzählung vorzustellen. Dies ist im Rahmen eines kleineren Lehrbuches weder möglich noch nötig. Ein erster Grund liegt darin, dass für eine Vielfalt geographischer Arbeitsweisen bereits eine teilweise sehr detaillierte methodische Spezialliteratur vorliegt. Dies gilt beispielsweise

- für den gesamten Bereich von Kartierung, Kartographie (bis hin zur Computerkartographie) und Karteninterpretation,

- für die Arbeit mit Geographischen Informationssystemen von der Datenaufnahme im Gelände bis zur Verarbeitung und Dokumentation in Karten sowie
- für die analogen und digitalen Verfahren der Luft- und Satellitenbildinterpretation.

Das vorliegende Buch konzentriert sich daher neben den allgemein konzeptionellen Kapiteln in seinen Beispielen auf Verfahren der Beobachtung (inkl. Zählung) und Befragung. Eine solche Wahl wurde getroffen,

- weil in diesem Bereich die vorhandene methodische Literatur nicht aus den primär mit raumbezogenen Problemen beschäftigten Fächern kommt, hier also oft eine entsprechende Adaption der Verfahren notwendig ist.
- weil sich gerade in den Beobachtungs- und Befragungsverfahren nebeneinander sowohl quantitative wie qualitative Erhebungstechniken herausgebildet haben; deswegen ist hier ein Vergleich besonders lohnenswert, und die konzeptionellen Unterschiede zwischen den Ansätzen lassen sich sowohl bezogen auf das empirische Vorgehen als auch auf die Auswertung mit statistischen, hermeneutischen oder diskursanalytischen Verfahren besonders gut herausarbeiten.
- weil Techniken der Beobachtung und insbesondere der Befragung in den vielfältigen Teildisziplinen der Humangeographie fast durchgängig genutzt und vergleichsweise häufig eingesetzt werden.
- weil es sich dementsprechend auch um häufig verwendete Methoden in den Abschlussarbeiten von Studierenden handelt, die eine der Hauptzielgruppen dieses Buches darstellen.

Durch die Beschränkung auf Verfahren der *Beobachtung und Befragung* entsteht mehr Raum auch für grundsätzliche Erörterungen, wie sie in der Einführung gefordert werden. Entsprechend spannt das Buch einen Bogen von den konzeptionellen Rahmenbedingungen wissenschaftstheoretischer Art bis zu sehr praktischen Anwendungsbeispielen aus der geographischen Feldforschung. Es geht dabei um drei Leitlinien:

a) Die erste Leitlinie bildet die *erkenntnistheoretisch und methodologisch rückgebundene Diskussion der Methoden.* Vor dem Hintergrund der Zugehörigkeit unterschiedlicher Verfahren von Beobachtung und Befragung zu unterschiedlichen Formen der Wissensproduktion schildert sie in didaktisch reduzierter und daher teilweise etwas zugeschärfter Form deren jeweilige Grundlagen und bewertet von dort aus ihre konzeptionellen Stärken und Schwächen und ihre „Angemessenheit" in unterschiedlichen Forschungssituationen.

b) Die zweite Leitlinie bildet – an konkreten Beispielen – die *praktische Vorstellung* einzelner Methoden der Beobachtung und Befragung sowie eine *Darstellung der wesentlichen Fehler*, die bei der konkreten Anwendung in der empirischen Humangeographie auftreten können.

c) Die dritte Leitlinie bildet die *Einordnung und Bewertung der dargestellten Methoden* vor dem Hintergrund einer konstruktivistischen, pluralistischen Geographie als kontextspezifische Herangehensweisen, die zu ebenso kontextspezifischen *„Geographical Imaginations"* (im übertragenen Sinne angelehnt an GREGORY 1994) der beobachteten Phänomene führen.

Die Auswahl der in diesem Buch diskutierten *Beobachtungs-, Befragungs- und Auswertungsverfahren* zeigt darüber hinaus, dass es hier disziplinstrategisch nicht allein um einen Bericht über vermeintlich *neue* Trends und Techniken geht, sondern ebenso darum, die methodischen Kinder der szientistischen Epoche dabei nicht „mit dem Bade auszuschütten". Quantitative Methoden haben bei Befragungen und Beobachtungen in der Humangeographie – wie oben bereits mehrfach angedeutet – nach wie vor einen wichtigen Stellenwert, nicht zuletzt dann, wenn es um die Vermittlung von Absolventen in eine Praxis geht, die ihre Einstellungsprofile an den technischen Qualifikationen einer computerorientierten Moderne ausrichtet, und auch dann, wenn es um die Akkumulation allokativer und autoritativer Ressourcen (Stellen, Geld, Räume) für das Fach in einer finanzknappen Hochschullandschaft geht. Bei der Drittmitteleinwerbung, bei Gutachtenprojekten, bei Relevanzdiskussionen in Schulen und Ähnlichem bilden Studien in der methodischen Konvention des technisch-rationalen Diskurses nach wie vor ein wichtiges Standbein der politischen und wirtschaftlichen Außenrepräsentation auch unseres Faches.

Es geht also in diesem Methodenbuch nicht um einen Ablöseprozess alter durch neue Methoden, sozusagen um eine neue Schwingung des alten Qualifax-Quantifax-Pendels. Es geht vielmehr darum, am Beispiel von Beobachtungen, Befragungen und deren unterschiedlicher Erhebungs- und Auswertungsstrategien die Pluralität der Methoden vorzustellen und sie – vor dem Hintergrund ihrer jeweiligen wissenschaftstheoretischen Grundpositionen – kritisch als Ansätze zu bewerten, die alle von je spezifischen normativen Grundpositionen ausgehen, die alle eine Form des situierten Wissens darstellen, die alle eine bestimmte Form der Konstruktion und Repräsentation der (humangeographischen) Welt darstellen, sie aber dennoch niemals „wirklich" abzubilden vermögen.

2 Erkenntnistheoretische Grundlagen für das methodische Arbeiten in der Humangeographie

2.1 „Ich weiß, dass ich nichts weiß" – Die Grenzen der Erkenntnis und des Konstruktivismus

Angesichts der Fülle der geographischen Arbeitsweisen und der entsprechenden Probleme, in einem bestimmten Kontext die „richtige" Wahl zu treffen, d. h. sich für eine „angemessene" Methode zu entscheiden, muss dieses Problem gleich zu Beginn eine besondere Aufmerksamkeit erhalten. „Was ist eine „angemessene" Methode?" Diese Frage ist diffiziler und vielschichtiger, als es auf den ersten Blick scheint. Sie stellt sich nicht erst dann, wenn man im konkreten Forschungskontext vor dem Problem steht: „Mit welcher Vorgehensweise untersuche ich meinen Gegenstand am besten?" Sie stellt sich schon viel früher auf einer ganz grundsätzlichen Ebene. Was eine „angemessene" Methode ist, wird bereits dadurch beeinflusst, mit welchem Selbstverständnis und auf welcher erkenntnistheoretischen Grundlage man Wissenschaft betreibt. Und die Vorstellung davon, was „richtige" Wissenschaft ist, ist unter Forscherinnen und Forschern keinesfalls einheitlich, im Gegenteil: durch die Forschergemeinschaft zieht sich ein breiter Graben bezüglich des Selbstverständnisses und des gesellschaftlichen Auftrags von Wissenschaft. Er hat seine Ursache in der zentralen Frage, was man mit Hilfe wissenschaftlicher Forschung denn überhaupt von der Wirklichkeit, über die man forscht, erkennen kann (und erkennen will).

Was also eine „angemessene" Methode in der Wissenschaft ist, hängt entscheidend von der Antwort auf diese Grundfrage ab, mit der sich Philosophen und Wissenschaftstheoretiker seit mehr als zwei Jahrtausenden beschäftigen. Es kann nicht das Ziel dieses Buches sein, in eine solche Diskussion intensiver einzusteigen. Aber es ist nützlich und notwendig, zumindest die erkenntnistheoretischen Kernprobleme zu umreißen und – sehr verkürzt und entsprechend überpointiert – die Tragweite solcher Basisüberlegungen für eine wissenschaftliche Methodik zu skizzieren. Sie sind später sowohl für ein systematisches und damit konzeptionell bewusstes Verständnis humangeographischer Arbeitsweisen als auch für die theoretisch fundierte Kritik einzelner, ganz konkreter Methoden und ihrer Leistungsfähigkeit eine unerlässliche Voraussetzung.

Methodologie

Für Meta-Reflexionen über grundsätzliche Voraussetzungen, Stärken und Schwächen des methodischen Vorgehens hat sich im Verlauf der Wissenschaftsgeschichte ein eigenständiger Zweig der *Epistemologie* (Wissenschaftslehre, Lehre von den Theorien der Erkenntnis) herausgebildet, die so genannte *Methodologie*. Sie beschäftigt sich als Wissenschaft von der allgemeinen Theorie der Methodik mit der philosophisch-theoretischen Grundlegung wissenschaftlicher Methoden (z. B. erkenntnistheoretische Voraussetzungen, Zusammenhänge zwischen Theorie und Methodik). Die Methodologie befasst sich dabei vor allem auch mit *„den Prinzipien zur Schaffung neuer Methoden, der Gegenstandsangemessenheit von Methoden, den Forschungsstrategien (in Bezug auf die Untersuchungsplanung sowie die Erhebungs- und Auswertungsverfahren) und [...] dem Erkenntnisfortschritt im Zusammenhang mit der Anwendung von Methoden"* (HIERDEIS & HUG 1994, S. 72 f.). Die *Methodologie* argumentiert aber zunächst eher universell, sie ist noch nicht fach- oder gar objektspezifisch. Auf der *Methodologie* baut dann die *Methodik* auf, die – auf einzelne Fächer und Inhalte bezogen – genauere Aussagen über konkrete Methoden der wissenschaftlichen Forschung macht.

Um überhaupt zu begreifen, was wissenschaftliche Arbeitsmethoden leisten können und wo ihre Grenzen liegen, muss man sich zu Beginn einer solchen *methodologischen Reflexion* (zum Begriff vgl. Kasten) noch eine grundsätzlichere Frage stellen. Diese Frage lautet: Was können wir als Menschen mit den Mitteln unseres Verstandes über die Welt um uns herum überhaupt wahrnehmen? Ohne diese einführende Frage wäre eine Beschäftigung mit wissenschaftlichen, hier humangeographischen Arbeitsweisen, d. h. mit einzelnen, speziellen Methoden der Forschung, sinnlos, denn alle Detailfragen wissenschaftlichen Arbeitens basieren auf den grundsätzlichen Möglichkeiten und den Grenzen der menschlichen Erkenntnis.

Reflexionen über dieses Thema haben eine lange Tradition. Ohne die Diskussion hier auch nur annähernd wiederzuspiegeln, sei doch im Rückgriff auf einige wenige (und eher didaktisch-plakative) Beispiele gezeigt, wie bedeutend die Beschäftigung mit Grundfragen der Erkenntnistheorie für das Arbeiten mit wissenschaftlichen Methoden ist.

Die ältesten Zeugnisse über erkenntnistheoretische Reflexionen stammen aus der antiken griechischen Philosophie, wo sich bereits die Vorsokratiker, dann aber insbesondere Sokrates und Platon mit dieser Frage beschäftigt haben. Aus jener Zeit stammt auch Platons berühmtes Höhlengleichnis, das in Form einer bildgewaltigen und didaktisch-plastischen Erzählung die Begrenztheit der menschlichen Erkenntnis deutlich macht: *„Die Menschen leben in einer unterirdischen Höhle, festgebannt an Schenkeln und Hals, immer an der nämlichen Stelle, mit dem Blick vor sich hin, durch die Fesseln gehindert, ihren Kopf zurückzuwenden. Im Rücken der Gefesselten führt ein langer Gang nach aufwärts. Von dort leuchtet in die Höhle ein Feuerschein. Zwischen dem Feuer und den Gefesselten läuft oben ein Weg, längs dessen eine niedrige Mauer errichtet ist. Hinter der Mauer tragen Leute bald redend, bald schweigend allerlei Gerätschaften und Bildsäulen vorbei, die über die Mauer hinausragen. Die Gefesselten sehen von allen diesen Dingen und von sich selbst die Schatten, die von dem Feuer auf die ihnen gegenüberliegende Wand geworfen werden. Sie halten nichts anderes für wahr als die Schatten der künstlichen Gegenstände und fassen die gehörten Worte als Worte der vorübergehenden Schatten auf"* (hier zit. n. JASPERS 1995, S. 274; in der Übersetzung von OTTO APELT mit etwas anderem Wortlaut, vgl. PLATON 1989 (11. Aufl.), S. 268 ff.).

PLATON beschreibt hier bereits 300 Jahre vor Christi Geburt, wie Menschen die Welt, in der sie leben, wahrnehmen. Sein Hauptaugenmerk richtet sich dabei auf die unvermeidliche *Subjektivität* und *Selektivität* der menschlichen Wahrnehmung. Das gilt – in erkenntnistheoretisch bis heute unwiderlegbarer Weise – auch für die Wahrnehmung räumlicher Strukturen: Niemand von uns hat letztlich einen direkten Kontakt zur äußeren Welt um ihn herum, zum „da draußen". Das liegt nicht nur an der Eingeschränktheit unserer Wahrnehmung, sondern mindestens ebenso stark auch an der eigenen *Interpretation* und *Bewertung* der von außen kommenden Eindrücke.

Diese erkenntnistheoretische Quintessenz gilt generell und in aller Radikalität für die gesamte Auseinandersetzung der Menschen mit ihrer Lebenswelt. Sie bildet – in weniger holzschnittartiger Form – auch eine der philosophischen Geschäftsgrundlagen der postmodernen Humangeographie. Ihr Kernsatz lautet: eine Wahrnehmung der „objektiven Realität" ist aufgrund der Grenzen unserer Wahrnehmungsfähigkeit – und weil wir alle eingehenden Informationen auf der Basis unserer bisherigen Erfahrungen und Bewertungen sofort interpretieren – unmöglich. *„Weltbilder entstehen im Kopf"*, so titelte 1999 „Spektrum der Wissenschaft" und das bedeutet: Das Abbild, das jeder Einzelne von „der Wirklichkeit" hat (oder zu haben glaubt), ist alles andere als objektiv. Es ist ein einzigartiges, „konstruiertes" Bild. Auch was die Menschen über die sozialen und physischen Geographien der Welt zu wissen glauben, kann man daher mit Recht als *„Geographical Imagination"* im Sinne von DEREK GREGORY (1994) oder als *„alltägliche Regionalisierungen"* im Sinne von WERLEN (1995, 1997) bezeichnen.

Solche erkenntnistheoretischen Grundsätze gerieten in den Nachkriegsjahrzehnten der technischen Moderne mit ihrer stärker „realistischen" Perspektive etwas in den Hintergrund. Seit Beginn der 90er Jahre breiten sie sich jedoch wieder aus, nicht nur in den Wissenschaften, sondern mehr und mehr auch in der Alltagsnarrative der postmodernen Gesellschaft. Auch wenn sie noch weit davon entfernt sind, zum gedanklichen Allgemeingut zu gehören, so finden sie doch mittlerweile auch über die Massenmedien Eingang ins Alltagswissen. Beispiele dafür sind etwa große, publikumsträchtige Hollywood-Filme wie die mit einem „Oscar" prämierte *„Truman Show"* oder die Action-Trilogie *„Matrix"*. Beide haben bei all ihrer stilistischen Differenz eines gemeinsam: Im Plot ihres Films, im konzeptionellen Zentrum, steht die Frage, was man als Mensch über die Welt, in der man lebt (bzw. zu leben glaubt), wirklich wissen kann. Und in beiden Fällen heißt die zentrale Botschaft, dass die Welt, die man für Realität hält, sich als ein Trugbild entpuppt.

Wer garantiert uns, dass wir nicht eines Tages dieselbe Erfahrung machen wie die Helden aus der *Truman Show* und aus *Matrix*? Niemand von uns kann sicher wissen, ob er sein Leben „wirklich" lebt oder vielleicht nur träumt. Aber jenseits solcher eher grundsätzlichen Überlegungen bringen selbst die Naturwissenschaften eine Reihe sehr konkreter Belege für die Beschränktheit der menschlichen Erkenntnis. Sie zeigen an vielen Beispielen, dass wir zwar

Abb. 6: Filmplakate – Matrix (1999) und Truman Show (1998)
Quelle: Cinetext Bildarchiv

über unsere Sinnesorgane Informationen über die Beschaffenheit der Welt zu besitzen glauben, dass sie uns aber keine zutreffenden Abbilder, sondern nur eingeschränkte und verzerrte Informationen liefern (vgl. z. B. das eingeschränkte Seh- und Hörspektrum). Ähnlich formulierte es der französische Philosoph und Mathematiker DESCARTES – damals noch weitgehend ohne solche Vorkenntnisse – bereits zu Beginn der Renaissance. *„Alles nämlich, was ich bisher am ehesten für wahr gehalten habe, verdanke ich [...] der Vermittlung der Sinne. Nun aber bin ich dahintergekommen, daß diese uns bisweilen täuschen, und es ist ein Gebot der Klugheit, denen niemals ganz zu trauen, die uns auch nur einmal getäuscht haben"* (DESCARTES 1629/1992, S. 32 f.).

Die Einschränkung unseres Wissens über die „Welt da draußen" hört aber mit der *Selektivität der Wahrnehmung* nicht auf. Hinzu kommt, dass wir die eingehenden Informationen niemals „objektiv" aufnehmen, sondern sie vor dem Hintergrund unserer subjektiven Erfahrungen bewerten, d. h. sie mit unseren eigenen Erfahrungen ein weiteres Mal interpretieren. Konsequent zu Ende gedacht folgert DESCARTES daraus, dass möglicherweise *„alles, was ich sehe, falsch ist, daß nichts jemals existiert hat, was das trügerische Gedächtnis mir darstellt: ich habe (möglicherweise) überhaupt keine Sinne; Körper, Gestalt, Ausdehnung, Bewegung und Ort sind nichts als Chimären. Was also bleibt Wahres übrig? Vielleicht nur dies eine, daß nichts gewiß ist"* (*„scio nescio"*, DESCARTES 1629/1992, S. 43).

Das Nachdenken darüber, was man „wirklich" von der Welt erkennen kann, führt nie zu einem sicheren Grund. Wer einmal einen Traum für Realität gehalten hat, der weiß, dass man niemals sicher sagen kann, ob man nicht auch im Augenblick nur träumt: *„All that we see or seem is but a dream within a dream"*, schreibt deshalb EDGAR ALLAN POE in Anspielung auf diesen „infiniten Regresses" des erkenntnistheoretischen Denkens, an dessen Ende nur die Gewissheit übrig bleibt, dass man *„ein denkendes Wesen sei, d. h. ein Wesen, das die Fähigkeit hat, zu denken"* (DESCARTES 1629/1992, S. 17). Entsprechend muss man auch (und erst recht wissenschaftlich gesehen) *„an allen Dingen [...] zweifeln"* (DESCARTES 1629/1992, S. 23) und konstatieren, dass die Welt in unseren Köpfen kein objektives Abbild, sondern eine Konstruktion ist. Diese Sichtweise bestimmt mittlerweile unter dem Etikett *„Konstruktivismus"* den erkenntnistheoretischen Mainstream neuerer Ansätze quer durch die Kulturwissenschaften. *„Die Kernthese des Konstruktivismus lautet: Menschen sind [...] operational geschlossene Systeme. Die äußere Realität ist uns sensorisch und kognitiv unzugänglich"* (SIEBERT 1999, S. 5).

Entsprechend muss die Wissenschaft Abschied nehmen vom positivistischen Selbstverständnis, nach dem Wissenschaft nicht nur die Aufgabe hatte, *„die reale Welt zu erkennen und zu erklären"* (SCHNELL, HILL & ESSER 1995, S. 37 f.), sondern überdies den Anspruch erhob, *„daß die Resultate dieser*

Tätigkeit nicht nur von demjenigen als richtig anerkannt werden, der sie erbringt, sondern sie sollen [...] „wahr" sein" (ebd.). Ein solches Verständnis von Wissenschaft ist heute kaum noch haltbar. Wo es keine letztgültige Erkenntnis der Welt gibt, ist folgerichtig auch *„der Anspruch einer absoluten Wahrheit unwissenschaftlich"* (BLOTEVOGEL 1996, S. 47 f.). Diese Perspektive steht auch im Zentrum des Konstruktivismus, der sich dezidiert *„von ontologischen und metaphysischen Wahrheitsansprüchen distanziert"* (SIEBERT 1999, S. 7).

Die konsequenteste erkenntnistheoretische Alternative müsste – RUSSEL (1967, S. 22) folgend – lauten: *„Die Annahme, daß das ganze Leben ein Traum sei, in dem wir uns selber alle unsere Gegenstände schaffen, ist logisch nicht unmöglich."* Diese Variante schließt aber einen sozialen wie auch einen sozialgeographischen Zugang aus, weil hier streng genommen ja nur die individuellen „Geographien im Kopf" des einzelnen, zweifelnden Individuums betrachtet werden können, und das auch nur von ihm selbst, in einer Art einzelwissenschaftlichen Introspektion. Wissenschaft wäre aus dieser radikalen Sichtweise nicht einmal eine Form sozialer Kommunikation, sie wäre keine Auseinandersetzung zwischen Wissenschaftlern, sondern ein innerer Monolog des denkenden Bewusstseins.

Soweit gehen aber selbst erkenntnistheoretische Hardliner wie ERNST VON GLASERSFELD mit seinem „Radikalen Konstruktivismus" (1996) nicht. Stattdessen geht sowohl die Alltagsnarrative der Gesellschaft als auch die Grundposition der Wissenschaften heute von einer Vorstellung aus, die man als „hypothetischen oder pragmatischen Realismus" bezeichnen kann: Sie nimmt an, dass die Welt nicht nur die Fiktion eines denkenden Bewusstseins ist, sondern *„daß es eine reale Welt gibt, daß sie gewisse Strukturen hat und daß diese Strukturen teilweise erkennbar sind"* (VOLLMER 1994, S. 35). Diese objektive Welt ist aber nichts als eine Arbeitshypothese, eine sehr tiefgreifende normative Setzung, die erkenntnistheoretisch nicht weiter überprüft werden kann. Sie ist eine *„wissenschaftliche Idealisierung [...], der in der Realität unserer Erfahrung nichts entspricht"* (GRAESER 1994, S. 30).

Von dieser grundlegenden Position aus lässt sich das wissenschaftliche Arbeiten konzeptionell gesehen in zwei unterschiedliche Richtungen organisieren, die beide auch für die empirische Humangeographie Bedeutung haben:
● Der *kritische Rationalismus* ist eine stärker quantifizierende, analytisch-naturwissenschaftliche Richtung, die Erkenntnisfortschritt in Form eines Annäherungsprozesses an die objektive Welt durch eine Art methodisch kontrolliertes, „kreatives Zweifeln" erzielen will. Ihre Basishypothese lautet: Es gibt eine objektive Realität, die man zwar wissenschaftlich nie komplett erkennen kann, der man sich jedoch mit den Methoden eines kritischen Rationalismus annähern kann (vgl. genauer Kap. 3.2). Diese Per-

spektive hat in den 60er und 70er Jahren zu einer Blüte der quantitativen Sozialgeographie geführt und sie bildet bis heute sowohl im Bereich der angewandten Humangeographie als auch im Bereich der Geographischen Informationssysteme eine der *wesentlichen methodologischen Grundlagen* des wissenschaftlichen Arbeitens.

● Der *soziale Konstruktivismus* gründet zwar auch auf der Basishypothese, dass es eine objektive (sozial-geographische) Realität gibt. Das ist die wichtigste Gemeinsamkeit mit dem kritischen Rationalismus, während die erkenntnistheoretischen Unterschiede erheblich sind. Aus der Perspektive eines sozialen Konstruktivismus ist die Welt in ihrer objektiven Beschaffenheit nicht erfahrbar und deshalb auch für den sozialen Alltag der Menschen, für deren Kommunikation und Miteinander ebenso wie für die Konstitution der Gesellschaft unerheblich. Die Welt ist vielmehr eine soziale Konstruktion: *„Menschliches Denken bildet nicht eine objektive Wirklichkeit ab"* (GRAESER 1994, S. 62, hier in Anlehnung an die philosophischen Konzepte von ERNST CASSIRER), und entsprechend sollten sich insbesondere auch die Kulturwissenschaften weniger mit der Suche nach der objektiven Welt beschäftigen, sondern vielmehr die Rolle der sozialen Konstruktionen über die Welt als Elemente der Kommunikation und als Strukturierungsprinzipien der Gesellschaft untersuchen, so wie es viele angloamerikanische Geographen und Geographinnen (exemplarisch: GREGORY 1994, MASSEY, ALLEN & SARRE 1999) und zunehmend auch konzeptionell orientierte Ansätze im deutschen Sprachraum fordern (z. B. WERLEN 1995, SAHR 1999, vgl. auch die Beiträge in GEBHARDT, REUBER & WOLKERSDORFER 2003, PÜTZ 2003 u. a.).

Welche Bedeutung eine konstruktivistische Perspektive für die Untersuchung der Rolle „des Räumlichen", d. h. für die sozialen Geographien der Gesellschaft, hat, wird im angloamerikanischen Sprachraum spätestens seit Mitte der 80er Jahre formuliert. Wer einmal erkannt hat, dass eine Wahrnehmung der „objektiven Realität" unmöglich ist, muss – so lautet ihr Argument – konsequenterweise davon ausgehen, dass das Abbild, das jeder Einzelne von der „Wirklichkeit" hat (oder zu haben glaubt), eine *Konstruktion* der physischen und sozialen Realität seiner Lebenswelt darstellt. Für die methodische Arbeit ist diese Erkenntnis grundlegend, denn *„there can never be an empirical world, therefore, only a myriad of worlds of meanings: there can be no universal thruths"* (JOHNSTON 1997). In diesem Sinne lässt sich auch das zumeist eher ironisch gebrauchte Zitat *„Geography is what geographers do!"* richtig einordnen: Die Inhalte und Methoden der Humangeographie sind Konventionen über die wissenschaftliche Konstruktion der sozialgeographischen Welt in einem bestimmten zeitlichen und gesellschaftlichen Kontext.

Diese Erkenntnis relativiert zunächst die lange Zeit hegemoniale Stellung „realistischer" Methoden, die oft zumindest implizit den Anspruch erhoben, mit quantitativen, szientistischen Verfahren eine Analyse der „objektiven Realität" betreiben zu wollen. Dieser Universalitätsanspruch kann auf der Basis einer philosophischen und wissenschaftssoziologischen Kritik etwa im Sinne von LYOTARD oder LATOUR nicht aufrechterhalten werden. Nimmt man deren methodologische Reflexionen ernst, so muss auch der Humangeographie bezogen auf die Verwendung der aus den empirischen Sozialwissenschaften importierten quantitativ-statistischen Methoden klar sein, dass sie keine objektiven oder gar intersubjektiv kontrollierbaren Verfahren darstellen, sondern sowohl auf methodologischer Ebene als auch in der konkreten Operationalisierung Konventionen darstellen, die eine bestimmte Form der Repräsentation sozialgeographischer Phänomene liefern, dabei aber beileibe keine „Wirklichkeiten" abbilden. Sie sind selbst – im besten Sinne – *„Geographical Imaginations"*, nicht weniger, aber auch nicht mehr (vgl. genauer Kap. 3).

Eine humangeographische Methodik, die den sozialen Konstruktivismus von vorn herein stärker an die Basis setzen will, setzt anders an und sieht anders aus: Da die Menschen in ihrer Gesellschaft nur auf der Grundlage ihrer sozialen Konstruktionen handeln, müssen inhaltlich wie methodisch genau diese sozialen Konstruktionen, Regionalisierungen und Repräsentationen ins Zentrum der Untersuchung rücken. CASSIRER zog bereits in den 30er Jahren eine solche Konsequenz. Er wandte sich *„gegen realistische Interpretationen"* und folgerte, dass *„Wissenschaft somit eine Sache der Symbolik (ist), die von der Sphäre aller (direkten) Anschaulichkeit [...] vollständig abgeschnitten ist"* (GRAESER 1994 über CASSIRERS Philosophie der symbolischen Formen, S. 175).

Eine solche Sichtweise zollt der Tatsache Rechnung, dass die Geographien des Alltags von den Menschen mit sozialer Bedeutung aufgeladen werden. Was sie „objektiv" darstellen, ist nicht nur unerkennbar, sondern damit auch gar nicht mehr so dominierend wichtig. Viel entscheidender ist, welche Bedeutung ihnen für die Strukturierung der Gesellschaft und damit für das Handeln der Menschen zukommt. Sie wirken als Bedeutungsträger, als Zeichen bzw. Symbole. Psychologen bezeichnen diese symbolische Aufladung physisch-materieller Elemente als Repräsentation. CASSIRER entwickelte dazu eine ganze *„Philosophie der Symbolischen Formen"*. Er versteht dabei als Repräsentation *„jene Energie des Geistes, durch welche ein geistiger Bedeutungsgehalt an ein konkretes sinnliches Zeichen geknüpft und diesem Zeichen innerlich zugeeignet wird"* (CASSIRER 1956, S. 175). Über den Vorgang der Repräsentation sind auch die Orte und deren physisch-materielle Elemente zum Zeichen bzw. zum „Symbol sozialer Kommunikation" geworden, d. h. zu einem *„Sinnbild, das eine bestimmte, nicht ohne Kenntnis des*

Zusammenhangs ersichtliche Bedeutung ausdrückt" (Handwörterbuch der Psychologie, S. 688).

Wer sich also aus der Perspektive einer konstruktivistischen Humangeographie mit dem raumbezogenen Handeln der Menschen, mit dem Symbolcharakter physisch-materieller Strukturen oder mit den sprachlichen Repräsentationen „räumlicher" Zusammenhänge in den Diskursen der Gesellschaft beschäftigen will, sollte anstelle der Suche nach der „objektiven Realität" die raumbezogenen Images, Imaginations, Repräsentationen, Regionalisierungen, Leitbilder, etc. untersuchen, die in einer Gesellschaft kursieren. Er sollte zu verstehen suchen, welche Bedeutung diese für das Handeln der Menschen haben. Dieser Perspektivenwechsel hat für die Humangeographie eine fundamentale Bedeutung, denn er bietet eine wichtige Erweiterung traditioneller Forschungsperspektiven. Dies hat auch Konsequenzen für die Forschungsmethoden, denn hier geht es, z. B. im Unterschied zu einer quantitativen Datenanalyse im Sinne des kritischen Rationalismus, nicht darum, die „objektive" Anordnung von Strukturen, Funktionen, sozialen oder ökonomischen Disparitäten etc. herauszufinden. Die Aufmerksamkeit richtet sich vielmehr darauf, welche Bedeutung räumliche Repräsentationen für Menschen haben, welche symbolischen Aussagen sie enthalten, welche Erinnerungen sie aktivieren, welche Macht sie ausüben, von den lokalen Wahrzeichen in den Quartieren bis zu kollektiven Symbolen wie Auschwitz oder „Ground Zero", die für die Gesellschaft insgesamt als „Wahr"-Zeichen dienen.

2.2   Quantitativ versus Qualitativ: Geographische Methoden als Konstruktionen und Konventionen

So konstruiert und oft zeitspezifisch wie die inhaltlichen Strömungen der Wissenschaft generell und der Humangeographie im Besonderen sind dann auch ihre Methoden und Arbeitsweisen. Aus der Sicht der Methodologie sind auch die wissenschaftlichen Formen der Welt-Erkenntnis, hier die humangeographischen Methoden, selbst Konstruktionen, d. h. es sind Konventionen, auf die sich zu bestimmten Zeiten eine bestimmte Gemeinschaft von Wissenschaftlern geeinigt hat. Sie stellen Vereinbarungen dar, mit welchen konkreten Methoden man bestimmte Phänomene in der sozialen Welt untersucht, welcher Art der Sichtweise man folgt, welche untersuchungsleitenden Fragen man stellt, mit welchem konkreten Instrumentarium man dann seine „Daten" erhebt. Wissenschaftliche Arbeitsweisen und Methoden in der Humangeographie sind also ebenso kontextspezifische Konstruktionen wie deren Inhalte und sie unterliegen damit auch dem Wandel.

Quantitative und Qualitative Methoden – eine pragmatisch-praktische Dichotomie auf der Grundlage unterschiedlicher wissenschafts- und erkenntnistheoretischer Fundamente

Die methodischen Konventionen hängen natürlich eng zusammen mit der epistemologischen und methodologischen Basis des Faches bzw. mit den in ihnen derzeit verbreiteten Strömungen. Generell lassen sich – den beiden grundsätzlichen erkenntnistheoretischen Positionen des Realismus bzw. Konstruktivismus folgend – zwei ähnlich grundsätzliche Kategorien humangeographischer Arbeitsweisen unterscheiden, die allgemein oft mit den plakativen, aber inhaltlich etwas vereinfachenden Etiketten *„quantitative"* und *„qualitative" Methoden* umschrieben werden. Dabei versteht man die *quantitativen Methoden* als Verfahren, die mit harten Daten und mathematisch-statistischen Analyseinstrumenten auf der Grundlage des hypothetischen Realismus versuchen, die „objektive Realität" immer genauer, immer richtiger zu erkennen. Die *qualitativen Verfahren* gehen dagegen davon aus, dass man eine objektive Realität weder untersuchen kann noch sollte, da die für das Alltagshandeln und die Struktur der Gesellschaft relevante soziale und räumliche Welt ohnehin aus sozialen Konstruktionen besteht. Qualitative Verfahren versuchen, diese Perspektiven, diese subjektiven und kollektiven Geographien (*Regionalisierungen*) und deren sprachliche Formen zu untersuchen. Eine solche qualitativ arbeitende Wissenschaft ist sich ihrer eigenen Positionalität deutlich bewusst und bewertet ihre Ergebnisse entsprechend selbst als „Konstruktionen über Konstruktionen".

Bezüglich der innerfachlichen Dominanz der o. a. methodologischen Grundperspektiven und entsprechender Arbeitsweisen hat sich die Humangeographie in ihrer methodischen Ausrichtung in Phasen entwickelt und ist dabei mit einer gewissen Zeitverzögerung den jeweils aktuellen Strömungen der Methodendiskussion in den Sozialwissenschaften gefolgt. Insbesondere die letzten drei bis vier Jahrzehnte sind gekennzeichnet von einer gewissen Phasenhaftigkeit. Während in den ersten beiden Nachkriegsjahrzehnten noch eine klassische, eher phänomenologische Betrachtungsweise im Vordergrund humangeographischer Forschungen stand, wurden diese in der Nachfolge des Kieler Geographentages und BARTELS programmatischer Habilitation (1968) durch quantitativ-szientistische Arbeitsweisen ergänzt, in vielen Feldern sogar ersetzt. Diese *quantitative Revolution* konnte sich aber nicht dauerhaft als alleiniger Standard durchsetzen. Auch hier folgte die deutschsprachige Kulturgeographie in den ausgehenden 80er Jahren dem interdisziplinären und internationalen Mainstream, indem sie eine *Renaissance qualitativ-verstehender Verfahren* einleitete. Diese *Pluralisierung der Methoden* führte in den letzten beiden Jahrzehnten nicht nur zu einer zunehmenden projektbezogenen Koexistenz der auf sehr unterschiedlichen epistemologischen Grundpositionen aufbauenden Verfahren, sondern fallbezogen sogar zu Versuchen, quantitativ-standardisierte und qualitativ-verstehende Verfahren in Forschungsprojekten zusammenzubinden und die mit den unterschiedlichen Ansätzen gewonnen Ergebnisse pragmatisch aufeinander zu beziehen.

Quantitative Methoden	Qualitative Methoden
Testen von a priori-Hypothesen (Falsifikationsprinzip)	Keine a priori-Hypothesen Arbeit mit Leitfragen
Datenerhebung standardisiert	Datenerhebung nicht (oder kaum) standardisiert
Durch Kategorien vorkonstruierte und eingeengte Beantwortungsmöglichkeit	Nuancenreiche, abgewogene, lebendige, ausführliche Auskunft möglich
Überschaubare, in standardisierten Kategorien geordnete Datenmenge	Kaum strukturierte Datenfülle
Auswertung mit normierten, mathematisch-statistischen Verfahren	Auswertung mit interpretativ - verstehenden Verfahren (subjektive, nicht normierbare Einflüsse möglich)
Repräsentativität durch Zufallsstichprobe und vergleichsweise große „Samples"	Keine Repräsentativität im statistischen Sinn zu erreichen, da nur wenige Einzelfälle intensiv erfasst werden (punktuell)
Geeignet für die Erhebung „harter Daten" und kategorisierbarer Informationen	Geeignet für eine differenziertere Untersuchung des Einzelfalls und seiner Besonderheiten, detaillierte Auskünfte über Meinungen, Einstellungen, etc.
„Schematisierung"	**„Individualisierung"**
Dokumentation der Ergebnisse weniger problematisch	Dokumentation der Daten problematisch (zum Teil unmöglich)
Gütekriterium der intersubjektiven Überprüfbarkeit	**Gütekriterium der „Nachvollziehbarkeit"**

Abb. 7: Quatitative und qualitative Methoden – ein stichwortartiger Vergleich
Quelle: eigener Entwurf

Abb. 7 stellt zunächst stichwortartig einige zentrale Unterschiede dieser beiden Vorgehensweisen gegenüber. Diese werden in den einführenden Teilen der jeweiligen Spezialkapitel 3 und 4 noch einmal genauer vorgestellt und kritisch beleuchtet.

Wenn im folgenden Teil des Buches nun zunächst die quantitativ-analytischen Arbeitsweisen in den Mittelpunkt rücken und am Beispiel von Beobachtung (inkl. Zählung) und Befragung genauer erläutert werden, dann ist diese Tatsache der historischen Entwicklung, nicht aber einer bewertend gemeinten Reihenfolge geschuldet.

3   Quantitativ-analytische Methoden

Die räumliche Gliederung und Repräsentation der Welt mit Hilfe von quantitativen Daten gehört bereits lange zu den etablierten Methoden der Geographie. Die Arbeit mit „harten" Daten und ihre statistische Auswertung ist ganz generell eines der am weitesten verbreiteten und mächtigsten Werkzeuge geworden, das die Wissenschaft im 20. Jahrhundert entwickelt hat. Daten- und sachbezogene Regionalisierungen der Welt bilden aber nicht nur eine Kernkompetenz der Humangeographie, sie sind mittlerweile auch in Politik, Medien und Öffentlichkeit ein Instrument zur *geo*graphischen Darstellung von Informationen geworden. Auf dessen Grundlage machen sich die Menschen ihre „bildlichen" Vorstellungen von der Welt, in politischen *Think Tanks* der Ministerien genauso wie in der *Tagesschau* und in den nachfolgenden Diskussionen zu Hause und an den Stammtischen.

Der Siegeszug dieser wissenschaftlichen Denk- und Darstellungsform von den Arbeitskreisen der Geostatistiker bis in eine breite Öffentlichkeit wäre nicht möglich gewesen ohne die Revolutionen in der Informationstechnologie. Die Geschwindigkeit und optische Brillanz, mit der die Inhalte raumbezogener Datenbanken heute in Geographischen Informationssystemen sekundenschnell als farbige Karten auf dem Computerbildschirm erscheinen, hat Konsequenzen in vielerlei Hinsicht. Sie trägt nicht nur dazu bei, dass Geographen und Geoinformatiker gut auf dem Arbeitsmarkt unterkommen, sondern sie führt ganz allgemein zu einer Verbreitung von Betrachtungsweisen in der Gesellschaft, die auf geographisch lokalisierbaren Unterschieden basiert.

Dass der Computer aber überhaupt die Erfolgsgeschichte der *„spatial analysis"* so beflügeln konnte, setzt eine methodische Betrachtungsweise der Welt voraus, die auch inhaltlich nicht ohne Konsequenzen bleibt: Bevor die Welt in dieser Art und Weise analysiert werden kann, muss sie – im wahrsten Sinne des Wortes und ausnahmslos – in Zahlen übersetzt werden. Eine quantitative Analyse ist nur möglich, wenn man zuvor die kontingente und differenzierte sozial-räumliche Welt in überschaubare Kategorien zerteilt. Nur so kann man sie dann mit Hilfe mathematischer Ziffern und Symbole in einer Datenbank abbilden, und nur so kann man die soziale Welt mit Hilfe mathematischer Formeln auf innere Zusammenhänge und Regelhaftigkeiten überprüfen. Und genau dieses Vorgehen bildet den Kern der *quantitativ-analytischen Methodik*. Auch wenn sich solche Auswertungen heute von mathematischen Laien mit Hilfe von Statistiksoftware über komfortable Ein- und Ausgabemasken technisch schnell erlernen und erstellen lassen, steht doch hinter jeder Analyse methodisch ein mehr oder minder komplexes Rechenverfahren, das auf mathematischen Grundüberlegungen und Prinzipien der Statistik beruht.

Die Darstellung dieser Arbeitsweise kann sich nicht auf eine rein praktische Beschreibung der Methoden reduzieren, denn die konkreten Vorgehensweisen und auch die potenziellen Fehler, die man bei standardisierten Beobachtungen, Zählungen, Kartierungen und Befragungen machen kann, erklären sich tiefer liegend nur aus den konzeptionellen Grundlagen der quantitativ-analytischen Methode. Die Darstellung erfolgt daher in fünf Schritten:

1. Entwicklung der quantitativ-analytischen Arbeitsweise in der Humangeographie,
2. Einführung in die konzeptionellen Grundlagen der quantitativ-analytischen Arbeitsweise in einer didaktisch reduzierten Weise (Schwerpunkte: Kritischer Rationalismus, Prinzip des Wissenszugewinns durch das Testen von Hypothesen),
3. Regeln und Verfahren der Stichprobenziehung,
4. Vorstellung einzelner Verfahren der standardisierten Datengewinnung mit Stärken-Schwächen-Diskussion und Beispielen aus der empirischen Humangeographie:
   – Standardisierte Formen von Beobachtungen und Zählungen[3] und
   – Standardisierte Befragungen,
5. Überblickshafte und auf die konzeptionellen Leitlinien des Vorgehens konzentrierte Vorstellung von Auswertungsverfahren der deskriptiven und analytischen Statistik.

3.1   Die Entwicklung der quantitativ-analytischen Arbeitsweisen in der Humangeographie

Die ersten Ansätze einer quantitativ orientierten Arbeitsweise in der Humangeographie lassen sich bereits bis zu den deskriptiven Verfahren der Erd-

---

3) Die Beobachtungen, die in vielen Lehrbüchern gemeinsam in einem Kapitel dargestellt werden, lassen sich generell in *standardisierte* und *nicht standardisierte* Verfahren differnzieren. Die Unterschiede zwischen diesen beiden Arten des Beobachtens sind aber nich allein technisch-instrumentaler Art, sondern reichen tiefer bis zur Ebene der erkenntnistheoretischen Rückbindung. Sie berühren dementsprechend auch die Art und Weise, wie die erhobenen Daten ausgewertet werden. Aus diesen Gründen werden auch die Beobachtungen in diesem Lehrbuch getrennt nach stärker quantitativen und stärker qualitativen Beobachtungen im jeweiligen Großkapitel eingeordnet und behandelt.

Beschreibung zurückverfolgen, die sich in den 1920er und 1930er Jahren zunehmend nach genauer fassbaren, systematischen Kriterien zu richten begannen (z. B. die frühe morphogenetische Stadtgeographie mit ihren Typisierungen nach dem Baualter der Stadtteile). Auch in der nachfolgenden Entwicklung funktionalistischer Fragestellungen machten quantifizierbare Deskriptionen und Klassifikationen funktionaler Strukturen einen wichtigen Teil der Beschreibung aus (vgl. z. B. HARTKES Kartierungen zur Sozialbrache, die quantitativen Ausstattungskataloge von Wissenschaft und Landesplanung im Zuge der Erstellung zentralörtlicher Bereichsgliederungen und der nachfolgenden Gebietsreformen u. v. a.). Auf der analytischen Ebene jedoch, bei der Begründung und Erklärung der gesammelten Fakten, orientierten sich die Forscher noch weitgehend an den damals etablierten heuristischen Methoden des individuellen Forscherverstehens. Die Interpretation war und blieb hier – im besten Sinne – oftmals eine hermeneutische Ausdeutung, die weder den Kriterien einer standardisierten Analytik folgte noch irgendeiner Form von Intersubjektivität verpflichtet war.

Das änderte sich im Verlauf der 1950er Jahre, zunächst vor allem in der empirischen Sozialforschung im angloamerikanischen Sprachraum. Es entwickelte sich eine sozialwissenschaftliche Analytik, die mit zeitlicher Verzögerung dann auch in die Humangeographie hineindiffundierte. Sie führte dort zur Ausdifferenzierung einer konzeptionell reflektierten Arbeitsweise, die nicht nur die Kernprinzipien der quantitativen empirischen Sozial- und Umfrageforschung übernahm, sondern die sich auch ein erstes Mal genauer Gedanken über das methodologische Fundament einer solchen Arbeitsweise machte. Dieser Entwicklungsschub begann die deutschsprachige Humangeographie seit dem Kieler Geographentag und BARTELS Habilitationsschrift *„Zur wissenschaftstheoretischen Grundlegung einer Geographie des Menschen"* (1968) stärker zu prägen. BARTELS stellte das Fach in die wissenschaftstheoretische Tradition von POPPERS kritischem Rationalismus. Was er konzeptionell ausarbeitete, trug in vielen empirischen Studien Früchte und dokumentierte die forschungspraktische Bedeutung dieser „neuen Wissenschaftlichkeit". Der Schwenk löste eine regelrechte Euphorie in der Scientific Community aus, und mit dem neuen Diskurs koppelte sich damals ein Großteil der jüngeren Forschergeneration von ihren Vorgängern ab. Vom Paradigmenwechsel war die Rede, und die Schärfe der damaligen Auseinandersetzungen bezeugt noch heute den radikalen Wandel in der konzeptionellen Tiefe und der daraus resultierenden Empirie der Humangeographie.

Vor diesem Hintergrund verwundert es nicht, wenn sich die kritisch-rational ausgerichtete Forschung in der Humangeographie im Laufe der 70er Jahre zu einem wichtigen Feld des wissenschaftlichen Arbeitens emporschwingen konnte, wobei sich das Feld dann jedoch bereits Anfang der 80er Jahren mit der aufkommenden Diskussion um „qualitative" Methoden (SED-

LACEK 1982) auch im deutschsprachigen Raum wieder zu pluralisieren begann.

Trotz aller Relativierungen bleibt die quantitative Methodik ein wichtiges Prinzip des empirischen Arbeitens. In der beruflichen Praxis ist ihre Bedeutung nach wie vor sehr groß: Viele raumbezogene Planungsverfahren fußen auf der Analyse „harter" Daten und die Humangeographie hat sich in diesem Bereich einen festen Arbeitsmarkt für ihre Absolventinnen und Absolventen aufgebaut. Die Bedeutung standardisierter Formen der Raumanalyse für Planungspraxis und Politikberatung wird – wie oben bereits angedeutet – noch dadurch verstärkt, dass im letzten Jahrzehnt IT-orientierte Methoden wie computergestützte Datenbankanalysen (SPSS, SAS etc.) und vor allem Geographische Informationssysteme in administrativen und ökonomischen Anwendungen einen wahren Siegeszug erlebt haben. Sie sind dort feste Bestandteile der Datensammlung, -bereitstellung und -auswertung geworden und verstärken auf diese Weise rekursiv die Bedeutung quantitativ-analytischer Arbeitstechniken als Prinzip der gesellschaftlichen Selbstbeobachtung.

3.2 Der Kritische Rationalismus als methodologisches Fundament der quantitativ-analytischen Humangeographie

Im Folgenden sollen kurz und einführend die Rahmenbedingungen kritisch-rationalistischen Arbeitens angesprochen werden. Auch wenn dabei nur die wichtigen Leitlinien skizziert werden können und manche Verkürzungen unvermeidlich sind, ist diese Grundlage doch für eine konzeptionell rückgebundene Auseinandersetzung mit den später im Buch behandelten konkreten Arbeitsweisen (standardisierte Beobachtungen, Zählungen, Befragungen) unverzichtbar.

Eine wichtige Klärung zu Beginn ist dabei notwendig: Allein die Verwendung „harter" Daten aus Statistiken, Umfragen etc. macht aus Sicht des kritischen Rationalismus noch keine wissenschaftliche Analyse aus. Die quantitativ-szientistische Arbeitsweise sieht sich vielmehr als eine Form der Wissenschaft an, die dezidiert über die *Deskription*, d. h. über die reine Beschreibung regionaler Differenzierungen hinausgeht. So darf es nicht verwundern, wenn ihre Vertreter manchen quantitativ-geographischen Forschungsarbeiten einen lediglich *„deskriptiven" Charakter* attestieren. Ein Beispiel: Eine Reihe von Untersuchungen zur sozialen Segregation verwenden als Datengrundlage und methodische Basis ihrer Analyse Darstellungen der räumlich unterschiedlichen Ausprägung sozialstatistischer Indikatoren. Sie stellen z. B. auf Karten die Unterschiede beim Mietniveau dar (vgl. z. B. die Untersuchungen von HOYT 1939 zur Ableitung seines Sektorenmodells, Abb. 8) oder beschreiben die räumliche Verbreitung bestimmter Einkommensgruppen (z. B. KNOX 1995, S. 42;

PACIONE in KNOX 1995, S. 43 u. v. a.). Methodisch gesehen handelt es sich dabei aus der Sicht einer quantitativ-szientistischen Humangeographie zunächst um *Deskriptionen.* Die Schlußfolgerungen, die die Autoren aus solchen Befunden ableiten, sind aus dieser Sicht eine subjektive Interpretation, die nicht auf der Grundlage mathematisch-statistischer Analysen, sondern allein auf der Basis der wissenschaftlichen und biographischen Erfahrungen der Autoren beruhen. Sie sind – aus einer solchen Perspektive betrachtet – keine „Analyse", sondern eine *heuristische* Form der wissenschaftlichen Regionalisierung der Welt. Sie sind dann im wahrsten Wortsinn „vor"-wissenschaftlich, sie dienen eher der Vorbereitung der eigentlichen Arbeiten.

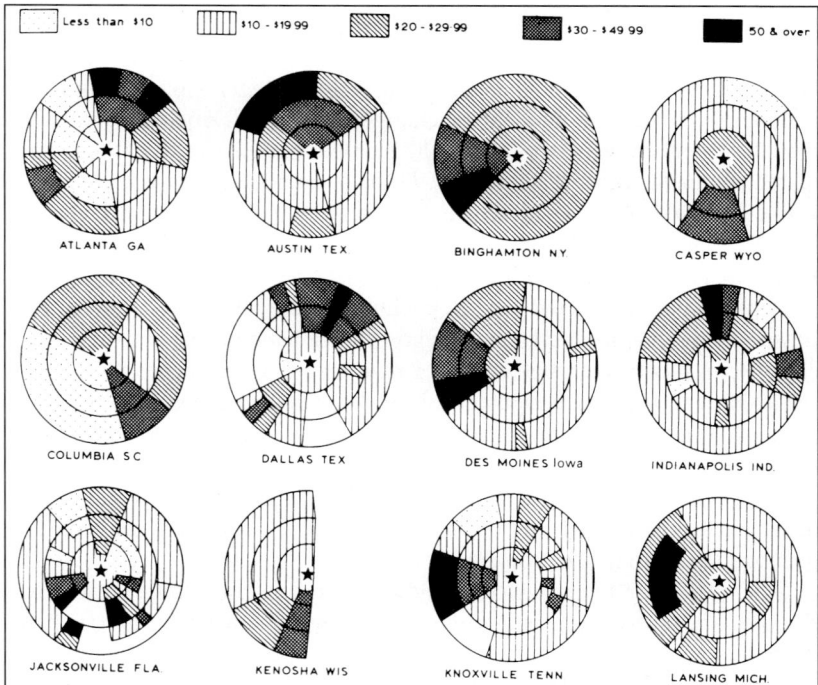

Abb. 8: Hoyts Mietpreis-Modelle amerikanischer Städte als Beispiel für eine deskriptive Regionalisierung auf der Basis quantitativer Daten
Quelle: CARTER 1980, S. 217

Damit ist nicht gemeint, dass eine deskriptive Bestandsaufnahme keinen Stellenwert im wissenschaftlichen Erkenntnisprozess hätte. Auch in der Praxis besitzen gute Deskriptionen und ihre sprachlichen wie kartographischen Repräsentationen große Bedeutung. Man findet sie im Planungsalltag ebenso wie in raumbezogenen Gutachten oder in der Politikberatung, und nicht selten bilden sie die Grundlage für Entscheidungen mit weitreichenden Konsequenzen.

Wie aber sieht für eine am naturwissenschaftlichen Denken orientierte quantitativ-szientistische Humangeographie das „eigentliche" wissenschaftliche Arbeiten aus, das über die Deskription hinausgeht und kausale Zusammenhänge „des Sozialen im Raum" aufdecken will?

3.2.1   Induktion und Deduktion

Man muss es wiederholen, weil es so entscheidend ist: Wer quantitativ-analytisch arbeiten will, der verschreibt sich von vorn herein einer Sichtweise der Wirklichkeit, die bereits von KARL POPPER als „hypothetischer Realismus" bezeichnet worden ist. Gemeint ist damit die nicht näher überprüfbare Voraussetzung einer „objektiv vorhandenen Welt" außerhalb des menschlichen Bewusstseins. Dieser kann man sich dann – so die Regel – mit Hilfe standardisierter wissenschaftlicher Untersuchungen annähern. Dabei sind zwei prinzipielle Vorgehensweisen möglich, die sich bei praktischen Forschungsprojekten zumeist gegenseitig ergänzen: *Deduktion* und *Induktion*. Als sehr plakatives, dadurch aber auch anschauliches Beispiel für diese beiden Techniken kann bis heute PIRSIGS Beschreibung der Fehlersuche am Motorrad in seinem Buch „Zen oder die Kunst ein Motorrad zu warten" dienen (vgl. Kasten).

Bezogen auf eine analytische Betrachtung in der Humangeographie, zum Beispiel bei sozialgeographischen Segregationsphänomenen, heißt das zweierlei: Beim *deduktiven Arbeiten* nutzt man bereits vorhandenes, durch wissenschaftliche Untersuchungen erzeugtes Wissen über die möglichen Ursachen sozialräumlicher Segregation. Man verwendet das existierende Wissen, um es auf andere, ähnlich gelagerte Regionen und/oder Problemstellungen zu *übertragen*, genauer: Man verwendet Theorien der sozialen Segregation, um damit zur Erklärung der Segregationsphänomene in einer bestimmten Stadt oder Region beitragen zu können.

Solches Wissen muss jedoch irgendwann zunächst neu erworben werden. Für die Untersuchung bislang unbekannter Zusammenhänge oder auch für die Präzisierung bereits vorhandener Theorieansätze, muss man die *induktive Arbeitsweise* anwenden. Beim induktiven Arbeiten geht es darum, durch die Untersuchung neuer Aspekte der sozialen Segregation das bisherige theoretische Verständnis zu erweitern oder zu verändern. Das Ziel einer solchen Vorgehensweise besteht darin, vorhandene Beobachtungen und Daten so miteinander zu kombinieren, dass dabei *neue Zusammenhänge* und Hintergründe sozialräumlicher Strukturen und Entwicklungen sichtbar werden.

Ein induktives, „entdeckendes" Verfahren nach naturwissenschaftlichem Vorbild durchläuft ganz grob gesagt drei Stufen: Es besteht aus dem Dreischritt von „Hypothese – Empirie – Theorie", wobei die Empirie in der

Deduktion und Induktion am Beispiel der Motorradwartung
(zit. n. PIRSIG 1976, S. 111 f.)

„Zwei Arten von Logik werden (bei der Wartung und Reparatur von Motorrädern) angewandt, die induktive und die deduktive. Induktive Schlüsse beginnen mit Beobachtungen an der Maschine und führen zu allgemeinen Aussagen. Wenn zum Beispiel das Motorrad durch ein Schlagloch fährt und der Motor fehlzündet und dann durch ein Schlagloch fährt und der Motor fehlzündet und dann durch ein Schlagloch fährt und der Motor fehlzündet und dann eine lange glatte Strecke fährt, ohne daß eine Fehlzündung auftritt, und dann durch ein viertes Schlagloch fährt und der Motor wieder fehlzündet, dann kann man den logischen Schluß ziehen, daß die Fehlzündungen durch die Schlaglöcher verursacht werden. Das ist eine Induktion: das Schließen von besonderen Erfahrungen auf allgemeine Wahrheiten.

Bei deduktiven Schlüssen ist es umgekehrt: Sie beginnen mit allgemeinem Wissen und sagen eine besondere Beobachtung voraus. Wenn zum Beispiel der Mechaniker aus seiner theoretischen Beschäftigung mit [...] (dem) Motorrad weiß, daß das Signalhorn des Motorrads ausschließlich mit Strom von der Batterie betrieben wird, dann kann er den logischen Schluß ziehen, daß das Horn nicht funktioniert, weil die Batterie leer (oder kaputt) ist. Das ist Deduktion.

Zu Lösungen für Probleme, die so kompliziert sind, dass gesunder Menschenverstand sie nicht bewältigt, gelangt man mittels langer Stränge gemischt deduktiver und induktiver Schlüsse, die zwischen der beobachteten Maschine und der geistigen Hierarchie der Maschine, wie man sie in den Handbüchern findet, hin und her geführt werden. Das genaue Programm für dieses Verweben wird als „wissenschaftliche Methode" bezeichnet.

Humangeographie aus situationsbezogen angemessenen Verfahren besteht (z. B. standardisierte Befragungen, Zählungen, Kartierungen, Beschaffung sekundärstatistischen Datenmaterials etc., vgl. Kap. 3.4.1). Der Kern dieser formalen wissenschaftlichen Methode ist das *hypothesengeleitete Vorgehen*, das sich genauer in fünf Schritten vollzieht (vgl. auch Abb. 9, für eine stärker detailbezogene Systematik: WESSEL 1996, S. 48):

1. Formulierung des Problems und der Ausgangsfragestellung,
2. Formulierung der untersuchungsleitenden Hypothesen,
3. Durchführung der empirischen Arbeiten (Datenbeschaffung, Datenberechnung, Datenauswertung),
4. Interpretation der Ergebnisse durch Bestätigung oder Verwerfung der Ausgangshypothese (Verifikation oder Falsifikation) und
5. Schlussfolgerung und theoretischer Gewinn.

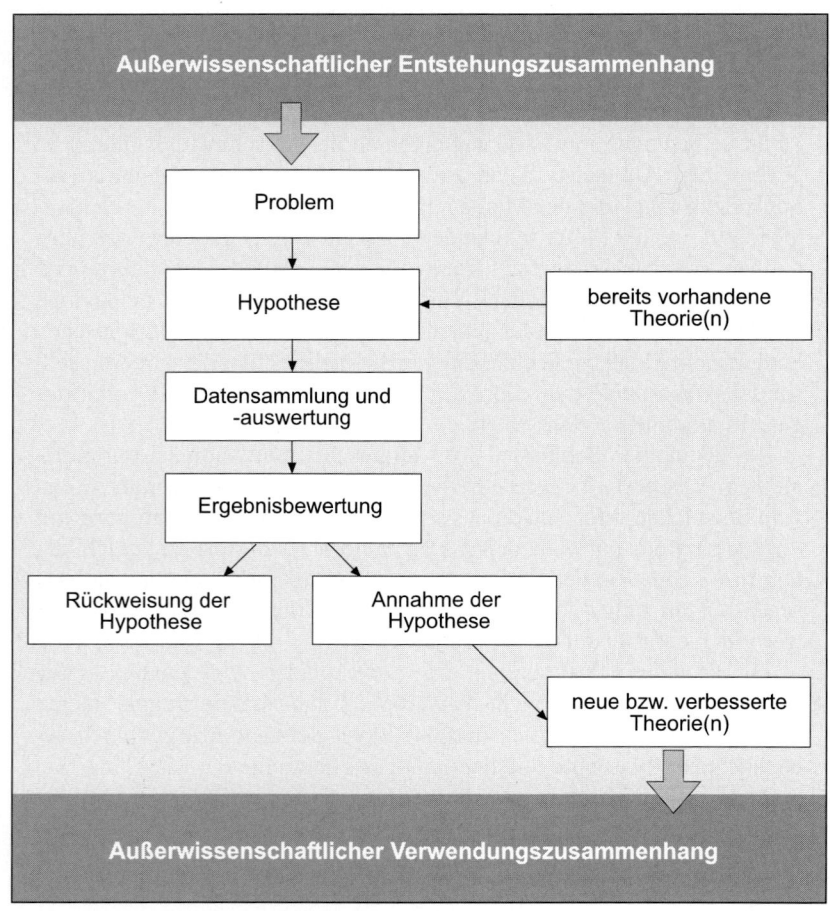

Abb. 9: Modell eines empirisch-analytischen Forschungsprozesses
Quelle: nach BLOTEVOGEL 1996, S. 28 verändert

   Ins Auge fällt dabei für den außenstehenden Betrachter vor allem Teil 3,
der die empirische Durchführung beinhaltet. Tatsächlich nimmt er, je nach
Forschungsgegenstand, auch aus wissenschaftlicher Sicht oft einen erheblichen Teil der aufgewendeten Zeit in Anspruch. Deshalb wird er fälschlicherweise *„ oft mit der ganzen Wissenschaft gleichgesetzt, weil er der einzige Teil
ist, der visuell deutlich in Erscheinung tritt. Sie sehen jede Menge Reagenz-
gläser und bizarre Apparaturen und Leute, die geschäftig herumlaufen und
Entdeckungen machen. Sie sehen das Experiment nicht als Teil eines größeren intellektuellen Prozesses"* (PIRSIG 1976, S. 114). Faktisch ist dieser Teil
aber der intellektuell oft am wenigsten anspruchsvolle. Hier geht es um die

zweckbezogene Datensammlung, während die kreativen Teile des Forschungsprojektes sich zum einen in der Vorphase in der Aufstellung der Hypothesen oder in der nachfolgenden Phase in der intelligenten Analyse des Materials befinden.

3.2.2 Falsifikation: Kritik und Zweifel als Werkzeuge wissenschaftlichen Fortschritts

Trotz des auf Objektivität und intersubjektive Überprüfbarkeit angelegten Forschungsverfahrens ist es erkenntnistheoretisch natürlich nicht möglich, die Welt auf diese Weise sozusagen „hundertprozentig" zu erkennen. Nach der Konzeption von KARL POPPER tastet sich die analytische Wissenschaft vor diesem Hintergrund vielmehr auf dem Wege des „geschickten Zweifelns" näher an die Beschaffenheit der objektiven Welt heran. Kritik und Zweifel bilden deshalb die Kernelemente dieser Form des wissenschaftlichen Arbeitens. *„Das entscheidende Prüfkriterium ist die empirische Falsifikation. Im Unterschied zum traditionellen Positivismus, der die Verifikation und die Falsifikation als gleichwertige Möglichkeiten der Hypothesenprüfung ansieht, argumentiert POPPER, dass die Verifikation aus logischen Gründen unzureichend ist [...] und zur unkritischen Bestätigung von Hypothesen führt"* (BLOTEVOGEL 1996, S. 4). Diese Erkenntnis *„war eine der [...] wissenschaftlichen Revolutionen [...], die die Prinzipien der Kritik, des logischen Denkens und des empirischen Prüfens in den Mittelpunkt stellte. Also: [...] Nehmen Sie alles als Behauptung, als Hypothese, also als vorläufige, relative Wahrheit! [...] Jede Behauptung, jede Hypothese, jede Theorie ist prinzipiell ständig der Kritik auszusetzen und damit in Frage zu stellen; zumindestens muß immer die Möglichkeit der Kritik bestehen."* (BLOTEVOGEL 1996, S. 4 ff.).

Man kann also nur versuchen, Irrtümer und Fehlschlüsse durch wissenschaftlich begründeten Zweifel offen zu legen. Durch das Infragestellen von Erkenntnissen, die man bisher für wahr gehalten hat, versuchen kritische Rationalisten, sich auf indirekte Weise immer näher an die „objektive Realität" heranzutasten (die aber trotzdem nie vollständig erkennbar ist). Erkenntnisfortschritt gelingt entsprechend, indem man versucht, die Unrichtigkeit aufgestellter Hypothesen nachzuweisen und anschließend neue Hypothesen aufzustellen, die immer schwieriger falsifizierbar sind, sich immer weiter an die Realität annähern. Hypothesen werden – wie in Kap. 3.5.3 noch genauer zu zeigen sein wird – nicht durch Verifikation bestätigt, aber man kann sie durch Falsifikation widerlegen, indem man mit seinen empirisch erhobenen Daten Befunde erbringt, die im Widerspruch zu aufgestellten Hypothesen stehen.

Einfaches Beispiel für das Falsifikationsprinzip aus der Physik:

Der Satz „Glas leitet die Elektrizität nicht" kann umgeformt werden in „Es gibt kein Stück Glas, das elektrisch leitfähig ist". Nun kann versucht werden, dies zu falsifizieren, also ein Stück Glas zu finden, das Elektrizität leitet. Gelingt das über längere Zeit nicht, so haben wir eine gut bestätigte Hypothese vor uns: sie hat allen bisherigen Falsifizierungsversuchen widerstanden.

Quelle: STÖRIG *1992, S. 690f. über die Philosophie* KARL R. POPPERS

Wenn hypothesengeleitete Falsifikation das konzeptionelle Kernstück der quantitativszientistischen Arbeitsweise bildet, leiten sich daraus eine Reihe weiterer *Gütekriterien* ab, die zwar wissenschaftstheoretisch und methodologisch nicht unumstritten sind (vgl. z. B. den „Werturteilsstreit" in der Wissenschaft), aber doch vielfach zu den Basisannahmen dieser Art von Forschung zählen (vgl. POPPER 1989, BLOTEVOGEL 1996 u. v. a.)

Gütekriterien quantitativ-szientistischer Forschung

→ Empirische Überprüfung der Realität mit Hilfe des Falsifikationsprinzips,
→ Intersubjektive Überprüfbarkeit der Untersuchungen,
→ Wiederholbarkeit der empirischen Befunde und Prüfungen,
→ Ableitung von „Gesetzen" zur Erklärung der (hier sozialgeographischen) Realität,
→ Prognosefähigkeit,
→ Wertfreiheit und „Objektivität" der Forschung.

Um vor allem Ansprüche wie die *Erklärung durch Gesetze*, die intersubjektive *Überprüfbarkeit* und die *Wiederholbarkeit* zu gewährleisten, ist es entscheidend, so exakt wie möglich zu arbeiten und *„die Theorien, die unsere Erfindungen, unsere Konstruktionen sind, möglichst strengen Prüfungen zu unterziehen"* (ALT 1995, S. 10, über die Philosophie KARL R. POPPERS). Das in der quantitativ-analytischen Wissenschaftstradition etablierte Instrumentarium, solche strengen Prüfungen von Hypothesen und Theorien vorzunehmen, ist der Einsatz mathematisch-statistischer Verfahren. Sie sind damit zum analytischen Kernstück der Hypothesentests im Sinne des Kritischen Rationalismus geworden. Egal, ob man einen sozialgeographischen Datensatz mit einem Statistikprogramm auswertet, eine wirtschaftsgeographische Regressionsgraphik mit einem Tabellenkalkulationsprogramm erstellt oder eine stadtgeographische Flächenverschneidung in einer GIS-Software durchführt: Immer beruhen die Verfahren auf der Anwendung mathematischer Verfahren und/oder auf der Durchführung statistischer Rechenoperationen.

Diese Tatsache wird im Alltag studentischer Praktika und wissenschaftlicher Projekte durch die zunehmend besseren graphischen Benutzeroberflächen der Programme „verschleiert": Wer heute GIS-Operationen durchführt oder bi- und multivariate Analysen mit Statistiksoftware rechnet, der bewegt sich in den „Anklick-Feldern" intuitiv gestalteter Dialogboxen, die ihn zumeist weder mit den Formeln, noch mit den mathematischen Regeln und Einschränkungen bestimmter Verfahren konfrontieren. Diese Entwicklung hat aus methodologischer Sicht Vor- und Nachteile: Der Vorteil besteht in der zunehmenden Anwendung solcher Verfahren und in den kürzer werdenden Einarbeitungszeiten. Der Nachteil liegt aber oft darin, dass die so genannten „Software-User" die angebotenen „Tools" oft allzu schnell verwenden, ohne sich sowohl über die allgemeine Vorgehensweise kritisch-rationalen Arbeitens als auch über die eingeschränkte Anwendbarkeit und die Grenzen der Reichweite der Aussagen einzelner mathematisch-statistischer Verfahren klar zu sein.

Im Folgenden sollen auf der Grundlage dieser kurzen allgemeinen Einführung in die quantitativ-szientistische Arbeitsweise die für die empirische Umsetzung relevanten Aspekte und einzelne Untersuchungsmethoden vorgestellt und diskutiert werden. Dabei wird sich zeigen, dass die bisher diskutierten Rahmenbedingungen sowohl die Konzeption des Forschungsvorhabens als auch jeden einzelnen Schritt der Arbeit beeinflussen müssen, von der Frage- und Problemstellung über den Aufbau der Erhebungsinstrumente bis zur Analyse des Materials und zur anschließenden Dokumentation. Für ein Lehrbuch über humangeographische Arbeitsweisen müssen daher sowohl die Erhebungsverfahren als auch die Datenaufbereitung und deren Auswertung mit mathematisch-statistischen Methoden in ihren Grundzügen reflektiert werden, ohne dass dabei aber eine Tiefenschärfe erreicht werden kann, wie sie in der jeweiligen methodischen Spezialliteratur zu einzelnen Aspekten zu finden ist.

● Entsprechend beginnt die Reflexion mit einem Blick auf Grundlagen und Techniken der standardisierten Datenerhebung. Vor allem die in der Humangeographie verbreiteten Formen der quantitativ orientierten Beobachtung, Zählung und Befragung sollen hier vorgestellt werden.

● Anschließend stehen die Grundlagen der quantitativen Datenauswertung im Mittelpunkt. Nach einem Überblick über die deskriptiven Verfahren soll an Beispielen auf die Vorgehensweise beim Schätzen und beim Testen von Hypothesen eingegangen werden. Dem auf Überblick angelegten Lehrbuch geht es hier wieder darum, in erster Linie die allgemeinen Prinzipien des analytischen Arbeitens (Schätzen, Testen von Hypothesen) zu erläutern und den Studierenden auf diese Weise Mut zu machen, sich mit Hilfe der Spezialliteratur weiter in die mathematisch-statistischen Details einzulesen.

3.3   Grundprobleme der Erhebung quantitativer Daten

3.3.1   Der „Faktor Mensch": Die Erhebung „harter" Daten als kontextabhängige Konstruktion

Wer in der geographischen Feldarbeit Daten erhebt, die er später mit quantitativ-szientistischen Analyseinstrumenten auswerten möchte, der muss sich vor Augen halten, dass er seine Daten entweder direkt in standardisierter Form erheben muss oder dass seine Datenerhebung so angelegt ist, das man daraus in einem Zwischenschritt der Datenaufbereitung *standardisierte Daten* machen kann. Diese grundlegende Notwendigkeit ergibt sich aus den konzeptionellen Rahmenbedingungen quantitativ-szientistischen Arbeitens: Wenn man hier über das Niveau der reinen Deskription hinausgehen will, wenn man analytische Schlüsse ziehen möchte, die nicht nur auf der subjektiven Interpretation der Beobachtungsdaten fußen, dann sind standardisierte Daten die unverzichtbare Ausgangsposition für ein solches Vorgehen: Sowohl die Rückschlüsse von der zumeist eingeschränkten Stichprobe auf die Grundgesamtheit als auch die Entscheidung über die Annahme oder das Verwerfen einer Hypothese basieren auf der Durchführung von Verfahren der Test- und Prüfstatistik, d. h. auf der Verarbeitung der Daten mit Hilfe mathematischer Algorithmen.

Daraus ergibt sich das Kernproblem, die vielfältige sozialräumliche Welt zu quantifizieren. Die Standardisierung zerschneidet unvermeidlich ein Universum schillernder Differenzen und gleitender Übergänge, eine Welt LATOURscher Hybriden (1989), in handliche Datenquader, indem sie „trennt", segmentiert, zuschärft und klassifiziert. Sie unterwirft die Kontingenz gesellschaftlicher Phänomene dem Diktat einer mathematischen Logik. Erst diese radikale Konstruktionsleistung macht die sozialgeographischen Phänomene einer quantitativen Analyse zugänglich. Das ist der unumgängliche Preis für ein wichtiges Werkzeug der szientistisch ausgerichteten Humangeographie.

Die Weichenstellung für diese Standardisierung findet im Vorfeld der empirischen Erhebungen statt. Dieser Schritt, d. h. der konkrete Aufbau eines standardisierten Erhebungsinstruments, stellt gleichsam die „methodologische Achillesferse" dar, an der sich die szientistische Methode institutionellen und subjektiven Einflüssen massiv ausgesetzt sieht. Vor dem Hintergrund einer Methodik, die sich selbst den Anspruch der „Objektivität" und der „intersubjektiven Überprüfbarkeit" gibt (s. o.), bildet dieser Aspekt neben der Fragestellung und Hypothesenbildung die größte *Black Box* der gesamten Vorgehensweise, eine *Black Box*, die in vielen Lehrbüchern der klassischen empirischen Sozialforschung oft nur randlich thematisiert wird.

Dabei ist es unmittelbar einsichtig, wie sehr gerade in die Konstruktion des Beobachtungsinstruments individuelle Präferenzen und wissenschaftliche

Vorerfahrungen ebenso einfließen wie allgemeine gesellschaftliche Konventionen. Dazu gehören die großen *Meta-Erzählungen*, wie man Wissenschaft betreibt oder aus welchem Blickwinkel man den jeweiligen Forschungsgegenstand betrachtet, ebenso wie der spezielle Wissensstand, die technischen Möglichkeiten der Datenerhebung sowie die Vereinbarungen darüber, was gerade eine „gute" oder „schlechte" wissenschaftliche Methode ist (*methodologische Konventionen*). Im Spannungsfeld all dieser Rahmenbedingungen kommt es nicht zu einer quasi objektiven, von außen einsehbaren oder gar intersubjektiv kontrollierbaren Wahl, sondern zu einer *heuristischen*, d. h. auf der spezifischen Situation und Vorerfahrung beruhenden Auswahlentscheidung.

Zu dieser gehört dann konkret zunächst die Wahl eines bestimmten *Erhebungsinstruments*. Ob man sich bei einer Untersuchung zum Verkehrsverhalten v. a. auf standardisierte Beobachtungsverfahren oder primär auf Umfragen stützt, wird zwar zunächst von den untersuchungsleitenden Fragen mitbeeinflusst, ist aber auch nicht frei von subjektiven Entscheidungen im Kontext der konkreten Forschungssituation (verfügbare Zeit, personelle und finanzielle Kapazitäten etc.). Gleiches gilt sinngemäß auch für den nachfolgenden Schritt, für die hypothesenscharfe Konkretisierung (z. B. die Formulierung einer angemessenen Frage im Fragebogen, die Konzeption einer tauglichen Verkehrszählung, etc.). Ähnliches gilt schließlich für die praktische Konzeption der Erhebung: Wie wird gezählt, wie viel Zählpunkte und -zeitpunkte werden festgelegt, wie lange werden die Zählungen durchgeführt? Welche und wie viele Antwortkategorien enthalten die Fragen? Sind sie fertig vorformuliert oder haben die Befragten die Möglichkeit, freie Antwortteile zu formulieren, die dann später „nachverschlüsselt" werden (s. u.)? Solche und ähnliche Fragen spielen bei der Konzeption eine Rolle und jede dieser Entscheidungen ist nicht objektiv zu treffen, sondern unterliegt einer subjektiven und situativen Abwägung durch den Forscher. All diese Schritte stellen Weichen, die die inhaltliche Struktur des zu prüfenden Sachverhaltes nicht unberührt lassen. Eher das Gegenteil ist der Fall, wenn man näher hinsieht: Die Konzeption der Methode, die Bildung von Beobachtungsanweisungen oder Fragebogenkategorien, etc. bewirken zusammen eine mächtige Vorab-Konstruktion und Vorstrukturierung des Sachverhaltes. Sie beeinflussen die nachfolgende Analyse, Interpretation und gegebenenfalls Prognose.

Die hier getroffenen Entscheidungen haben oft nicht nur Folgen für die eigentliche Untersuchung, sondern sind auch weiterreichend ein Mittel der sozialen Strukturierung und Reproduktion der Welt geworden. Je nach Bedeutung der Ergebnisse, nach Stellung und Reputation des Forschers und Platzierung der Publikation können solche Konstruktionen erstaunliche Persistenz aufweisen, eine Persistenz, die so groß sein kann, dass die *Scientific Community* ebenso wie die Alltagswelt darüber fallweise langfristig den kon-

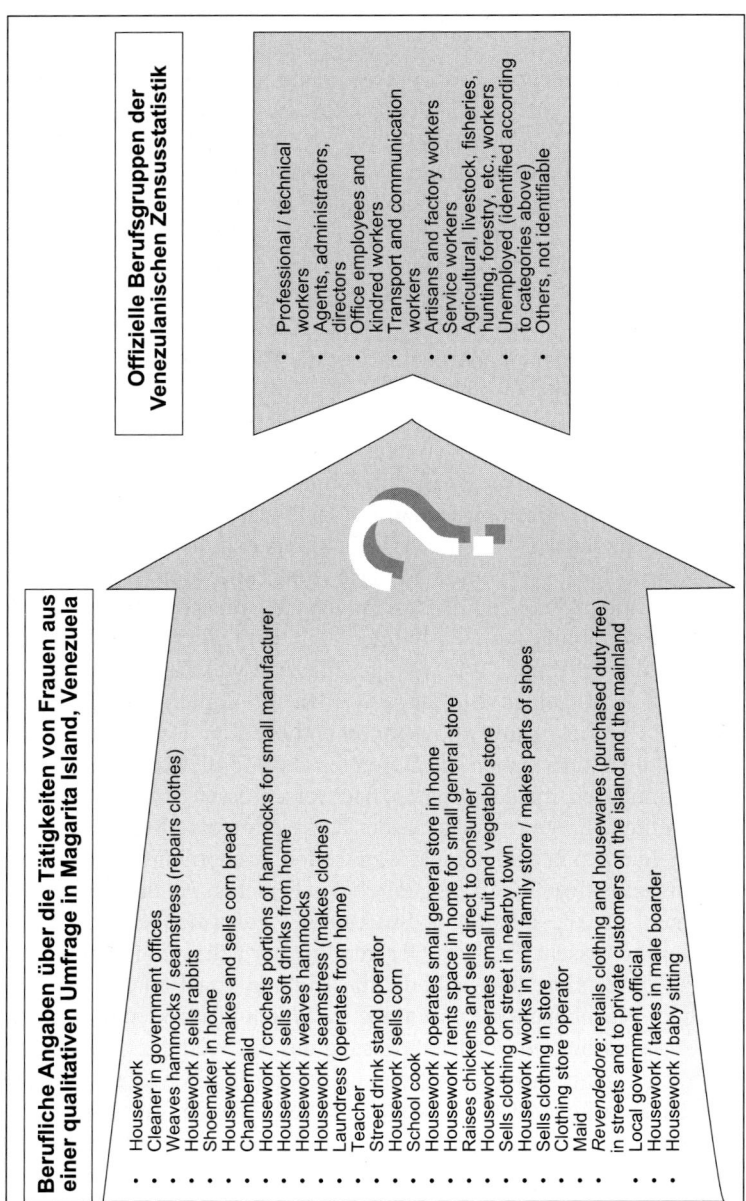

Abb. 10: Gender-Berufstabelle mit Erläuterung über das Problem der Konstruktion quantitativer Befragungs- und Denkkategorien
Quelle der Kategorien: Women and Geography-Study Group 1997, S. 59;
Entwurf: P. REUBER, Grafik: I. DZUDZEK

struierten Charakter solcher Klassifikation nahezu vergisst. Wie sehr solche sozialwissenschaftlichen Klassifikationen als quasi objektiv vorgegebene Kategorien erscheinen können und dann auch nachfolgende wissenschaftliche Untersuchungen ebenso vorprägen wie die alltagsweltlichen Betrachtungsperspektiven der Beforschten, macht etwa die geographische Gender-Forschung deutlich. Abbildung 10 verdeutlicht dies am Beispiel der fest gefügten beruflichen Kategorien der Zensusstatistik in Venezuela (und vieler anderer Länder), die sich an „typischen Erwerbsarbeitsformen der Männer" ausrichten, und die den multiplen Tätigkeiten der Frauen, die auch im Cartoon (Abb. 11) noch einmal aufscheinen, in keiner Weise gerecht werden können. Der Konstruktionscharakter solcher Kategorisierung wird aus der Perspektive einer Geography of Gender nur allzu trefflich entlarvt.

Abb. 11: Gender-Forschungscartoon
Quelle: WGSG (Woman and Geography Study Group) (Hrsg.) (1997); Feminist geographies. Explorations in diversity and difference. Harlow

Diese kritischen Vorüberlegungen bieten eine Grundlage, um nachfolgend die Stärken und Schwächen von konkreten Erhebungsmethoden zu diskutieren. Die Notwendigkeit der Erzeugung standardisierter Daten präferiert bereits aus der Palette humangeographischer Methoden ein bestimmtes Spektrum von Verfahrensweisen. Diese Vorbedingung führt aber nicht zum a priori-Ausschluss ganzer Erhebungskategorien, sondern dazu, dass innerhalb der verschiedenen Formen der Datenerhebung (Befragungen, Beobachtungen und Zählungen etc.) jeweils bestimmte, auf standardisiertes Datenmaterial spezialisierte Techniken zur Wahl stehen, während sich verwandte Varianten einer eher qualitativen Datenerhebung in diesem Wissenschaftsverständnis höchstens für die einleitende, der Generierung von Fragestellungen und Hypothesen dienende Explorationsphase des Forschungsprozesses eignen.

3.3.2 Das Problem der Repräsentativitiät und die Auswahl der Fälle bei Stichprobenuntersuchungen

Ein zweites Grundproblem vieler Arbeiten in quantitativ-statistischer Tradition ergibt sich aus ihrer Absicht, nicht nur die Gesamtheit der untersuchten Fälle oder Beobachtungen zu analysieren, sondern mit Hilfe einer solchen, zumeist eher kleineren Anzahl von Befunden allgemeine Aussagen und Rückschlüsse, ja sogar Schätzungen und Prognosen vornehmen zu wollen. Die konkrete Schwierigkeit besteht dabei darin, die untersuchten Fälle so auszuwählen, das sie dann auch tatsächlich für das größere Ganze stehen und dass dementsprechend die Ergebnisse, die an ihnen gewonnen werden, innerhalb bestimmter Schwankungen und vorbehaltlich einer gewissen Irrtumswahrscheinlichkeit auch Rückschlüsse auf das Ganze zulassen.

Grundgesamtheit und Stichprobe

Die *Grundgesamtheit* ist die Basis aller sozialgeographischen Analysen in quantitativ-statistischer Tradition. Sie ist definiert als *„die Menge aller Elemente, über die wir durch eine Untersuchung Erkenntnisse gewinnen wollen. Die – nicht immer bekannte – Anzahl dieser Elemente ist N. Der Umfang der Grundgesamtheit kann auch unendlich sein"* (DE LANGE & WITTENBERG 1983, S. 37). Untersucht man in einem Forschungsprojekt sämtliche Objekte der Grundgesamtheit, so spricht man von einer *Totalerhebung* oder *Vollerhebung*. Vollerhebungen werden aber aus verschiedenen Gründen (Geld, Zeit, Arbeitskraft etc.) nur selten durchgeführt (z. B. Volkszählung).

Deshalb werden in der Regel Teilerhebungen einer sog. *Stichprobe* („n") durchgeführt. Eine Stichprobe stellt eine *Teilmenge aller Untersuchungseinheiten* dar, die die *untersuchungsrelevanten Eigenschaften der Grundgesamtheit* möglichst genau abbilden soll. Eine Stichprobe wäre also im günstigsten Falle eine Art „Miniaturbild" der Grundgesamtheit. Trotzdem gestattet *„das Stichprobenergebnis (nur) [...] mehr oder minder zuverlässige Aussagen über die Grundgesamtheit [...]. Die Gültigkeit einer solchen Verallgemeinerung hängt entscheidend davon ab, daß bei der Auswahl der Stichprobe keine Fehler begangen wurden"* (CLAUS & EBNER, 1985, S. 18). Damit erhält die Auswahl der Elemente für eine Stichprobe eine entscheidende und zentrale

Bedeutung für die gesamte Untersuchung und die Wertigkeit ihrer Ergebnisse, denn je besser sie die Grundgesamtheit repräsentiert, um so verlässlicher sind später die Rückschlüsse auf die Grundgesamtheit (vgl. BORTZ 1993, S. 84).

Verfahren der Stichprobenziehung

Wegen der Bedeutung dieses Schrittes hat sich eine sehr differenzierte Lehre über unterschiedliche Verfahren der *Stichprobenziehung* entwickelt (Abb. 12). Darauf kann im Rahmen dieses Lehrbuchs nicht ausführlich eingegangen werden. Es ist aber notwendig und sinnvoll, zumindestens einen groben Einblick in die wichtigsten Begriffe und Verfahren zu geben, insofern sie für humangeographische Untersuchungen hilfreich sind, weil eine derzeit in der empirischen Praxis angemessene Stichprobenziehung in vielen Fällen nicht vorgenommen wird, später in den Auswertungen der Ergebnisse aber sehr wohl verallgemeinernde Schlüsse das Ergebnis der Analyse bilden. Für eine ausführlichere und differenziertere Diskussion muss auf die entsprechenden Lehrbücher der Statistik verwiesen werden.

Zufallsstichprobe vs. Willkürstichprobe

Stichproben können zunächst danach qualifiziert werden, ob die Auswahl der Elemente der Grundgesamtheit auf einem *Zufallsprozess* basiert oder nicht. Stichproben, die nicht auf einem Zufallsprozess basieren, werden als *„willkürliche Auswahlen"* bzw. *„bewusste Auswahlen"* bezeichnet. „Zufällig" bedeutet in diesem Zusammenhang: *„jedes Element der Grundgesamtheit (hat) die gleiche bzw. eine genau festgelegte und berechenbare Chance, in die Stichprobe zu gelangen"* (DE LANGE & WITTENBERG 1983, S. 47). *Zufallsstichproben (random samples)* sind Stichproben, deren Auswahlregeln es dem Untersuchenden ermöglichen, vor Durchführung einer Auswahl für jedes Element der Grundgesamtheit die Wahrscheinlichkeit zu berechnen, mit der dieses Element Teil der Stichprobe wird. Zufällig ist also nicht gleich „willkürlich", unterscheidet sich damit erheblich vom alltäglichen Sprachgebrauch. Willkürlich würde bedeuten „beliebig" (nach Gutdünken, aufs Geratewohl) und führt leicht zu erheblichen Verzerrungen gegenüber der Grundgesamtheit, z. B. durch die Wahl des Zeitpunktes, den Ort, Sympathien oder Antipathien des Befragers gegenüber bestimmten Probanden, etc. *Repräsentativ* im statistischen Sinne ist nur eine *Zufallsstichprobe*, weil hier jedes Element der Grundgesamtheit *gleiche Chancen* hat, in die Stichprobe zu gelangen. Eine willkürliche Stichprobe dagegen kann aus der konzeptionellen Perspektive des kritischen Rationalismus gesehen nur für sich selbst stehen. Repräsentative Aussagen über die Grundgesamtheit ermöglicht sie nicht.

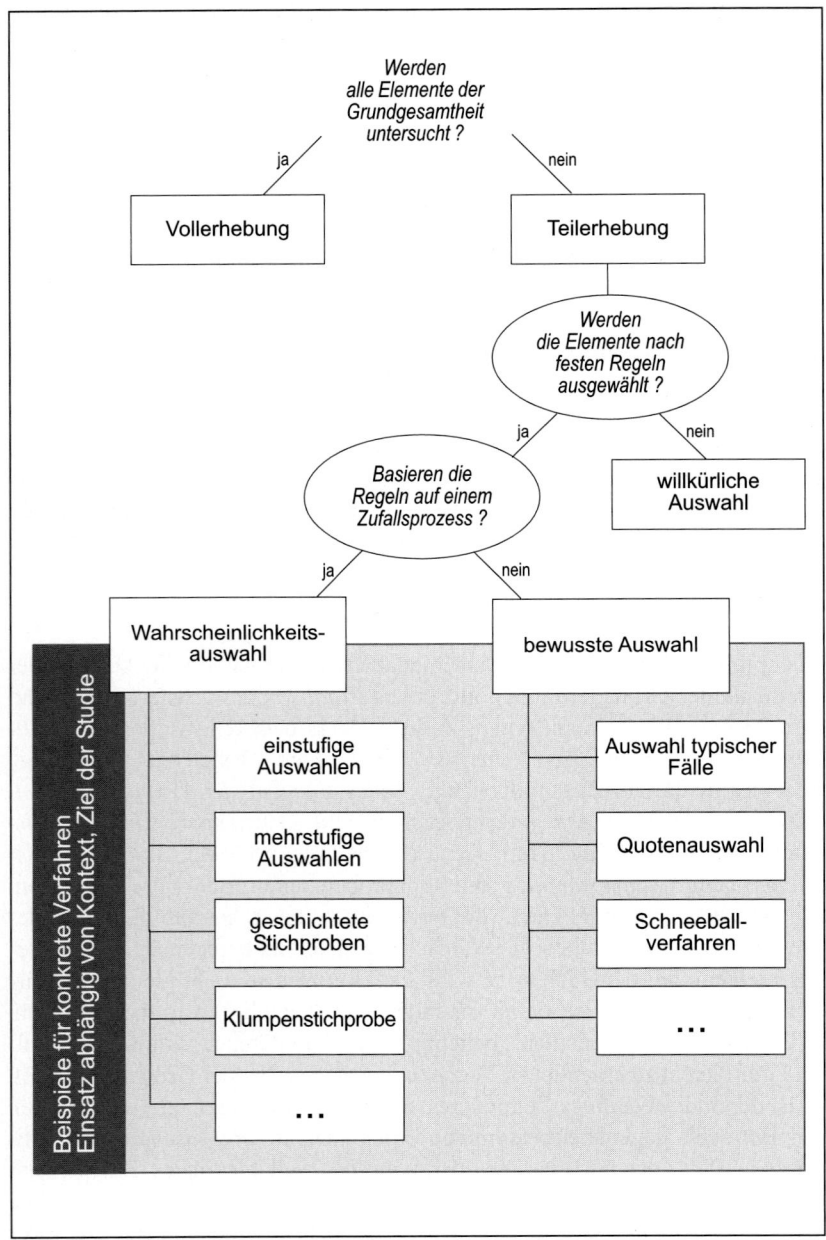

Abb. 12: Verfahren der Stichprobenziehung
Entwurf: P. REUBER, verändert nach SCHNELL, HILL und ESSER 1995, S. 256, Grafik: S. HUSSEINI

Verfahren zur Ziehung von Zufallsstichproben

Beim Verfahren der „*einfachen Zufallsauswahl*" werden die Elemente der Stichprobe direkt aus der Grundgesamtheit heraus ermittelt. Beispiele für die technische Durchführung einfacher Zufallsstichproben sind das *Lotterieverfahren* oder das *Zufallszahlen-Verfahren* (vgl. DE LANGE & WITTENBERG 1983: Zufallszahlen-Tabelle, S. 44). Das Lotterieverfahren ist vom Arbeitsaufwand größer als die Benutzung von Zufallszahlen. Bei beiden müssen nach KROMREY (1991, S. 225) „*alle Einheiten … die gleiche (oder eine vorher berechenbare) Chance haben, in die Auswahl zu kommen*". Die Wahrscheinlichkeit für ein einzelnes der Elemente, in die Stichprobe zu gelangen, ist in diesem Falle bezogen auf jede einzelne Ziehung gleich. Durch die fortlaufende Ziehung verändern sich aber die Ziehungswahrscheinlichkeiten trotzdem unmerklich – ein Phänomen, dass als „*bedingte Wahrscheinlichkeit*" bezeichnet wird (vgl. genauer KROMREY 1991, S. 226) und in der Praxis zumeist vernachlässigt wird.

Neben der reinen Zufallsauswahl gibt es weitere Verfahren der Zufallsstichprobe, von denen hier nur zwei kurz skizziert werden sollen:
- Bei der *systematischen Zufallsstichprobe* wird nur das erste Element der Stichprobe nach dem Zufallsprinzip gezogen, alle weiteren Elemente werden in mathematisch gleichen Intervallen aus der durchnummerierten Grundgesamtheit ermittelt.
- Ein für geographische Untersuchungen zuweilen taugliches Verfahren ist die Klumpenstichprobe. „*Als Klumpenstichprobe (cluster sample) wird eine einfache Zufallsstichprobe dann bezeichnet, wenn die Auswahlregeln nicht auf die Elemente der Grundgesamtheit, sondern auf zusammengefasste Elemente („Klumpen", „Cluster") angewendet werden und jeweils die Daten aller Elemente eines Clusters erhoben werden*" (SCHNELL, HILL & ESSER 1995, S. 266). Klumpenstichproben bieten sich dann an, wenn keine Liste der Elemente der Grundgesamtheit, wohl aber eine Liste der zusammengefassten Elemente (z. B. Häuser in einer Straße, Straßenabschnitte oder Baublöcke in einem Wohnviertel) vorhanden ist. Das zentrale Problem sind aber die quantitativen Unterschiede zwischen den Clustern, wodurch es zu Verzerrungen kommen kann („*Klumpeneffekt*", ebd.). Als Lösung empfiehlt sich hier oft ein *mehrstufiges* Zufallsauswahlverfahren.

Mehrstufige Auswahlverfahren (Zufallsauswahlen in mehreren Stufen)

Unter *mehrstufigen Auswahlverfahren* versteht man Verfahren, die Zufallsauswahlen in mehreren Schritten vornehmen. Sie bewirken eine erhebliche organisatorische Erleichterung und Verkürzung des Ziehungsverfahrens. Sie bieten sich in humangeographischen Untersuchungen besonders an,

● wenn die Grundgesamtheit sehr groß, ihr genauer Gesamtumfang möglicherweise sogar unbekannt ist (z. B. Bevölkerung der Bundesrepublik),
● wenn sich die Grundgesamtheit in sachsystematisch sinnvolle Untereinheiten teilen lässt, die sich als Selektionsebenen für die gestufte Zufallsauswahl anbieten (für die Geographie z. B. das räumliche Ordnungsgefüge der
administrativen Einheiten),
● wenn eine Klumpenstichprobe aufgrund der sehr unterschiedlichen Teilge-
samtheiten in den jeweiligen „Klumpen" nicht geeignet scheint.

Bei der gestuften Auswahl werden zunächst die Elemente der Grundgesamtheit (= *Primäreinheiten*) in sachsystematisch sinnvolle Gruppen einge-
teilt (= *Sekundäreinheiten*). Sie bilden dann in einem ersten Ziehungsgang
die Einheiten, aus denen durch die Ziehung einer Zufallsstichprobe einige
für die genauere Untersuchung ausgewählt werden. Unter den Primäreinheiten (z. B. Bewohner) der dabei gezogenen Sekundäreinheiten (und nur aus
diesen) werden dann in einer zweiten Zufallsstichprobe diejenigen ermittelt,
die als Untersuchungseinheiten in die Stichprobe eingehen. Dieses hier
zweistufig beschriebene Verfahren ist natürlich auf weitere Stufen ausdehn-
bar.

Mehrstufige Auswahlverfahren bestehen also aus einer Reihe *nacheinander* durchgeführter Zufallsstichproben, wobei die jeweils entstehende
Zufallsstichprobe die *Auswahlgrundlage* für die nächste Zufallsstichprobe
bildet (SCHNELL, HILL & ESSER 1995, S. 267 ff.). *Geschichtete Stichproben*
besitzen den Vorteil, neben ihrer Zeit- und Kostenersparnis direkt auch eine
Differenzierung der Grundgesamtheit vorzunehmen, die sich später als *differenzierende Variable* in der Analyse verwenden lässt. Problematisch ist
jedoch, dass diese bereits eine a priori-Konstruktion des Gegenstandes vor-
nimmt, die sowohl die Auswahl des Samples als auch die spätere Datenanalyse beeinflusst.

In der Sozialgeographie finden aufgrund des oft auch auf eine regionale
Differenzierung angelegten Forschungsinteresses mehrstufige Stichproben-
ziehungen auf der Basis einer Trennung der Grundgesamtheit in territoriale
(„räumliche") Einheiten statt. Bei der Arbeit mit Daten aus der amtlichen Statistik hat sich insbesondere die dort vorgehaltene räumlich-administrative
Ordnung als Prinzip für die Organisation gestufter Auswahlverfahren
bewährt.

Das entscheidende methodische Problem bei der gestuften Stichprobenziehung besteht in den unterschiedlichen *Fallzahlen* der ausgewählten
räumlichen Einheiten: Nicht jeder Kreis hat die gleiche Anzahl Gemeinden, nicht jede Gemeinde hat die gleiche Anzahl Bewohner, etc. Dadurch
kommt es zu *Ungleichgewichten* bei den Ziehungswahrscheinlichkeiten.
Sie verletzen zunächst das Gesetz der Repräsentativität, nach dem jedes
Element der Grundgesamtheit rechnerisch genau die gleiche Chance

haben muss, in die Stichprobe zu gelangen. Um dies zu kompensieren, haben sich *PPS-Verfahren (probability proportional to size)* herausgebildet, die durch eine *größenabhängige Gewichtung* der Wahrscheinlichkeiten einen Ausgleich erzielen.

Beispiel für ein Verfahren mit größengewichteten Wahrscheinlichkeiten:

Will man in einem zweistufigen Ziehungsverfahren aus einer Gemeinde zunächst vier Baublöcke auswählen und anschließend aus den gezogenen Baublöcken im zweiten Ziehungsgang je 100 Einwohner, so sind die Probanden aus Blöcken mit hoher Einwohnerzahl statistisch benachteiligt, weil ihre Chance, beim zweiten Ziehungsgang in die Stichprobe zu gelangen, relativ kleiner ist als diejenige von Bewohnern in Baublöcken mit einer geringeren Anwohnerzahl.

Um dieses Problem zu lösen, kann man sich eines *PPS-Designs* bedienen. (vgl. SCHNELL, HILL & ESSER 1995, S. 445 f.). Mit diesem Verfahren wird die im zweiten Ziehungsgang auftretende Benachteiligung von Bewohnern aus großen Baublöcken im ersten Ziehungsgang, in dem die Baublöcke ausgewählt werden, kompensiert, so dass die statistische Auswahlwahrscheinlichkeit für jeden Bewohner am Ende der beiden Ziehungen wieder genau gleich ist. Dies geschieht, bildlich gesprochen, indem man jedem Baublock bei der ersten Ziehung jeweils so viele Lose oder Zufallszahlen zuspricht, wie er Einwohner hat. Auf diese Weise steigt die Ziehungswahrscheinlichkeit für große Baublöcke im ersten Ziehungsgang genau um soviel an, wie ihre Bewohner im zweiten Ziehungsgang gegenüber kleinen Baublöcken benachteiligt sind.

Auch wenn sich damit selbst bei geschichteten Auswahlverfahren theoretisch gesehen Zufallsstichproben erreichen lassen, ist deren generelle Realisierung in der empirischen Praxis mit vielfältigen Problemen verbunden. Das führt dazu, dass sehr viele Stichproben bei empirischen Arbeiten in der Humangeographie den strengen Anforderungen der Zufallsauswahl nicht entsprechen.

Verzerrungen treten zum Beispiel auf

- durch *niedrige Rücklaufquoten* bei schriftlichen Befragungen oder Internet-Interviews,
- durch *hohe Ablehner-Quoten* bei persönlichen oder telefonischen Befragungen,
- durch *befragerbedingte Präferenzen* beim Ansprechen von Personen bei mündlichen Interviews (Kommunikationsfähigkeit, Ablehnungsquote, gruppenbezogene Befragungsaffinitäten bei der Probandenauswahl, etc.).

Willkürstichprobe und bewusste Auswahlverfahren (nicht zufällige Auswahl-verfahren)

Im Angesicht solcher Probleme verwenden viele Untersuchungen von vorn herein andere Verfahren der Stichprobenziehung, die keine reinen Zufallsaus-wahlen darstellen. Damit verlässt man jedoch den Pfad der Repräsentativität, d. h. dieser Schritt zieht erhebliche Folgen für die Relevanz und Aussage-reichweite der Ergebnisse nach sich. Wie reflektiert und überlegt auch immer die bewusste Planung einer Stichprobenauswahl durchgeführt sein mag: sobald es sich nicht mehr um ein dem Zufallsprinzip folgendes Verfahren han-delt, stehen die Ergebnisse nicht mehr für die Grundgesamtheit, sondern nur noch für sich selbst. Ein Rückschluss von den untersuchten Fällen auf alle anderen Fälle ist damit nicht mehr mathematisch-statistisch abgesichert. Wenn er trotzdem erfolgt (und das ist ebenfalls wieder in sehr vielen Untersuchun-gen der Fall), dann handelt es sich hier nicht mehr um einen *Rückschluss* im Sinne der analytischen Statistik, sondern um eine subjektive, interpretative *Verallgemeinerung* der Untersuchungsergebnisse durch den Verfasser. Streng genommen ist eine solche Form der Auswertung der Stichprobenergebnisse eine Art hermeneutischer Deutung, wie sie auch bei der Interpretation eines offenen Interviews vorgenommen werden kann. Solange dies in der methodi-schen Reflexion eines Gutachtens oder einer wissenschaftlichen Arbeit trans-parent gemacht wird, ist ein solches Vorgehen nicht prinzipiell falsch, es folgt dann allerdings den Gütekriterien einer subjektiv-verstehenden Wissenschaft, die weiter unten in diesem Buch umrissen werden. Problematisch ist ein sol-ches Vorgehen dann, wenn die – bewusste oder oft wegen mangelnder metho-discher Vorkenntnisse unbewusste – Verwendung einer solchen Analyse bei der Bewertung der Ergebnisse trotzdem eine Repräsentativität suggeriert, die ihr nicht zukommt.

Welche konkreten Verfahren der nicht zufälligen Stichprobenauswahl gibt es? SCHNELL, HILL & ESSER (1995) unterscheiden grundsätzlich zwi-schen *Willkürstichproben* und *bewussten Auswahlverfahren* (vgl. Abb. 12, Seite 54). Bei der Willkürstichprobe gelangen die zu untersuchenden Fälle weder nach einem Zufallsverfahren noch nach einem bewussten, auf die the-matischen Aspekte der anstehenden Untersuchung zugeschnittenen Verfah-ren in die Stichprobe, sondern wahllos, d. h. willkürlich. Willkürstichproben finden in der Praxis zum Beispiel dann Anwendung, wenn unter ungünstigen oder verdeckten Befragungs- oder Beobachtungssituationen Erhebungen gemacht werden müssen und wenn entsprechend für eine gezielte Auswahl, z. B. von Probanden, die organisatorischen Rahmenbedingungen nicht gege-ben sind.

In den meisten Fällen erfolgt die Stichprobenziehung aber in Form einer bewussten Auswahl. Dazu bietet sich aus der empirischen Sozialforschung eine Vielzahl inhaltlich sinnvoller (plausibler) Verfahren an (Abb. 12). Dabei werden die *„typische Auswahl"* und die *„Quotenstichprobe"* in der human-geographischen Feldforschung am häufigsten verwendet.

- *„Typische Auswahl"*: Ist aufgrund von Vorerfahrungen oder -studien bekannt, dass bestimmte „Typen" in der Grundgesamtheit besonders relevant für das zu untersuchende Phänomen sind, kann man die Stichprobe entlang einer solchen *Typisierung* aufbauen.

- *Quotenverfahren*: Kennt man die Verteilung der für die Untersuchung als wichtig erachteten Variablen in der Grundgesamtheit, kann man die Stichprobe entsprechend der jeweiligen *Anteilsquoten* dieser Merkmalsausprägungen aufbauen.

Größe der Stichprobe

Wie groß soll eine Stichprobe sein? Auf diese Frage, die in Forschung und Umfragepraxis am Anfang einer Erhebungskampagne steht, gibt es – so DE LANGE und WITTENBERG (1983, S. 48) – aus methodischer Sicht keine eindeutige Antwort. Die Größe der Stichprobe hängt inhaltlich im wesentlichen von der Güte der gewünschten Ergebnisse ab, im praktischen Alltag aber auch erheblich vom Zeit- und Kostenrahmen, der für die Untersuchung zur Verfügung steht. Aus statistischer Sicht hängt dabei die Güte der Stichprobe zumeist nicht vom ihrem zahlenmäßigen Verhältnis zur Grundgesamtheit ab, sondern von der *absoluten Größe* der Stichprobe. „Viel hilft viel" – dieses normalerweise eher ironische Sprichwort gilt hier in seinem wahrsten Wortsinn, denn der Stichprobenumfang beeinflusst die Genauigkeit der Aussagen in vielen Bereichen (z. B. die Breite von Konfidenzintervallen, entsprechend die Annahmewahrscheinlichkeit von Hypothesen bei der Prüfstatistik, etc.). Für die Güte einer Stichprobe in Relation zu ihrem Stichprobenumfang gilt damit „allgemein das Gesetz der großen Zahl" (BAHRENBERG, GIESE & NIPPER 1990, S. 18). Auf dieser Grundlage lassen sich zwei Faustregeln bei der Konzeption einer Stichprobe bedenken:

- Je stärker die Werte der Variablen streuen, desto größer sollte die Stichprobe sein.
- Stichprobenumfänge von weniger als 30 gelten für die meisten Verfahren als zu klein.

Die oben dargestellten Überlegungen zur Stichprobenauswahl bieten nur eine Einführung in die Basisprobleme sowie in einige beispielhafte, für die humangeographische Forschungsarbeit nützliche Techniken der Stichprobenauswahl und die damit verbundenen Probleme. Dieser erste Überblick zeigt aber bereits, welche Bedeutung der Auswahl der Fälle für die Qualität der gesamten späteren Untersuchung und ihrer Ergebnisse zukommt.

3.4   Formen der standardisierten Datenerhebung

Es gibt verschiedene Verfahren der standardisierten Datenerhebung, die sich in der Humangeographie bewährt haben und die hier mittlerweile zum festen Repertoire empirischer Arbeiten gehören. Zur inhaltlichen Systematisierung kann man sie nach verschiedenen Kategorien ordnen. Zunächst unterscheiden die meisten Lehrbücher grundlegend, ob es sich um selbst erhobene Daten handelt oder um Daten, die in anderem Kontext entstanden (Zeitungstexte, Bilder, etc.) oder erhoben worden sind (Umfragen von professionellen Institutionen, Daten aus Volkszählungen, Daten aus der amtlichen Statistik, etc.). Diese Differenzierung ist bedeutend für den Innovationsgehalt und die wissenschaftliche Relevanz der Daten und sie beeinflusst in Teilen auch die nachfolgende Datenanalyse. Ebenso wichtig ist aber zur Beurteilung der Daten die Unterscheidung, ob es sich um Primärdaten handelt, oder ob die Daten bereits in bearbeiteter Form als „Sekundärdaten" vorliegen. Häufig vorkommende Beispiele für Sekundärdaten sind die amtlicherseits aus Datenschutz-Gründen vorgenommenen Datenaggregationen oder die bei sozialgeographischen Untersuchungen häufigen Datenaggregationen auf der Ebene von räumlichen Gebietseinheiten, für die sich im Laufe der Zeit eine gewisse Standardisierung nach Maßstabsebenen eingebürgert hat (vgl. z. B. HEINEBERG 2001, S. 145, Abb. 6.6). Aber auch andere sachsystematische Klassifikationen oder bereits berechnete Daten können als sekundärstatistisches Material zur Grundlage weiterführender humangeographischer Arbeiten werden.

Der Schwerpunkt der folgenden Ausführungen soll auf standardisierten Erhebungstechniken für die Gewinnung eigener Daten liegen, weil bei der unmittelbaren empirischen Arbeit die Fähigkeit zur Reflexion des eigenen Tuns sowie die Kenntnis über konkrete Stärken und Schwächen der einzelnen Methoden, die Qualität der Analysebasis entscheidend verbessern können. Als Beispiele dienen – wie eingangs des Buches bereits erläutert – standardisierte Beobachtungs- und Befragungsverfahren. Beide lassen sich weiter differenzieren. Während man aus geographischer Sicht die Beobachtungsverfahren herkömmlicherweise in Zählung und Beobachtung unterteilt, kann man die auf Erhebung „quantitativer" Daten ausgerichteten Befragungen nach den *Befragungsformen* (standardisierte, teilstandardisierte, offene Befragung) und den *Befragungsverfahren* (schriftlich, telefonisch, mündlich) kategorisieren.

3.4.1   *Standardisierte Formen der Beobachtung und Zählung*

Die Beobachtung gilt allgemein in den Sozialwissenschaften als *„ursprünglichste Datenerhebungstechnik"* (SCHNELL, HILL & ESSER 1995, S. 355), weil hier „*die Nähe zu alltäglichen Techniken der Erlangung von Informationen besonders deutlich wird*" (ebd.). In der vorszientistischen Phase bildeten Formen der Kulturlandschafts-Beobachtung und Kartierung sogar die „originären" Verfahren der Geographie. Sie machten in der besonderen Form der landschaftsorientierten Erd-Beschreibung einen wesentlichen Kern der geographischen Methode aus. Als Spezialformen der Beobachtung, die in der Humangeographie besonders häufig Verwendung finden, gelten *thematische Kartierungen* und *Zählungen*, die spezifische Vorteile für Erhebungen im Kontext raumbezogener Fragestellungen besitzen.

Die szientistische Wende relativierte den traditionell eher vorwissenschaftlichen Status solcher Verfahren (insbesondere der Beobachtungen) nicht nur, sondern unterzog sie einer konzeptionellen Kritik. Sie machte darauf aufmerksam, dass es aufgrund der Begrenztheit und Subjektivität menschlicher Erkenntnis (vgl. Kap. 3.3.1) weder einen neutralen noch einen objektiven Blick des Beobachters auf die Welt geben kann. Die Lösung aus szientistischer Sicht lautete: Beobachtungen, Zählungen, etc. sollten nicht länger die unkontrollierten Inspirationsquellen einer phänomenologischen, subjektiv-verstehenden Landschaftsdeutung sein (das legendäre „*unbewaffnete Auge*" des Geographen im Gelände), sondern zu kontrollierbaren Datenerhebungsverfahren umgebaut werden. Sie mussten sich dazu als handwerklich präzisierte Instrumente in den Gang des hypothesengeleiteten Forschungsprozesses eingliedern: Damit war „*die Theoriefindung nicht mehr von der zufälligen Beobachtung einzelner Phänomene und Tatbestände abhängig, von der intuitiven Erfassung von Zusammenhängen, sozusagen einem „Aha-Effekt*" (HANTSCHEL & THARUN 1980, S. 44).

Stattdessen dienen im Sinne einer „*systematischen Beobachtung*" (CRANACH & FRENZ 1969, S. 269) standardisierte Formen von Beobachtungen, Zählungen und Kartierungen der Prüfung a priori formulierter Hypothesen. Dabei müssen sie folgenden Anforderungskriterien genügen:

● Sie müssen als *intersubjektiv überprüfbare* Methoden konzipiert sein.
● Entsprechend erfolgen die Datenaufnahmen nicht „willkürlich", sondern *kontrolliert*.
● Zur Kontrollierbarkeit dient der Aufbau eines vorab geplanten und standardisierten Beobachtungs- oder Zählungsdesigns, nach dessen Schema alle Datenaufnahmen *vergleichend* durchgeführt werden.
● Die Ergebnisse müssen so strukturiert sein, dass sie mit den Analyse- und Testinstrumenten einer quantitativ-szientistischen Humangeographie auswertbar sind, das bedeutet, sie müssen *standardisierte* (oder standardisierbare) *Daten* für die Falsifikationstests an vorab aufgestellten Hypothesen liefern.

Erst mit diesen Eigenschaften qualifizieren sich Beobachtungen und Zählungen als taugliche Erhebungsinstrumente der *analytisch-quantitativen*

Humangeographie. Dabei sind aber folgende Punkte zu bedenken, die bis heute dafür verantwortlich sind, dass auch die szientistischen Ansätze keine aus ihrer Sicht schlüssige Methodologie der Beobachtung entwickeln konnten:

● Die Standardisierung von Beobachtungen, Kartierungen und Zählungen vermeidet nicht den subjektiven Charakter der Konstruktion, sondern verlegt ihn ins Vorfeld der eigentlichen Empirie, wo die Kategorien und Schemata für die Datenaufnahme entwickelt werden. Es gilt sinngemäß die etwas überpointiert formulierte Binsenweisheit, dass man nur das beobachten kann, was man schon vorher erkannt hat.

● Die Konstruktion der Kategorien richtet sich nach den zugrundeliegenden Hypothesen und kann damit die Gefahr nicht ausschließen, dass sie die hypothetischen Vorstellungen des Forschers in der Untersuchungssituation reproduziert.

● Trotz Standardisierung sind beobachter- und situationsspezifische Interferenzen und Interaktionen während der Datenerhebung weder vollständig vermeidbar, noch kontrollierbar, noch im nachhinein exakt dokumentierbar.

● Ein weiteres, aus szientistischer Sicht ernstzunehmendes Problem steckt in der oft nur schwer zu erreichenden Repräsentativität, die aber für einen Rückschluss auf die Grundgesamtheit eine methodologisch unverzichtbare Grundbedingung darstellt. Repräsentativität kann aus verschiedenen Gründen bei den meisten Beobachtungssituationen kaum garantiert werden (z. B. Schwierigkeiten bei der Definition der Grundgesamtheit, nicht bekannte Anzahl der Elemente der Grundgesamtheit, etc.). Damit stellt *„jede Stichprobenentnahme unter den Bedingungen einer Beobachtung ein „unberechenbares" Risiko dar, das auch kaum durch die Vergrößerung der Stichprobe ausgeglichen werden kann"* (SCHNELL, HILL & ESSER 1995, S. 365).

Im Folgenden sollen noch einige Aspekte, die jeweils für die standardisierte Beobachtung und für die Zählung gesondert bedacht werden müssen, kurz erwähnt werden.

3.4.1.1 Spezifische Ergänzungen zur standardisierten Beobachtung

Beobachtungen als Erhebungsinstrumente im Rahmen einer quantitativ-szientistischen Humangeographie sind immer strukturierte, standardisierte Verfahren. Ihr Ergebnis sind quantifizierbare Daten, denn nur diese können das Rohmaterial für eine mathematisch-statistische Hypothesenprüfung liefern. Man kann auf dieser gemeinsamen Grundlage verschiedene Formen der Beobachtung unterscheiden, die sich nach unterschiedlichen Kriterien gliedern lassen.

- bezüglich der *Kenntnis* der Beobachteten über die Beobachtung: *Offene* vs. *verdeckte Formen der Beobachtung,*
- bezüglich der *Interaktion* zwischen Beobachter und Beobachteten: *Nicht-teilnehmende* vs. *teilnehmende Formen der Beobachtung* (vgl. auch Kap. 4.2.1),
- bezüglich der *Strukturiertheit* des Beobachtungsschemas: *Teilstrukturierte* vs. *vollstrukturierte Formen der Beobachtung.*

Als *praktische Richtlinien* und *Gütekriterien* einer standardisierten Beobachtung lassen sich in Anlehnung an GRÜMER (1974, S. 43) folgende Punkte benennen:

- Eine (Teil-) Beobachtung darf nur jeweils eine „Dimension" erfassen.
- Eine (Teil-) Beobachtung muss möglichst „trennscharf" von anderen (Teil-) Beobachtungen innerhalb des Beobachtungsverfahrens abgesetzt sein.
- Bei kategorisierenden Beobachtungen müssen die Kategorien *ausschließlich* sein, sie dürfen sich nicht überlappen.
- Die Kategorien müssen *vollständig* sein, damit alle dem Thema zugehörigen Beobachtungen und Ausprägungen erfasst werden können (ggf. „sonstiges"-Kategorie als Restmenge).
- Die Anzahl der Kategorien sollte *begrenzt* sein, um die Wahrnehmungsfähigkeit des Beobachters nicht zu überfordern. Wie viele Kategorien konkret vertretbar sind, hängt vom Inhalt, von den besonderen Rahmenbedingungen der Beobachtung und von den Fähigkeiten des Beobachters ab.

Inwieweit ein Beobachtungsinstrument diesen Kriterien genügt, lässt sich – ähnlich wie bei der Befragung (s. u.) – am besten mit Hilfe eines *Pretests* (Probebeobachtungen) feststellen, der in der Regel zu einer Überarbeitung und Präzisierung der *Erhebungsgrundlagen* (Beobachtungsbogen) und der *Durchführungsanleitung* führt. Ein Pretest ist auch deswegen notwendig, weil er typische Beobachterfehler offen legen kann, die bei dieser Methode auftreten und kritisch reflektiert werden müssen. Sie können teilweise durch eine entsprechende *Beobachterschulung* minimiert werden.

Die häufigsten Fehler bei standardisierten Beobachtungen:

Beobachter als „Messinstrument"	Verzerrungen sowohl beim „Entdecken" der Daten (Informationsaufnahme); beim „Verarbeiten" (Einordnung in Kategorien des Beobachtungsschemas) und bei der „Fixierung" (v. a. bei offen zu protokollierenden Teilen der Beobachtung)
Zentraltendenz von Beobachtungen	zur Mitte neigende Einschätzung bei der Wahrnehmung extremer Ereignisse
Beobachterspezifische Kategorisierungsvorlieben	zu milde oder zu großzügige Urteile
Halo–Effekt	Einflüsse vorhergehender Beobachtungen auf nachfolgende Interferenzen von Beobachtungsmerkmalen innerhalb des Beobachtungsschemas

Hinweis:

Eine methodologisch angemessenere Weiterentwicklung und Integration der Beobachtungsverfahren aus der Sicht einer konstruktivistischen Humangeographie erfolgte dann erst seit Anfang der 80er Jahre. Die wiederkehrende Sensibilität für interpretativ-verstehende Verfahren führte nicht nur zu einer Renaissance „weicher" Formen der Beobachtung, sondern gab ihnen auch ein erkenntnistheoretisch angemesseneres konzeptionelles Fundament. Da hierfür jedoch eine andere wissenschaftstheoretische Grundposition erforderlich ist, werden diese Techniken im entsprechenden Kap. 4 dieses Bandes ausführlicher diskutiert.

3.4.1.2 *Spezifische Ergänzungen zur Zählung*

Bei Zählungen geht es nur selten darum, ein Phänomen zu einem einzigen Zeitpunkt festzuhalten. Ob man Passantenströme in einer Fußgängerzone misst, die Quantität und Qualität des Verkehrsflusses beim Individualverkehr in einer Innenstadt ermittelt, die Nutzungsintensität des Parkraumangebotes untersucht oder die Besucher in einem neuen Großkino zählt: Meistens besteht die Aufgabe darin, zu verschiedenen Zeitpunkten zu zählen und dabei das Datenmaterial für die spätere Rekonstruktion von Zeitreihen, für Schätzungen oder für den Aufbau von Simulationen zu erheben. Das vornehmliche Problem einer Zählung ist deshalb neben dem Aufbau des Zählbogens, für den im Wesentlichen die gleichen Kategorien gelten wie beim standardisierten Beobachtungsschema (s. o.), vor allem die Auswahl der Zählzeitpunkte und die Logistik der Durchführung. Dabei ergeben sich eine Reihe konkreter Aspekte, die je nach Thema und Rahmenbedingungen von unterschiedlicher Relevanz sind. Die am häufigsten auftretenden Fragen lauten wie folgt (nach HANTSCHEL & THARUN 1980, verändert und aktualisiert):

● Wie oft soll gezählt werden?
● Sollen sich die Teilzählungen nach Zeitintervallen oder nach der Zahl der Beobachtungen richten?
● Wie lange soll im Falle von Zählintervallen gezählt werden?
● Nach dem Grad der Komplexität der Zählung: Welche Merkmale sollen beim Zählen erhoben werden, welche (und wie viele) Kategorien weisen die einzelnen Zählmerkmale auf (z. B. bei einer Verkehrszählung: Anzahl der Verkehrsteilnehmer, Art des Verkehrsmittels, Schätzung der Insassen pro Verkehrsmittel nach Klassen etc.)?
● Wie viele Zählpunkte sind zur angemessenen Erhebung des Gegenstandes notwendig?
● Wie viele Beobachter sind pro Zählpunkt notwendig?
● Welche Spezialausrüstung ist für die Zählung notwendig (z. B. Stoppuhr, Zähluhr, Diktiergerät, PDA, Notebook, weitere themenbezogene Messgeräte)?

3.4.2 Die quantitative Befragung mit standardisierten Interviews

Die Befragung ist nach wie vor *das* Standardinstrument der empirischen Sozialforschung. Damit sie die angemessenen Daten für eine nachgeschaltete Analyse mit statistischen Verfahren liefern kann, sind in diesem Kontext sehr stark standardisierte Interviewverfahren notwendig. Diese erzeugen eine Kommunikationssituation, die sich von der für die meisten Menschen gewohnten Form des Gesprächs im Alltag stark unterscheidet, wie die leicht ironische Beschreibung einer Haushaltsbefragung durch NOELLE deutlich macht (1963, S. 32 f.): *„Wie ein Hausierer klingelt der Interviewer an der Wohnungstür und bittet um ein Interview, usurpiert die Zeit des Befragten, unterbricht ihn in seiner Arbeit oder stört Freizeitpläne. Obwohl in der Regel ein Fremder, lässt er sich am Küchentisch oder Wohnzimmertisch nieder und stellt Fragen nach völlig privaten Dingen – z. B. nach Gesundheit, Einkommen, Zukunftsplänen, politischen Ansichten, Jugenderlebnissen – wechselt völlig sprunghaft die Themen, geht überhaupt nicht persönlich auf seine Gesprächspartner ein,* *sondern schert alle Befragten über einen Kamm, führt das ganze Gespräch nach „Schema F" und verstößt dabei gegen alle Regeln einer gebildeten Unterhaltung".* Die Befragung ist keine Alltagsunterhaltung, sie ist, insbesondere wenn sie auf quantifizierbare Informationen abzielt, *„ein formalisiertes Instrument [...], mit dem sozialwissenschaftliche Sachverhalte gemessen werden sollen"* (KROMREY 1998, S. 337). Strukturell gesehen unterscheidet sich *„die wissenschaftliche Befragung [...] von der alltäglichen durch die Kontrolliertheit jeder einzelnen Befragungsphase"* (ROTH & HOLLING 1999, S. 148).

Auch in der Humangeographie greifen viele der quantitativ-statistisch arbeitenden empirischen Studien auf die Technik von Befragungen zurück. Solche Interviews können dabei im wissenschaftlichen Kontext nach ROTH & HOLLING 1999 drei grundlegende Funktionen übernehmen, von denen vor allem die zweite und dritte auch mit standardisierten Befragungsformen durchgeführt werden können:

● die *Exploration* oder *Entdeckung*, in der mit eher entdeckenden Verfahren neue inhaltliche Aspekte des Untersuchungsgegenstandes ausgelotet werden,

● die Aufgabe der *Messung*, die im wesentlichen die Daten erhebt, mit deren Hilfe dann später die statistischen Hypothesenprüfungen stattfinden,

● die Aufgabe der *Verfeinerung* der Ergebnisse, die speziellere Fragen, die die statistische Analyse aufgeworfen hat, in einer weiteren Interviewphase genauer thematisiert.

Mittlerweile haben sich neben den klassischen *Face-to-face* Interviews und postalischen Befragungen mit der Erweiterung der technischen Möglichkeiten auch Telefoninterviews und Befragungskampagnen im Internet etabliert. Dies hat die organisatorischen Möglichkeiten der Befragung noch einmal deutlich erweitert. Obwohl diese neuen Formen der Befragung einige spezifische Vorgehensweisen erfordern, haben sich die grundlegenden konzeptionellen Richtlinien für die Erstellung von Fragen und für deren didaktische Anordnung in einem Fragebogen dadurch kaum verändert.

Der Vorteil der *Befragung* gegenüber den bisher im Bereich der quantitativen Methoden diskutierten Techniken besteht darin, dass sie nicht nur beobachtbare *„Items"* aufnimmt, sondern auch komplexere Hintergründe, Meinungen, Ziele und Rahmenbedingungen raumbezogener Handlungen und Kommunikationsprozesse erhebbar macht. Dabei ist sie in der Lage, im Vergleich zur reinen Beobachtung stärker auch die subjektiven Konstruktionen und Repräsentationen der Befragten über die zu untersuchenden Phänomene herauszuarbeiten. So sehr eine Befragung dies zum Ziel haben mag, so sehr sie sich diesem Ziel auch zu nähern versucht, so wird sie dort doch nie wirklich ankommen können. Auch der sozialgeographischen Befragungsforschung muss von vorn herein klar sein, dass selbst die ausgefeilteste und psychologisch sensibelste Fragen- und Fragebogenkonzeption weder die Gedanken noch die Bewusstseinszustände ihrer Probanden erhebt, sondern nur deren kommuniziertes Abbild – und das bei der quantitativen Befragung auch nur in einem sehr stark vorstrukturierten Korsett.

3.4.2.1 Strukturationsgrad der Interviews

Welche inhaltliche Tiefenschärfe Befragungsinformationen über soziale Phänomene der Alltags- und Expertenwelt haben, hängt vom *Strukturationsgrad* der Interviews ab. Er bezeichnet die Art und Weise, wie stark der Forscher die Interviewsituation a priori vorstrukturiert und wie er während oder nach dem Gespräch die Informationen des Probanden fixiert. In dieser Hinsicht unterscheidet die empirische Sozialforschung drei Formen, die *wenig strukturierte*, die *teilstrukturierte* und die *vollstrukturierte* Interviewsituation. Von diesen dreien sollen die offenen und teilstrukturierten Interviews hier nur erwähnt werden, da sie im Prinzip von einer anderen erkenntnistheoretischen Grundlage ausgehen und stärker einem hermeneutisch-verstehenden Forschungsprozess verpflichtet sind, der anderen Gültigkeits- und Gütekriterien unterliegt. Offene und teilstrukturierte Interviews werden daher ausführlicher in Kap. 4 diskutiert.

Die aus analytisch-szientistischer Perspektive klassische und methodologisch „reinste" Form der Befragung ist daher das *standardisierte Interview*. Es bildet das „empirische Herzstück" dieser Methodik und soll im folgenden genauer vorgestellt werden. *„Als standardisiert soll ein Interview bezeichnet werden, wenn die Antworten in Kategorien zusammengefaßt werden, um ihre Vergleichbarkeit herzustellen"* (ROTH & HOLLING 1999, S. 156). Der Name ist dabei Programm, und das gleich auf mehreren Ebenen.

● Zum einen ermöglicht die Erhebung standardisierter oder standardisierbarer Informationen die Erfassung und Beschreibung sozialräumlicher Phänomene in einem Datenformat, das später die Grundlage für die Überprüfung vorher aufgestellter Hypothesen bilden kann (vgl. ausführlicher die grundsätzliche Erklärung der Hypothesenprüfung im Sinne des kritisch-rationalistischen Falsifikationsprinzips). Die Befragungsergebnisse müssen daher in Form festgelegter apriori-Kategorien fixiert werden. Selbst wenn in manchen Fällen die Antwort teiloffen oder offen formuliert wird (s. u.: Fragetypen), müssen die subjektiven Informationen der Probanden später vom Befrager in Kategorien „nachverschlüsselt" werden, um dem Kriterium der Standardisierung und quantitativen Vergleichbarkeit genügen zu können.

● Zum anderen liegt deswegen das Ziel der Methode in einer möglichst weitgehenden Kontrolle der Erhebungssituation. *„Standardisierung und weitestgehende Neutralität des Interviewers als Übermittler von Fragen sind entsprechend die bedeutsamsten Unterscheidungsmerkmale dieser Befragungsform"* (SCHNELL, HILL & ESSER 1995, S. 301). Die Befragung wird durch den Fragebogen weitestgehend vorstrukturiert. In ihm sind nicht nur die Reihenfolge, der genaue Wortlaut und – in den meisten Fällen – die für die Antworten notwendigen Kategorien aufgeführt, sondern der Interviewer wird auch noch durch Regieanweisungen, Filterfragen, durch vorformulierte Ein- und Überleitungen dazu angehalten, seine subjektiven Einflüsse weitgehend zurückzuhalten und eine Art neutrales Medium der Kommunikation zu bilden, das auf den Verlauf der Befragung und damit auf die Ergebnisse möglichst wenig einwirkt. Es ist klar, dass eine solche Rolle des Interviewers als *„austauschbares Instrument"* (EBERSLÖH 1972, S. 52) methodisch eine Illusion ist, zumindestens wird hier aber im Vergleich mit anderen Methoden der subjektive Einfluss des Befragers in Grenzen zu halten versucht. Trotzdem bleibt die sozial-kommunikative Komponente auch bei der standardisierten Befragung ein nicht eliminierbares Problem, z. B. in Form von Interviewereffekten, insbesondere sozial erwünschten Antworten (*Non-Attitudes*), Anwesenheitseffekten (z. B. Anwesenheit Dritter), Verständnis- und Kommunikationseffekten (z. B. bei der Protokollierung offener Antworten, s. u.; vgl. SCHNELL, HILL & ESSER 1995, S. 327).

Erweckt das standardisierte Interview trotzdem zunächst den Anschein einer vergleichsweise objektiven, gut kontrollierbaren und intersubjektiv überprüfbaren Methode, so darf bei den Vorteilen dieses Vorgehens aus der Sicht einer quantitativ-szientistischen Sozialgeographie doch auch deren „Achillesferse" nicht übersehen werden: Auch in dieser Methode liegt, wie oben bereits genauer ausgeführt (Kap. 3.3.1), ein erhebliches Konstruktionsmoment (Formulierung der Hypothesen, Art der Fragestellung, Anordnung der Fragen im Fragebogen etc.).

An solchen Stellen ist das quantitativ-szientistische Vorgehen am meisten offen für die Einflüsse, die vom Forscher oder der Forschergruppe ausgehen. In dieser Phase entsteht einerseits oft ein entscheidender Teil des kreativen Inputs in das Forschungsprojekt, weil man hier bezogen auf die möglichen Dimensionen, die Tiefenschärfe, den sachlichen Wissenszugewinn der Studie etc. die zentralen Weichen stellt. Diese Stelle markiert andererseits auch den „blinden Fleck" der ansonsten intersubjektiv vergleichsweise gut überprüfbaren quantiativ-analytischen Methodik (vgl. ebenfalls ausführlicher Kap. 3.3.1).

Deswegen muss dem *Aufbau* der Befragung im folgenden besondere Aufmerksamkeit zugewendet werden. Aufgrund der Bedeutung dieses Schrittes hat sich bereits seit den 50er Jahren sukzessive eine *„Kunstlehre" der Frageformulierung* entwickelt, deren Vertreter sich in den konzeptionellen Teilen bis heute auf SPAYNE´s grundlegende Abhandlung über *„The Art of Asking Questions"* beziehen (1951). Aus diesen Anfängen ist mittlerweile ein breiter Kanon von Grundprinzipien hervorgegangen, der mithilft, Fehler bei der Fragestellung und bei der späteren Gestaltung des Fragebogens zu minimieren. Das Ziel der nachfolgenden Ausführungen besteht darin, hier eine etwas grobmaschige, aber pragmatisch-praxistaugliche Basisanleitung zu vermitteln, und zwar

a) die *wesentlichen Fragetypen*, die bei der Arbeit mit quantitativen Befragungsinstrumenten auftreten, vorzustellen, und diese an *praktischen Beispielen* aus sozialgeographischen Untersuchungen zu erläutern,

b) die *Konstruktion des Fragebogens* zu erläutern und dabei auf spezifische *Möglichkeiten* und *Fehlerquellen* hinzuweisen.

3.4.2.2 Die Kunst des Fragens

Die Formulierung der Fragen in einem Fragebogen bildet ein zentrales Problem der empirischen Humangeographie. Sie müssen zum einen konzeptionell rückgebunden sein, d. h. die Fragen müssen sich in der Regel auf vorher formulierte Teilfragestellungen und Hypothesen beziehen und das zu ihrer Überprüfung notwendige Datenmaterial liefern. *„Die Frage ist das Bindeglied zwischen den Variablen der Hypothesen und den Antworten"* (FRIEDRICHS 1990, S. 204). Zum anderen müssen sie gleichzeitig die Befragten im Blick behalten, d. h. sie müssen diese inhaltlich und sprachlich dort „abholen", wo sie in ihrer Alltagsreflexion über den Forschungsgegenstand stehen. Dieser Spagat zwischen dem wissenschaftlichen Bezug und der notwendigen didaktisch-sprachlichen Reduktion auf den Erwartungshorizont der Probanden stellt das Kernproblem bei der konkreten Formulierung der Fragen dar. Die empirische Sozialforschung kann dabei insofern eine Hilfestellung leisten, als sie verschiedene Typen von Fragen anbietet, die nach unterschiedlichen Aspekten systematisiert sind. Die Darstellung folgt hier im wesentlichen der sehr ausführlichen Argumentation, Systematik und Diktion von SCHNELL, HILL & ESSER 1995, S. 303 ff., vgl. aber auch FRIEDRICHS 1990, S. 189 ff., ROTH & HOLLING 1999, S. 146 ff., u. a.). Sie diskutiert deshalb

● Typen von Fragen nach dem *Informationsgehalt*,
● Typen von Fragen nach dem *strukturellen Aufbau*,
● sprachlich-didaktische Aspekte der *Frageformulierung*.

3.4.2.3 Typen von Fragen nach dem Informationsgehalt

Konzeptionell am wenigsten umstritten und generell notwendig sind auch für die empirische Humangeographie Fragen nach Fakten und Eigenschaftsmerkmalen. Hierzu zählen einerseits leicht quantifizierbare Aspekte des Untersuchungsgegenstandes (Tagesausgaben, Verweildauer in einem Freizeitpark, etc.), andererseits aber auch die für viele sozialgeographische Untersuchungen als differenzierende Variablen unverzichtbaren Angaben zu sozialstatistischen Merk-

Was ist Ihr höchster Bildungsabschluss?

Hauptschulabschluss/Volksschule	❏
Mittlere Reife/Realschulabschluss	❏
Fachhochschulreife	❏
Abitur	❏
Fachhochschulabschluss	❏
Hochschulabschluss	❏
Ohne Abschluss	❏
Sonstiges	❏
Keine Angabe	❏

In welcher Haushaltsform leben Sie?

mit Ehepartner	❏
mit Ehepartner und Kind/ern	❏
mit Partner	❏
mit Partner und Kind/er	❏
Alleine	❏
Alleine mit Kind/ern	❏
in einer WG	❏
Sonstiges	❏
Keine Angabe	❏

Wie viele Personen leben in Ihren Haushalt? Zählen Sie sich bitte selbst dazu.

Anzahl:	__ Personen
Keine Angabe	❏

Geschlecht des Interviewten:

Weiblich	❏
Männlich	❏

Abb. 13: Beispiele für Fragen zu sozialstatistischen Merkmalen
Quelle: Eigene Erhebung der Autoren

malen, mit denen später inhaltliche Hypothesen überprüft oder Subgruppen-Analysen durchgeführt werden können. Zu den wichtigsten *sozialstatistischen Variablen* zählen derzeit Alter, Geschlecht, Ausbildung, Beruf, Einkommen, Familienstand, Haushaltsgröße, Parteizugehörigkeit etc. (vgl. SCHNELL, HILL &

ESSER 1995, S. 305 ff.). Konstruiert man die Klassen solcher Variablen ähnlich wie die großen jährlichen Umfragen der Sozialstatistik (z. B. *Allbus*), hat man eine gute Vergleichsmöglichkeit, um die soziodemographische Zusammensetzung der Stichprobe zu überprüfen, oder auch, um wichtige Einstellungsaspekte der erhobenen Stichprobe mit einer bundesweiten Erhebung zu vergleichen.

Es darf hier aber nicht vergessen werden, dass mit solchen Fragen sozialstatistische Merkmalsgruppen entstehen, die – obwohl sie im *Common Sense* der Bevölkerung wie auch der wissenschaftlichen Statistik als fest verankerte Größen existieren – letztendlich selbst Konstruktionen darstellen (vgl. z. B. die Kritik des „Rasse"-Begriffs in der US–amerikanischen Statistik: MITCHELL 2000).

Einstellungsfragen zielen darauf ab, die Meinungen, Wünsche und Beurteilungen der Befragten zu einem geographischen Sachverhalt zu erfragen (Abb. 14). Sie arbeiten daher in ihren Antwortkategorien mit charakteristischen Wendungen wie „lehne ab/stimme zu", „gut/schlecht", „sollte/sollte nicht", usw. Sehr ähnlich gelagert sind *Überzeugungsfragen*, die etwas über die normative Grundhaltung der Befragten in Erfahrung bringen möchten, darüber also, was Befragte für wahr oder falsch halten. Beide Fragetypen erfassen natürlich nicht die „Realität", sondern die Einstellung der Befragten über ihre subjektive Vorstellung vom Gegenstand.

Wie zufrieden sind Sie mit Ihrer Wohnsituation?

Sehr zufrieden ☐
Zufrieden ☐
Mehr oder weniger zufrieden ☐
Nicht zufrieden ☐
Sehr unzufrieden ☐
Weiß nicht ☐

Sind Sie der Meinung, dass Ihre jetzige Wohnsituation Ihren Bedürfnissen im Alter gerecht wird?

Ja ☐
Nein ☐
Weiß nicht ☐

Abb. 14: Beispiele für einfache Einstellungsfragen
Quelle: Eigene Erhebung der Autoren

Fragen nach Handlungen beziehen sich entweder auf vergangene (ausgeführte) oder zukünftige (prognostizierte, entworfene) Handlungen von Befragten. Streng genommen wird hier nicht die Handlung selbst abgefragt, sondern die eigenen Vorstellungen über das Handeln. Dies gilt bereits bei vergangenen Handlungen, die sich in der eigenen Reflexion durchaus häufig und mehr oder weniger stark von den tatsächlichen Handlungen unterscheiden können. Noch klarer tritt der Konstruktionscharakter bei Fragen über zukünftige Aktivitäten zutage. Aus diesem Grund lehnen manche Autoren solche Fragen generell ab. Es kommt im Einzelfall aber auf die Intention der Frage an. Es kann situationsspezifisch durchaus sinnvoll sein, diese abzufragen. Dies gilt z. B. im Rahmen von Bedarfsermittlungs-Studien, aber auch für Fälle, in denen die Frage nach der zukünftigen Handlung gar nicht konkret daran interessiert ist, ob die Handlung tatsächlich eintritt, sondern die Antwort stärker als Indikator für bestimmte Einstellungen und Meinungen der Bevölkerung gesehen wird.

Fragen nach Gründen sind eine Möglichkeit, *„um dem Bezugsrahmen des Befragten gerechter zu werden. [...] Man stellt zusätzliche Fragen, die offen oder geschlossen sein können [...] Solche Fragen sind außerordentlich wichtig um Ablehnung oder Zustimmung zu differenzieren"* (FRIEDRICHS 1990, S. 194). Die Bedeutung von Begründungsfragen wird in der empirischen Sozialforschung aber auch kritisch gesehen. SCHNELL, HILL & ESSER (1995, S. 314) vertreten mit Bezug auf LABAW (1982) sowie NISBETT & WILSON (1977) stattdessen die Auffassung, *„Fragen sollten so konzipiert werden, dass Hintergrundinformationen eingeholt werden können, ohne den Befragten direkt nach Begründungen, über die er sich nicht einmal in jedem Fall selbst klar ist, zu fragen. Die Ermittlung von Begründungen für die Ausprägungen von einzelnen Variablen gehört wesentlich zur Analysephase, nicht zu den Aufgaben eines Befragten."* Ein solches Vorgehen ist, sofern es sich im jeweiligen thematischen Kontext realisieren lässt, sicher vorzuziehen. Es ist zweifellos richtig, dass bei manchen Begründungsfragen die Probanden erst durch die Frage nach dem Grund angehalten werden, sich über die Hintergründe ihrer Einschätzung Gedanken zu machen, und dass in einer solchen Situation die adhoc-Äußerungen nur ansatzweise die tiefer liegenden, langfristiger wirkenden Einstellungen auszuleuchten vermögen. Gleichwohl sind solche „Begründungsfragen" in vielen Fällen doch nützliche Zusatzinformationen, die nicht nur der nachfolgenden Interpretation der Ergebnisse Impulse geben können, sondern auch im Rahmen von anwendungsorientierten Studien oder Gutachten für die Praktiker vor Ort Bedeutung besitzen (Abb. 15).

Bei keiner dieser Kategorien und damit auch nicht bei einer solchen Befragung generell geht es um tatsächliche Handlungen, sondern immer nur um einen (subjektiven) Bericht. Er hängt als Konstruktion des jeweiligen Befragten von verschiedenen Aspekten ab, z. B.:

● von der *Problemkenntnis* und dem *Problemhorizont* der Befragten,
● von der *sprachlichen Fähigkeit*,
● von der *Bereitschaft*, über die erfragten Aspekte zu sprechen,
● von der *Vorstellungskraft* (z. B. bei Einstellungs- und Überzeugungsfragen)

– bezogen auf zukünftige Handlungen,
– bezogen auf künftig mögliche Veränderungen im raumbezogenen Handeln,
– bezogen auf die Kalkulation möglicher Konsequenzen des Handelns etc.

Was könnten mögliche Gründe für einen Wegzug sein?
(Mehrfachnennungen möglich)

Arbeitsplätze	❐		
Ausbildung	❐	Umwelt	❐
private Kontakte	❐	Familie	❐
soziale Kontrolle im Ortsteil	❐	Freizeit	❐
Preisniveau der Lebenshaltungskosten	❐	Wohnsituation	❐

Sonstiges (bitte eintragen) _____

Was ist Ihrer Meinung nach besonders wichtig für ein gutes, gemeinschaftliches Zusammenleben in Ihrem Ortsteil?

	trifft zu	trifft etwas zu	trifft nicht zu
sich beim Einkaufen treffen	❐	❐	❐
Wochenmarkt besuchen	❐	❐	❐
Arbeitskollegen, die auch am Ort wohnen	❐	❐	❐
man muss hier groß geworden sein	❐	❐	❐
Mitglied in Vereinen sein	❐	❐	❐
in der kirchlichen Gemeinschaft leben	❐	❐	❐
örtliche Freunde haben	❐	❐	❐
oft in Kneipen gehen	❐	❐	❐
Öffentliche Veranstaltungen besuchen	❐	❐	❐
Nachbarschaft pflegen	❐	❐	❐
sich anpassen	❐	❐	❐

Sonstiges (bitte eintragen) _____

Abb. 15: Beispiele für Fragen nach Gründen (geschlossene und offene Varianten)
Quelle: Eigene Erhebung der Autoren

Trotz aller Kritik lassen sich solche Typen von Fragen situationsspezifisch als gute Möglichkeiten einsetzen, sich gerade über die subjektiven Einstellungen und Handlungs-Konstruktionen der Probanden zu informieren, ein Aspekt, der bei vielen modernen Themen der Sozial- und Stadtgeographie einen wichtigen Stellenwert einnimmt (z. B. Stadtimage und Stadtmarketing, Neue Armut, Lebensstilforschung, etc.).

Aus diesem Grund haben sich im Bereich der Einstellungs-, Meinungs-(Bewertungs-) und Handlungsfragen auch eine Reihe kreativer standardisierter Testinstrumente herausgebildet, die aber alle jeweils wieder mit eigenen Stärken und Schwächen versehen sind, die sich nur im Kontext der jeweiligen Studien und Themen spezifisch evaluieren lassen. Beispiele aus humangeographischen Untersuchungen sind *Photoerkennungs-* oder *Photoassoziationstests* (SACHS 1992), Semantische Differenziale, Bewertungstests mit themenbezogenen „Statements" (angewandt z. B. in BISCHOFF 2000; GEBHARDT ET AL 1995; REUBER 1993; WEISS 1993; u. v. a., vgl. Abb. 16 & 17).

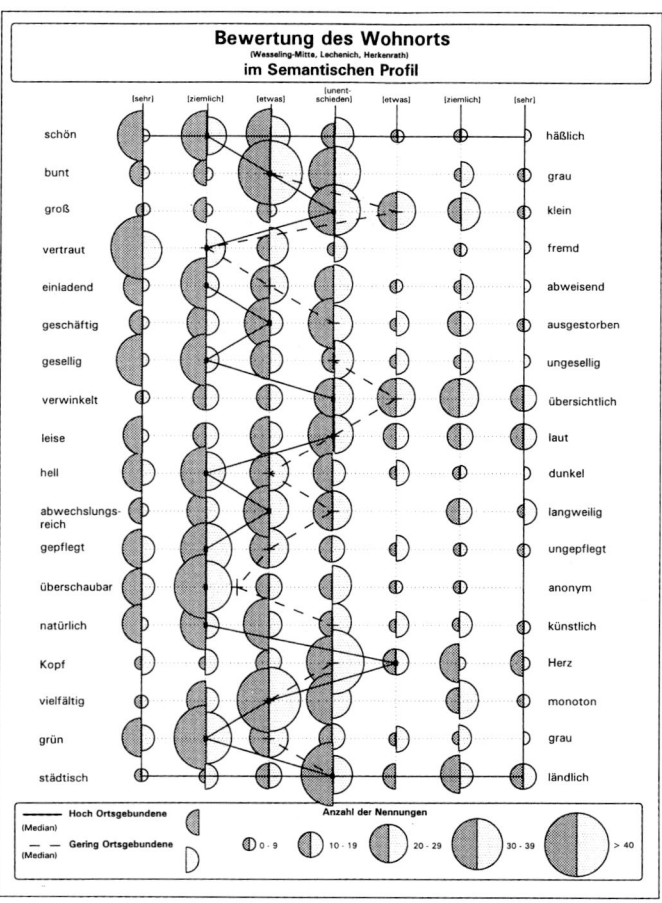

Abb. 16: Semantisches Differenzial als Beispiel für ein quantitatives Instrument zur Erhebung von Einstellungen
Quelle: Weiss 1993, S. 105 (Erhebungen des Geogr. Instituts der Universität zu Köln 1990)

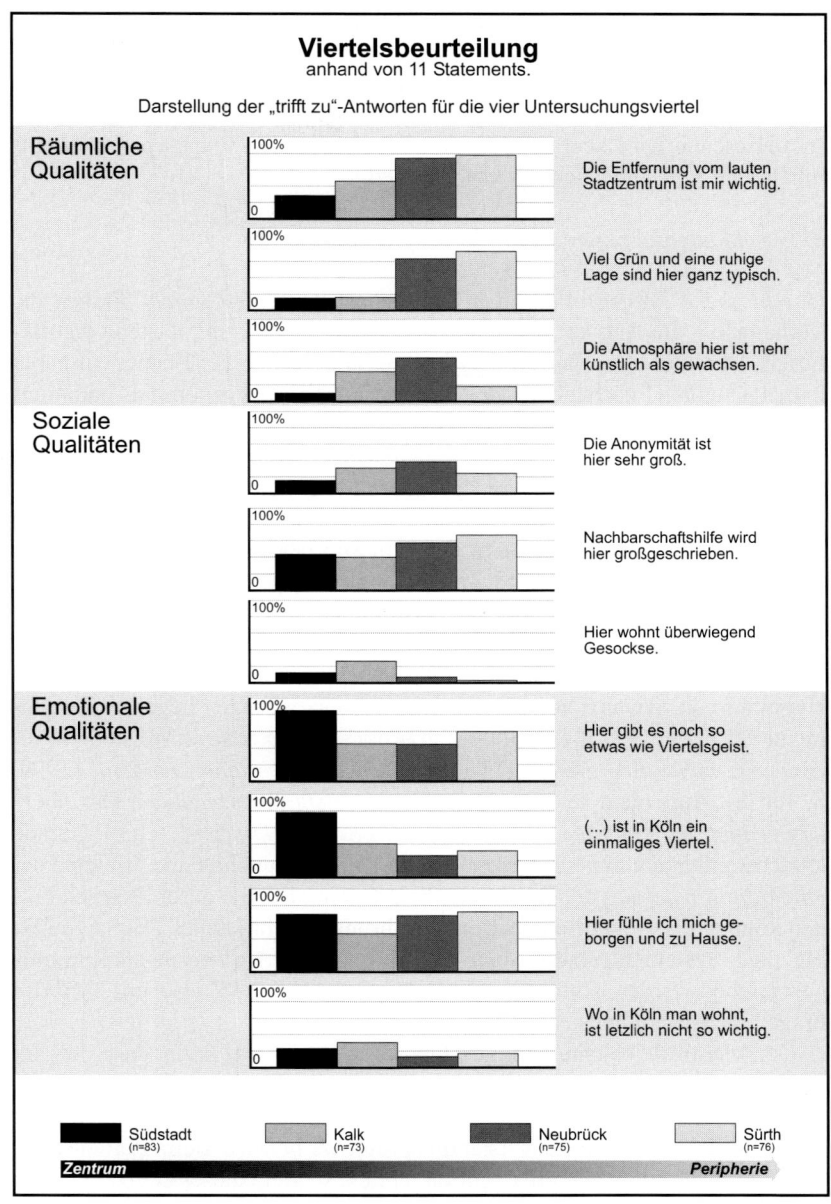

Abb. 17: Beispiele für eine Bewertung themenbezogener „Statements"
Quelle: Reuber 1993, S. 8, verändert

3.4.2.4. Frage– und Antworttypen

Eine weitere, zunächst eher technisch anmutende Klassifikation von Fragetypen unterscheidet *offene, teiloffene* und *geschlossene* Varianten. Bei näherem Hinsehen wird aber schnell klar, dass mit diesen Fragetypen ebenfalls
inhaltliche Vor- und Nachteile einhergehen.

a) Geschlossene Fragen

Geschlossene Fragen bilden dabei als reine *„Multiple-Choice"*-Fragen die
Variante, die die Antwortmöglichkeiten der Probanden am meisten vorstrukturiert. Der wichtigste Vorteil liegt hier auf konzeptioneller Ebene, wird aber
in den gängigen Lehrbüchern oft kaum erwähnt: Streng genommen garantiert
nämlich nur eine geschlossene Frage die *„Reinheit der Methode"*. Wenn die
Befragung in der Tradition einer szientistischen Methodologie ein Instrument
sein soll, um vorher aufgestellte Hypothesen zu testen, dann setzt dieses Vorgehen voraus, dass im Vorhinein auch die möglichen Antwortkategorien
fixiert worden sind. Ist das nicht der Fall, wie bei offenen oder teiloffenen
Fragen, so ist die enge Anbindung der Frage an eine spezifische Hypothese
nicht mehr gegeben, denn mit der Unkalkulierbarkeit der Inhalte „offener"
Antwortmöglichkeiten verändert sich der semantische Gehalt der Frage und
weicht unter Umständen von der Aussageintention der zuvor aufgestellten
Hypothese ab. Weitere Vorteile von geschlossenen Fragen liegen auf instrumenteller Ebene: ROTH & HOLLING geben an, dass auf diese Weise den Probanden *„nicht allzu große geistige Leistungen abverlangt werden"* (1999,
S. 155 f.). Außerdem seien die Antworten *„leicht aufzuzeichnen. Der Interviewer muß lediglich die entsprechende Antwort ankreuzen"* (ebd.). Gerade
letzteres gilt heute in noch stärkerem Maße für die zunehmende Strategie der
Direktdigitalisierung der Daten mit Hilfe mobiler IT: Bei geschlossenen Fragen können die Antworten über ein berührungsempfindliches Display direkt
in die Systemdatenbank eines statistischen Auswertungsprogramms
geschrieben werden, so dass der bisher zumeist übliche Zwischenschritt des
Fragebogen-Ausfüllens entfällt.

Der wichtigste Nachteil der geschlossenen Frage liegt darin, dass sie – im
übertragenen Sinne – keine Fehler verzeiht: Stellt sich im nachhinein heraus,
dass die Antwortkategorien (trotz *Pretest*, s. u.) nicht trennscharf waren, dass
sie formulierungsbedingte Verständnisprobleme bei den Befragten auslöste
oder dass wichtige Antwortkategorien fehlten, so kann dieses Defizit, wie bei
teiloffenen Fragen beispielsweise möglich, im Verlauf der Befragung nicht
ausgebügelt werden. Dies schränkt die Aussagereichweite und Verwendbar-
keit der Informationen aus dieser Frage ein, kann sogar dazu führen, dass sie
einschließlich der mit ihr verknüpften Hypothesen im Nachhinein aus der

Auswertung herausgenommen werden muss. Ein weiterer Nachteil ergibt sich nach ROTH & HOLLING auch aus Sicht der Befragten: Gerade bei sensibleren Einstellungs- und Meinungsfragen, die oft zum inhaltlichen Kern eines Interviews gehören, sehen sich die Probanden gezwungen, ihre sehr differenzierte Einstellung in sehr grobe und entsprechend pauschalisierende Antwortkategorien pressen zu müssen. Neben den *Konsequenzen für den Interviewverlauf* (Unzufriedenheit, möglicher Abbruch der Befragung) zeigt sich hier erneut die Achillesferse der Vollstandardisierung bei sensibleren, semantisch breiter gefächerten Themen: Sie erzeugen am Ende in der Datenbank eine Kons-truktion des Sachverhaltes, die eine kategorisierte Gruppenhomogenität vortäuscht, die sich unter Umständen in der zu befragenden Grundgesamtheit sehr viel nuancenreicher und differenzierter darstellt. Eine solche Vergröberung der sozial-räumlichen Welt kann am Ende so weit führen, dass die Ergebnisse später auch aus der Perspektive der Beforschten nur noch einen sehr eingeschränkten Bezug zur lebensweltlichen Praxis und den Meinungen der Betroffenen vor Ort aufweisen.

Bezogen auf die *Anzahl* und die *Wertigkeit* der möglichen Antwortalternativen lassen sich drei Varianten unterscheiden:

- Fragen mit *dichotomen* Antwortmöglichkeiten (= zwei Antwortalternativen),
- Fragen mit *kategorialen* Antwortmöglichkeiten (= mehrere Antwortalternativen) *mit Rangskala*:
  - einfache Häufigkeitsfragen,
  - Intensitätsfragen,
  - Bewertungsfragen,
  - Wahrscheinlichkeitsfragen,
- Fragen mit *kategorialen* Antwortmöglichkeiten (= mehrere Antwortalternativen) *ohne Rangskala*.

b) Offene Fragen

Von *offenen Fragen* wird gesprochen, sofern den Probanden überhaupt keine Antwortkategorien vorgegeben werden. Die Antworten werden, sofern sie nicht im „O-Ton" mit Sprachaufzeichnungsgeräten festgehalten werden, so authentisch wie möglich von den Interviewern aufgeschrieben. Die Vorteile liegen entsprechend darin,

- dass die Befragten mit ihren jeweils eigenen Worten antworten können, d. h. dass sie in ihrem eigenen *sprachlichen Referenzsystem* und *Sprachcode* antworten können,
- dass sie bei der Antwort nicht durch vorinterpretierte Alternativen beeinflusst sind,

● dass sie entsprechend vor allem bei Einstellungs- und Bewertungsfragen eine sehr viel differenziertere und nuancenreiche Antwort geben können als bei einer geschlossenen Frageformulierung.

Auf diese Weise kann die Analyse und Interpretation des Materials auf die unmittelbaren sprachlichen „Selbstkonstruktionen" der Probanden über die in der Befragung thematisierten Aspekte des Forschungsgegenstandes zugreifen.

Während diese Aspekte in einer hermeneutisch-interpretativ orientierten Untersuchung als uneingeschränkte Pluspunkte zu verbuchen wären (s. Kap. 4), stellen sie die Auswerter eines hypothesengeleiteten, auf statistische Analyse ausgerichteten Projektes vor erhebliche Schwierigkeiten, die konzeptioneller, inhaltlicher und zeitlicher Natur sind. Zunächst sind die Antworten abhängig von der jeweiligen, im Einzelfall sehr unterschiedlichen *Sprachkompetenz* der Befragten. Wer es gewohnt ist, seine Gedanken „vor Publikum" bzw. im Gespräch mit einem fremden Menschen zu äußern, wird seine Interessen, Meinungen und Einstellungen besser mitteilen (aber auch besser filtern) können, als ein Mensch, der diese Kompetenzen nicht besitzt. Antwortunterschiede müssen daher nicht von vorn herein Meinungsunterschiede sein. Ein zweites Problem liegt beim Interviewer selbst: Während bei vorgegebenen Antwortkategorien und klaren „Regieanweisungen" in geschlossenen Fragen die subjektiven Anteile des Befragers eher neutralisiert werden können, steigt bei der offenen Frage der Anteil von *„Interviewereffekten"* erheblich an. Sie reichen von kommunikativen und aufzeichnungstechnischen Fertigkeiten über das je unterschiedliche fachliche Vorverständnis der Interviewer bis zur entsprechend unterschiedlichen Interpretation dessen, was der Proband zum Thema sagt, was davon wichtig und weniger wichtig ist und was davon in welcher Form am Ende in schriftlicher Form in den dafür vorgegebenen Leerzeilen auf dem Fragebogen notiert wird.

Ein weiterer inhaltlich wie zeitlich gravierender Nachteil ist die für eine analytische Auswertung offener Fragen unverzichtbare *Nachverschlüsselung*. Was eine geschlossene Frage von vorn herein vorwegnimmt, muss bei einer offenen Frage im nachhinein durchgeführt werden: Die Bildung von Antwortkategorien und die Einordnung der differenzierten Antworten der Befragten in die starren und generalisierenden Kategorien eines *Antwortenschlüssels*. Streng genommen zeigen offene Fragen in einem Fragebogen an, dass hier kein rein hypothesengeleitetes Untersuchungsdesign am Start ist, denn dann hätten die Antwortkategorien bereits vorweg festgelegt und auf die apriori-Hypothese zugeschnitten sein müssen. Dennoch gibt es oft Teilbereiche in Untersuchungen, in denen ein eher exploratives Vorgehen bewusst angestrebt wird. In solchen Teilbereichen der Analyse sind zwar forschungsleitende Fragen und möglicherweise auch Generalthesen vorhanden, aber keine spezifizierten und durch einzelne Fragen genau operationalisierten Hypothesen. Der Forscher ist hier zunächst an einem *offenen Meinungsbild* interessiert. Will er das Material nachfolgend aber mit analytisch-quantitativer Statistik auswerten, muss er auch hier eine Standardisierung der Ergebnisse durchführen. Jetzt gilt es, aus der Fülle der differenten und vieldeutigen Einzelantworten ein *Kategorienschema* zu entwickeln, mit dessen Hilfe sich dann die Antworten der Probanden „nachverschlüsseln" lassen. Was man vorher vermeiden wollte, wird nun unvermeidlich: Die Zuschärfung und Umkonstruktion der offenen Antworten in eine kategoriale Variable. Was dabei qualitativ wie quantitativ an Kategorien herauskommt, hängt in starkem Maße von der Intention der Studie, sowie von der schöpferischen Kraft und der methodischen Kenntnis der beteiligten Wissenschaftler ab. In Diskussionen um die Nachverschlüsselung offener Antworten steht oft das Argument, möglichst viel differenzierende Tiefenschärfe durch eine größere Zahl von Kategorien zu erhalten, gegen die Notwendigkeit, für viele statistische Tests die Anzahl der Kategorien eher klein zu halten, da sonst eine Reihe von Verfahren aus mathematischen Gründen nicht mehr gerechnet werden können (z. B. durch die Entstehung zu kleiner erwarteter Zellenhäufigkeiten bei *Chi^2-Tests*, durch die Entstehung zu großer Irrtumswahrscheinlichkeiten bei der Prüfstatistik etc.). Selbst wenn damit nur die Kernpunkte der Problematik angerissen sind, zeigt sich hier bereits, mit welch hohem zeitlichen und inhaltlichen Aufwand die Nachverschlüsselung von offenen Fragen verbunden ist. In einer auf quantitativ-statistischer Methodik fußenden Analyse empfiehlt es sich daher, solche Fragen in explorativen Pretests auszuloten und in die eigentliche Interviewphase dann so weit wie möglich mit bereits geschlossenen Fragen hineinzugehen.

c) Hybride (teiloffene) Fragen

Hybride oder *teiloffene Fragen* stellen kontextabhängig zuweilen eine nützliche Kompromissformel in der Diskussion um geschlossene oder offene Fragen dar. Sie bieten den Probanden die Möglichkeit, zusätzlich zu den formulierten Antwortvorgaben bei Bedarf eine andere Antwort zu geben und diese stärker auch mit ihren eigenen Worten zu formulieren (SCHNELL, HILL & ESSER 1995, S. 311). Auf diese Weise *kombinieren* sie Eigenschaften offener und geschlossener Fragen und beinhalten damit aber auch in abgeschwächter Form die den jeweiligen Reinformen innewohnenden und oben diskutierten Vor- und Nachteile.

Einen generellen Königsweg bei der Entscheidung für eine *offene, geschlossene* oder *hybride* Ausgestaltung von Fragen gibt es also nicht. *„Es wird weithin erkannt, dass jede Technik ihre eigenen Vorteile hat. Die Wahl*

zwischen ihnen hängt vom Untersuchungsgegenstand ab, von Zeit und Geld,
die zur Verfügung stehen und, was vielleicht am wichtigsten ist, von dem Wis-
sensstand des Forschers in Bezug auf die Dimension der Meinungen in sei-
nem Studiengebiet" (KÖNIG 1976, S. 51). Wie streng sich eine standardisierte
sozialgeographische Befragung in die POPPERsche Tradition einbinden will,
mag von sehr vielen Vorbedingungen abhängen. Tatsache ist, dass nur sehr
wenige auf standardisierten Datenerhebungen aufbauende Analysen dann
später auch das statistische Instrumentarium ausschöpfen, mit dem eine
gehaltvolle, nicht allein auf einer heuristischen Interpretation aufbauende
Auswertung möglich wird (vgl. Kap. 3.5).

3.4.2.5   *Typen von Fragen nach dem Skalenniveau*

Mit Blick auf die Analyse der Daten mit statistischen Verfahren ist es schließlich für die Konzeption der Befragung noch von großer Bedeutung, welches
Skalenniveau eine Frage erzeugt bzw. erzeugen will. Das Skalenniveau entscheidet später darüber, welche konkreten Auswertungsprozeduren mit dem
Material „gerechnet" werden können und welche sich aus dieser Perspektive
von vorn herein verbieten (vgl. dazu genauer die Abschnitte zu „Skalen-
ni-veaus" in Kap. 3.5). Fragen nach dem Alter können beispielsweise in
unterschiedlichem Kontext und mit unterschiedlicher Formulierung sehr
unterschiedlich skalierte Daten erzeugen. Dieser Zusammenhang macht noch
einmal deutlich, wie weit die Konsequenzen reichen, die mit der Formulierung einer Frage verknüpft sind. Sie wirken zurück auf die Möglichkeit, die
vorher aufgestellten Hypothesen angemessen zu prüfen und sie bestimmen in
gleicher Weise die nachfolgende Tiefenschärfe und statistische Qualität der
Analyse.

3.4.2.6   *Wortwahl und Satzbau bei der Fragebogenkonzeption*

Bezogen sich die bisherigen Überlegungen eher auf methodische Details in
Relation zum inhaltlichen Konzept der Untersuchung und zur wissenschafts-
theoretisch korrekten Einbettung standardisierter Fragen in den Rahmen
einer quantitativ-szientistischen Analyse, so geht es im folgenden um
Aspekte der *Kommunikation*, d. h. um die konkrete Situation, in der eine
Befragung durchgeführt wird. Ganz zentral entscheiden hier Wortwahl und
Satzbau über die *Vermittelbarkeit* und *Verstehbarkeit* des Anliegens. Dies gilt
sowohl bei der Konzeption der Fragen als auch der ein- und überleitenden
Passagen, die für die Entstehung eines geschlossenen Spannungsbogens der
Befragung aus der Sicht des Probanden mitverantwortlich sind (s. u.). Beide
müssen dem sprachlich-intellektuellen Hintergrund der Befragten angemes-
sen sein. Das gilt mindestens ebenso auch für den inhaltlichen Hintergrund,

den man bei den Probanden zum Verstehen und Beantworten von Fragen voraussetzt: *„Der Befragte darf nicht überfordert werden; d. h. sein Wissensstand darf nicht überstrapaziert, er darf nicht ‚überfragt' werden"* (KROMREY 1998, S. 350). Diese wenigen Überlegungen zeigen nur einige Leitgedanken auf, die bei der sprachlichen Konzeption der Befragung im Hinblick auf die „Anschlussfähigkeit" der Kommunikation eine Rolle spielen. Sie zeigen aber bereits, welche Bedeutung einer angemessenen Formulierung der Fragen für das Gelingen der Untersuchung zukommt.

Um dabei Fehler zu vermeiden, kann man eine Reihe einfacher Faustregeln berücksichtigen, die hier im Rückgriff auf KROMREY (1998) sowie SCHNELL, HILL & ESSER (1995; dort mit Bezug auf DILLMAN 1978 und CONVERSE & PRESSER 1986) nur lexikalisch zusammengestellt worden sind:

- Fragen sprachlich einfach, konkret und trennscharf formulieren, ggf. Beispiele zur Erläuterung verwenden:
  - Fachsprache vermeiden, theoretische Begriffe vermeiden, stattdessen umgangssprachliche, einfache Begriffe verwenden,
  - Kurze Formulierungen verwenden: elaborierte Satzstrukturen und Schachtelsätze vermeiden.
- Fragen eindeutig formulieren, sodass *„mit der Frage ein für alle Befragten einheitlicher Bezugsrahmen geschaffen wird"* (KROMREY 1998, S. 350).
- den gewünschten Genauigkeitsgrad der Antwort spezifizieren, insbesondere bei offenen Fragen, um bei den Antworten ein vergleichbares Niveau zu schaffen.
- möglichst neutrale Formulierungen verwenden, wertende oder semantisch stark belastete Begriffe vermeiden, sofern man nicht dezidiert ein diesbezügliches Werturteil erfragen will.
- Suggestivfragen vermeiden, um *„zu verhindern, daß sich in den Antworten statt der persönlichen Meinungen des Befragten die Auffassung des Forschers oder gesellschaftliche Vorurteile widerspiegeln"* (KROMREY 1998, S. 351).
- Bei sensiblen Fragen empfiehlt KROMREY (1998, S. 356), anstelle einer *direkten* Formulierung eine *indirekte* zu wählen. Auf diese Weise verringert sich das Risiko der Antwortverweigerung.
- Eine Reihe von Autoren empfehlen darüber hinaus, keine hypothetischen Formulierungen zu verwenden. Dies gilt aber nur dann, wenn solche Fragen de facto eher ein „realistisches" Item abprüfen sollen. In Fällen, in denen hypothetische Fragen als indirekte Indikatoren zum Test bestimmter Einstellungen und Meinungen verwendet werden, können sie sich kontextspezifisch durchaus als sinnvolle Möglichkeit erweisen.

Abschließend bilden „Weiß-Nicht"-Kategorien (*Non-Attitudes*) einen methodisch notwendigen Bestandteil von Fragen in standardisierten Fragebögen. Verzichtet man darauf, so besteht die Gefahr, *„daß bei Befragten, bei denen Non-Attitudes vorliegen und die sich gezwungen sehen trotzdem eine inhaltliche Antwort zu geben, die „Wahl" der inhaltlichen Antwortkategorie eher zufällig erfolgt"* (SCHNELL, HILL & ESSER 1995, S. 315).

3.4.2.7   Fragebogenkonstruktion

Im Fragebogen stehen die einzelnen Fragen nicht mehr für sich, sondern in einem *Kontext* zu den benachbarten Tests und Fragen. Die *Anordnung* und *Reihenfolge* erhält damit Bedeutung, denn sie beeinflusst die gegebenen Antworten. Die *Fragebogenkonstruktion* birgt aber neben den Risiken einer ungewollten Beeinflussung auch Chancen der gezielten Steuerung und inneren Strukturierung des Befragungsablaufs. Beide sollen im folgenden kurz diskutiert werden.

Der wichtigste Aspekt bei der Platzierung der Fragen im Fragebogen ist der Kontext, in den man die Fragen stellt. Die Reihenfolge der Fragen kann semantisch-kommunikative Folgewirkungen erzeugen, die als *Ausstrahlungseffekte* (SCHNELL, HILL & ESSER 1995, S. 321) bekannt sind. Jede Frage beeinflusst selbst und mit ihren dazugehörigen Antwortmöglichkeiten die nachfolgenden Fragen auf eine bestimmte Art und Weise. Während ein solcher Ausstrahlungseffekt bei aufeinander aufbauenden Fragen geradezu erwünscht ist (*Trichtereffekt*), kann es im umgekehrten Fall aber auch zum *Halo-Effekt* kommen: in diesem Falle beeinflusst eine vorausgehende Frage oder Fragesequenz die Antworten der Probanden auf eine nachfolgende Frage in ungünstiger, d. h. aus der Sicht des Forschers unbeabsichtigter Weise. *Halo-Effekte* sind besonders unerwünscht bei Meinungsfragen, wo nicht eine einfache Deskription, sondern das persönliche Urteil des Probanden zur Diskussion steht. Deren Platzierung stellt sich daher als besonders wichtig heraus und sollte anhand der Erfahrungen aus dem Pretest (s. u.) sorgfältig überprüft werden. Um gerade an solchen Punkten *Halo-Effekte* zu vermeiden, kann man z. B. durch eine Umgruppierung zwischen zwei sich beeinflussende Fragen „*Pufferfragen*" einschieben, die die Probanden auf ein anderes inhaltliches Feld führen und damit die assoziative semantische Brücke zerstören, die den unerwünschten Ausstrahlungseffekt erzeugt hat.

Weniger ein semantisches Problem, als ein didaktisch-technisches Hilfsmittel sind *Filterfragen*. Sie dienen dazu, Fragenkomplexe einzuläuten, die nicht für das gesamte Sample relevant bzw. von allen beantwortbar sind. Die Filterfrage hat daher selektierende Wirkung, die dort gegebene Antwort entscheidet darüber, ob eine nachgeschaltete Fragesequenz in das Interview einbezogen wird oder nicht. Filterfragen sind daher ein unverzichtbarer Bestandteil einer effektiven, binnendifferenzierenden Befragung. Sie vermeiden gleichzeitig *Langeweile-Effekte* bei Probandengruppen, für die die Fragen keine Bedeutung besitzen.

3.4.2.8. *Didaktik der Fragebogengestaltung oder Faustregeln zur Anordnung von Fragen*

Wie gut und problemlos ein Fragebogen später in der empirischen Phase „läuft", lässt sich auch über Aspekte der *Fragebogendidaktik* (oder *-dramaturgie*) steuern. Sie baut sich zum einen aus der Reihung und thematischen Anordnung der Fragen auf, kann zum anderen aber auch durch eine Reihe von ergänzenden Texten und Statements unterstützt werden.

Grundsätzlich sollten alle vom Interviewer zu sprechende Texte niedergeschrieben werden (Wortlaut der Fragen, Überleitungsfragen, notwendige Definitionen und Erläuterungen; vgl. PORST 2000, S. 61 f.). Die Interviewer sollten sich – so weit möglich – während der Gespräche dann auch an diese Formulierungen halten, wobei es aber in der Praxis, den kommunikativen Präferenzen unterschiedlicher Befrager entsprechend, immer wieder zu Abwandlungen kommt.

Dabei dient zunächst ein kurzes *Einleitungsstatement* von 1–2 Sätzen dazu, die Probanden anzusprechen, ihnen Thema und Bezug der Befragung zu erläutern und ihnen die *Anonymität* ihrer Auskünfte zuzusichern. Diese Form einer kommunikativen *Warming-Up-Strategie* lässt sich im ersten Teil der Befragung mit Hilfe von Einleitungsfragen fortführen, die als „*Eisbrecherfragen*" (SCHNELL, HILL & ESSER 1995, S. 321 ff.) dienen. Sie sollten im Idealfall leicht und schnell zu beantworten sein sowie auf inhaltlicher Ebene einen motivierenden Bogen zwischen Probanden und Thema schlagen. Beide Aspekte stabilisieren das Interview in der Anfangsphase und helfen, einen frühzeitigen Abbruch zu verhindern, denn sie bauen sprachliche Ängste ab und inhaltliches Interesse auf. Vermeiden sollte man in dieser Phase aus denselben Gründen Fragen, die inhaltlich schwierig zu beantworten sind, Fragen die Werturteile von den Befragten abfordern oder persönlich sensiblere Fragen aus dem Bereich sozioökonomischer und demographischer Daten.

Die Anordnung der Fragen sollte dann inhaltlich in thematischen Blöcken erfolgen. Erneut können hier weitere Statements der Strukturierung dienen, indem sie von einem zum nächsten Themenblock überleiten. Innerhalb der dramaturgischen „Spannungskurve" des Fragebogens sollten die thematisch wichtigsten Fragen im zweiten Drittel der Befragung lokalisiert sein (vgl. PORST 2000, S. 58 ff.). Manche Fragen erhalten aus der Sicht des jeweiligen Forschungsgegenstandes eine herausgehobene Bedeutung, weil sie das Datenmaterial zur Überprüfung zentraler Hypothesen bereitstellen. Will man sich in solchen Fällen rückversichern, ob die Befragten verlässlich geantwortet haben, kann *„die Reliabilität der Antworten im Interview [...] teilweise durch Kontrollfragen [...] in einem späteren Teil des Fragebogens gesichert werden"* (FRIEDRICHS 1990, S. 223).

Die Platzierung *persönlich sensibler* Fragen (z. B. die Frage nach dem Einkommen oder andere soziodemographische Fragen) stellt man sinnvollerweise an den Schluss, um Verluste bei einem eventuellen Abbruch der Befragung zu minimieren. Die Akzeptanz solcher Fragen lässt sich im Vorfeld durch einen kurzen Einführungssatz verbessern. Trotzdem wird für sensible Fragen *„in aller Regel eine vergleichsweise hohe Zahl von Antwortverweigerungen und eine niedrige Zuverlässigkeit der erhaltenen Angaben erwartet"* (SCHNELL, HILL & ESSER 1995, S. 317; zum Problem solcher *„Non-Responses"* vgl. ausführlich SCHNELL 1997). Am Ende der Befragung sollte ein „Abschlusssatz" formuliert sein, die für die Teilnahme an der Befragung dankt und den Befragten verabschiedet.

Ein weiterer Bestandteil der Fragebogengestaltung sind *Intervieweranweisungen*. Sie bieten die Möglichkeit, das Verhalten der Befrager in dieser auf Standardisierung angelegten Form des Interviews so weit wie möglich zu vereinheitlichen (vgl. Kasten).

Intervieweranweisungen können sich beziehen auf
- bestimmte *Verhaltensweisen* während der Befragung (z. B. „den Probanden Zeit lassen für eine Antwort" vs. „auf zügige Antwort drängen"),
- auf die *Art der Präsentation* der Frage (z. B. „Alternativen vorlesen", „Alternativen nicht vorlesen", „Alternativen zeigen"),
- auf den *Umgang mit zusätzlichen Materialien* (z. B. „Fotos vorlegen", „Semantisches Differenzial vorlegen und ausfüllen lassen"),
- auf die *Art der Verschlüsselung* der Antworten (z. B. „nur erste Antwort notieren", „Antworten notieren und mit einer Reihenfolge versehen"),
- auf die *Notierung zusätzlicher Angaben* über das Gespräch, die nicht von den Probanden erfragt werden (z. B. „Alter in Klassen schätzen", „Bemerkungen über themenrelevante optische Merkmale der Probanden" (Kleidung, o. ä.)).

Schließlich ist auch die optische Gesamtgestaltung von Fragebögen (*Design und Layout*) ein wichtiges Hilfsmittel der Fragebogendidaktik, das dem Interviewer durch eine Reihe von Aspekten die Arbeit während der Befragung erleichtern kann (vgl. insbes. FOWLER 1984, S. 102).

3.4.2.9 Abschlusskontrolle

Eine abschließende Kontrolle des Fragebogens ist unerlässlich, gerade weil man sich bei der Konstruktion am Ende stärker mit instrumentellen und didaktischen Aspekten beschäftigt hat. Der Fragebogen in seiner Gesamtform muss noch einmal darauf hin geprüft werden, *„in welchem Verhältnis die [...] Fragen zum Thema der Befragung bzw. zu den [...] Hypothesen stehen. Für jede Frage muss geklärt werden, welche Variable mit dieser Frage gemessen werden soll und ob die Variable bedeutsam für den theoretischen Zusammenhang der Untersuchung ist"* (SCHNELL, HILL & ESSER 1995, S. 323 f.). Bei der Abschlusskontrolle ist es zusätzlich hilfreich, die nachfolgende Digitalisierungs- und Auswertungsphase mit zu bedenken, um den Fragebogen auch von dieser Seite her möglichst problemlos verwertbar zu machen.

3.4.2.10 Pretest

Nach der Fragebogenerstellung folgt notwendig der *Pretest*. Es gibt wohl kaum einen standardisierten Fragebogen, der ohne einen solchen *Befragungsversuch* bereits „perfekt" ist. Der Pretest gibt ein *Feedback* sowohl bezogen auf das Testinstrument selbst, d. h. den Fragebogen mit seinen Details, als auch auf die Erhebungssituation und konkrete instrumentelle Schwierigkeiten bei der Durchführung.

Im Pretest muss sich zunächst erweisen, ob die einzelnen Fragen, die Platzierung der Fragen und die didaktische Gesamtkonzeption des Fragebogens der konkreten Befragungssituation vor Ort standhalten und dabei auch die Ergebnisse bringen, die für die spätere Hypothesenprüfung notwendig sind. Manche Frage, die bei der Formulierung in der Forschergruppe noch plausibel und „griffig" geklungen haben mag, erweist sich jetzt mitunter als sperrig, missverständlich oder geht inhaltlich am Ziel vorbei. In diesem Zusammenhang sollte der Pretest auch prüfen, ob die in den Fragen formulierten Antwortalternativen inhaltlich trennscharfe Ergebnisse liefern. Liegen bei 20 Probebefragungen beispielsweise alle oder fast alle Antworten in ein und derselben Kategorie, so weist dies in den meisten Fällen auf eine fehlende *Trennschärfe* der vorgegebenen Kategorien hin. Ein solches Ergebnis führt in der nachgeschalteten Analyse oft zu trivial anmutenden oder inhaltlich unbrauchbaren Pauschalurteilen.

Auch die Überleitungsstatements und die Regieanweisungen lassen sich auf ihre Brauchbarkeit hin ebenso überprüfen wie zusätzliche Medien und Materialien für die Befragung (Fotos für Fotoerkennungstests, Bewertungsmatrizen für Semantische Differenziale, etc.). Schließlich kann man erst *nach* dem Pretest die erforderliche Befragungszeit pro Fragebogen genauer ein-

schätzen. Oft erweist sich der Fragebogen als zu lang und muss in der end-
gültigen Fassung noch gekürzt werden.

Im Pretest kommt es nicht unbedingt auf die Anzahl der Interviews an. Oft
reichen bereits einige wenige pro Interviewer, um die Stärken und Schwächen
des zusammengestellten Fragebogens hervortreten zu lassen, insgesamt
schlägt FRIEDRICHS eine Zahl von 10–30 Probeinterviews vor, eine Zahl, die
je nach Umfang und Reichweite der Untersuchung fallbezogen stark vari-
ieren kann. Der Pretest dient auch der Kontrolle der Interviewer selbst. *„Nach
allen Erfahrungen ist sie unumgänglich, gleichgültig, welcher Personenkreis
interviewt. Man sollte weder Studenten noch Chef-Interviewern kommerziel-
ler Institute trauen"* (FRIEDRICHS 1990, S. 222).

Die Erkenntnisse aus dieser Pretest-Phase sollten abschließend in einer
Gruppendiskussion mit allen Befragern gemeinsam erörtert werden, damit
sich hier interviewertechnische Einzelfallprobleme von systematischen Fehlern unterscheiden lassen. Dabei lassen sich in Anlehnung an SCHNELL, HILL
& ESSER (1995, S. 326) einige Leitfragen nennen, die diese Reflexion strukturieren können.

**Leitfragen für die kritische Reflexion einer Probebefragung nach
dem Pretest:**

- Welche Fragen interpretierte der Befragte Ihrer Meinung nach falsch?
  Welche Gründe sehen Sie dafür?
- Welche Fragen waren Ihrer Meinung nach am schwierigsten zu stellen?
  In welcher Art und Weise hat sich das in der Befragungssituation aus-
  gewirkt?
- Gab es Fragen im Fragebogen, die Sie nicht mochten?
  Was sind die Gründe dafür?
- Gab es Fragen oder Fragenkomplexe, bei denen Sie das Gefühl hatten,
  der Befragte hätte gerne mehr gesagt?
  Wie könnte man das Ihrer Meinung nach durch eine Anpassung der
  Frage oder eine alternative Formulierung verändern?
- Gab es bedingt durch die Reihenfolge der Fragen unerwünschte Aus-
  strahlungseffekte und Antwortverzerrungen?
  Können solche Effekte durch die Umstellung von Fragen vermieden
  werden?

3.4.2.11 Organisationsformen einer standardisierten Befragung

Die Konzeption einer standardisierten Befragung wird auch durch die
geplante *Sozialform* und die dabei verwendete *Befragungstechnik* in vielen
Bereichen beeinflusst. Je nachdem, ob man seine Probanden auf der Straße

anspricht oder an der Haustür, ob man ihnen dabei den Fragebogen vorliest
oder ihn selbst ausfüllen lässt, all diese Aspekte müssen bei der Konzeption
des Befragungsinstrumentes bedacht werden und wirken auch auf die Art und
Qualität der Ergebnisse zurück.

Kannte man früher nur die mündliche und die schriftliche Befragung, so
unterscheidet die Umfrageforschung heute nach dem Stand der Technik und
der hauptsächlich angewendeten Verfahren verschiedene Befragungsformen,
die alle je spezifische Vor- und Nachteile haben. Sie sollen im folgenden an
einigen ausgewählten, in der befragungsbasierten Forschung innerhalb der
Humangeographie verbreiteten Beispielen schlaglichtartig vorgestellt werden.

Die *schriftliche Befragung* (postalisch verschicken und rücksenden lassen
bzw. abgeben und wieder abholen) eignet sich nach FUCHS 1994 v. a. für
homogene Populationen. Mit ihr lassen sich – bei entsprechendem Verviel-
fältigungs- und Verteilungsaufwand – mit vergleichsweise geringen Kosten
in relativ kurzer Zeit große Stichproben erzielen. Die schriftliche Befragung
erfordert dafür aber eine besondere Sorgfalt bei der Fragebogenkonzeption
und -didaktik. Die Anweisungen zum Ausfüllen der Bögen müssen einfach,
verständlich und dem sozialen Kontext entsprechend formuliert sein. Auch
die selektive Strukturierung der Befragung durch Filter bedarf hier einer
genauen schriftlichen Erläuterung und einer aufwendigeren optischen
„Benutzerführung".

Ein gravierender Nachteil der schriftlichen Form der Befragung ist der in
der Regel relativ geringe Rücklauf, er liegt oft unter 15% der ausgeteilten
Bögen. Holt man diese nicht wieder ab, sondern lässt sie sich nach dem Ausfüllen zusenden, sind Mehrkosten für das Porto einzukalkulieren. Ein vielleicht wichtigeres, weil inhaltliches Problem der schriftlichen Befragung
besteht darin, dass man das Ausfüllen der Fragebögen nicht kontrollieren
kann. Niemand kann im nachhinein erkennen, ob der Bogen mit Sorgfalt oder
nachlässig ausgefüllt worden ist. Ebenso wenig besteht ein Einblick darin, ob
sich am Ausfüllen eine oder mehrere Personen beteiligt haben. Bis zu einem
gewissen Grad können solche Probleme zwar durch Kontrollfragen überprüft
werden, doch ein Großteil der Unwägbarkeiten bei selbst ausgefüllten Fragebögen entzieht sich dem Einblick des Forschers. Mit dem Verteilen der Bögen
zum Selbstausfüllen schwindet oft auch die Möglichkeit, am Ende eine im
statistischen Sinne repräsentative Zufallsstichprobe realisieren zu können.
Selbst wenn die Probanden, die einen solchen Bogen erhalten, nach einem
Zufallsprinzip ausgewählt worden sind, führt der ungleiche und unkontrol-
lierbare Rücklauf zu einer kaum vermeidbaren *Verzerrung* des Samples.

Das *mündliche Interview* im persönlichen Gespräch ist die in den Kulturwissenschaften traditionell am häufigsten verwendete Form der Befragung,
wobei sich in jüngerer Zeit die Gewichte in Richtung *Telefoninterviews* und

computergestützte Interviews zu verschieben beginnen. Das mündliche *Face-to-Face Interview* hat einige unbestreitbare Vorteile, die es bei vielen Themen und Untersuchungen nach wie vor zur besten Sozialform der Interviewverfahren machen. Zunächst ist der Rücklauf relativ hoch, d. h. es entfallen aufwändige Verteilaktionen an viele potenzielle Probanden, die den Fragebogen dann später doch oft nicht beantworten. Die Requirierung von Interviewpartnern kann hier mit einem kurzen Satz erfolgen, und falls die Bereitschaft zu einem Gespräch abgelehnt wird, ist der verwendete Zeitaufwand nicht übermäßig groß gewesen.

Weit wichtiger als dieser organisatorische Aspekt ist aber die bessere Kontrolle über den Verlauf des Gesprächs und das geschulte Eintragen der Antworten in den Fragebogen durch den Interviewer. In der unmittelbaren Kommunikationssituation kann der Befrager wie bei keiner anderen Sozialform über *Verhalten, Gestik,* und *Mimik* des Befragten einen Eindruck erhalten, wie ernsthaft dieser die Interviewsituation nimmt und die gestellten Fragen zu beantworten sucht. Steht z. B. der Befragte sehr unter Zeitdruck, ist er abgelenkt durch eine weitere Person, die sich in das Interview einzumischen versucht, wirkt er fahrig oder unkonzentriert – all solche Punkte können bei der Entscheidung, ob das Interview hinterher in das Sample aufgenommen werden soll, Beurteilungsgrundlagen bilden, die bei schriftlichen Interviews fehlen.

Andererseits enthält gerade diese sehr persönliche, visuelle Form der Kommunikation in einem Face-to-Face-Interview auch Nachteile. Immer wieder kommt es bei Befragungskampagnen zu einer bewussten oder unbewussten Auswahl sozial erwünschter Gesprächspartner (sofern nicht bereits eine vorgeschaltete Zufallsauswahl das Sample festgelegt hat). Auch wenn Kontrollverfahren die Stichprobenziehung zu regulieren versuchen (z. B. Abzählverfahren für die Auswahl von Gesprächspartnern oder zu befragenden Haushalten, Quotenverfahren zur Abbildung bestimmter sozialstatistischer Parameter aus der Grundgesamtheit in der Stichprobe, vgl. Kap. 3.3.2), bleiben die sozialen Prioriäten und die sehr unterschiedlichen kommunikativen Fähigkeiten der Interviewer ein unauslöschliches Element der Subjektivität (*Sampling-Error, Coverage-Error, Nonresponse-Error*, vgl. FUCHS 1994, S. 35).

Aber auch während der Befragung selbst bildet das *kommunikative Element*, die verbalen und nonverbalen Beziehungen zwischen Interviewer und Interviewtem, einen nicht näher abschätzbaren Faktor, der die Ergebnisse beeinflusst. Selbst wenn die Fragen im Bogen geschlossen formuliert sind (vgl. Kap. 3.4.2), selbst wenn durch sehr genaue Regieanweisungen das Vorgehen bei der Befragung geregelt ist, und selbst wenn eine ausführliche Interviewerschulung solche Punkte noch einmal auf ein standardisiertes Verhalten hin trainiert, lässt sich das *subjektive Moment* in der spezifischen Befragungssituation nicht ausschalten. Es variiert nicht nur von Befrager zu

Befrager, sondern auch von Interview zu Interview, weil jedes Gespräch genau genommen ein einzigartiges, unwiederholbares und unverwechselbares Stück Kommunikation darstellt.

Eine Möglichkeit, zumindest visuell-kommunikative Störfaktoren in einem Gespräch auszuschalten, bietet das *Telefoninterview* (z. B. FUCHS 1994, S. 31 ff.). Diese Form der standardisierten Datenerhebung hat sich nicht allein als Reaktion auf die oben geschilderten Probleme bei mündlich-persönlichen Interviews entwickelt, sondern sie bietet ganz generell eine Reihe logistischer Vorteile, die gerade auch in der erwerbsorientierten Umfrageforschung dazu geführt haben, dass die Telefonbefragung mehr und mehr Raum gegenüber Face-to-Face-Interviews gewinnt. Dies ist – im Gegensatz zu den sozial exklusiveren Pioniertagen des Telefons – auch deswegen vertretbar, weil *„die schichtspezifischen und regionalen Unterschiede in der Telefondichte [...] sich heute in sehr engen Grenzen halten"* (FUCHS 1994, S. 34).

In der Umfrageforschung gilt die Interviewsituation im Telefoninterview als stärker kontrollierbar als im Face-to-Face-Interview. In der Regel arbeiten die Interviewer von einem gemeinsamen Ort aus (z. B. *Telefonlabor, Call-Center*). Damit lässt sich nicht nur eine genauere Kontrolle der Gesprächsführung organisieren, sondern auch eine schnelle und einheitliche Reaktion beim Umgang mit Problemen, die während einer Befragung auftreten können, insbesondere in der Startphase. Insgesamt können *„die zentral zusammengefassten und in einem Labor arbeitenden Interviewer [...] sehr viel leichter überwacht und kontrolliert werden. Dies führt dazu, dass sich die Interviewer viel stärker an die von den Forschern gemachten Vorgaben hinsichtlich der Gestaltung der Erhebungssituation und der Auswahl der Befragten halten und dadurch Fehlerquellen ausgeschaltet und störende Einflüsse konstant gehalten werden können"* (FUCHS 1994, S. 31). Auch die kommunikative Distanz, die das Telefon als Befragungsmedium zwischen dem Befrager und den Befragten schafft, führt dazu, dass sich die Interviewer besser an die standardisierten Vorgaben, Formulierungen und Regieanweisungen des Fragebogens halten, was für die Vergleichbarkeit der Ergebnisse später eine Rolle spielt.

Findet parallel zum telefonischen Interview direkt eine digitale Eingabe der Antworten statt, so spricht man von *computergestützten Interviews* (eine Variante, die sich aber auch in Face-to-Face-Interviews durch die Verwendung von *PDAs* langsam durchzusetzen beginnt). In diesem Falle müssen die Interviewer die Antworten nicht mehr erst auf einem Fragebogen notieren, sondern können die Ergebnisse – abgesehen von offenen Fragen, die noch nachverschlüsselt werden – direkt in eine *Datenbank-Maske* oder in die *Systemdatei* einer handelsüblichen *Statistik-Auswertungssoftware* hineindigitalisieren (z. B. SPSS, SAS).

Mittlerweile gibt es auch bereits Formen des *computergestützten Telefon-interviews*, die anstelle eines „menschlichen" Befragers mit einem *sprachge-steuerten Computer* arbeiten. In diesem Falle ist auch die Digitalisierung der Daten automatisiert. Wegen der in Teilen noch sehr unzulänglichen Tauglich-keit solcher Systeme sind Probanden oft aber auch abgeschreckt und brechen das Interview früher ab als beim Telefonat mit einem Interviewer.

Ein Vorteil der Telefoninterviews gerade für humangeographische For-schungsprojekte liegt in der Möglichkeit einer breiten räumlichen Streuung ohne aufwendige Reisen und die damit verbundenen Zeit- und Kostenaufwände. Auf diese Weise können auch großräumig angelegte Stichproben realisiert werden. Sie bieten der Geographie später eine gute Basis für die regionale Differenzie-rung des Samples und entsprechend regionenbasierte Teilgruppenvergleiche in der statistischen Analyse. Zusätzlich zu diesen Vorteilen erhöht sich die Flexibi-lität bei der Erreichbarkeit: Wenn der Interviewer seinen Probanden zu einem gewählten Zeitpunkt nicht antrifft, kann er ihn im Falle von telefonischen Befra-gungen später problemlos noch einmal anrufen, während er bei mündlichen Interviews im Gelände, z. B. bei Haushaltsbefragungen, einen zweiten, manch-mal aufwändigen Anfahrtsweg in Kauf nehmen muss. Die Bereitschaft, sich auf ein Interview einzulassen, ist generell am Telefon höher als an der Haustür, weil viele Menschen mit Haustür-Kontakten schlechte Erfahrungen gemacht haben (Interview als versteckte Einleitung für Verkaufsgespräche, etc.).

Aufgrund all dieser Rahmenbedingungen verkürzt der Rückgriff auf Tele-foninterviews im Vergleich zu Face-to-Face-Befragungen die Erhebungs-kampagne teilweise erheblich, sodass sich nicht nur der *Kostenrahmen* z. B. für privatwirtschaftliche Auftragsgutachten verbessert, sondern sich auch die Zeit zwischen der Auftragserteilung und der Präsentation der Ergebnisse ver-kürzt. Gerade dieser Aspekt kann je nach Themenstellung natürlich auch im Rahmen von Abschlussarbeiten an Universitäten eine Rolle spielen.

Bei all diesen verschiedenen Interviewformen ist der Einsatz von Compu-tern aus dem Bereich der Umfrageforschung nicht mehr wegzudenken. Waren zunächst vor allem die nachgeschalteten Auswertungsphasen IT-basiert, so findet der Computer mittlerweile zunehmend Einsatz auch bereits in der Phase der Datenerhebung.

Die Verwendung eines Computers bietet auch Vorteile bei der logistischen Organisation der Befragung; Beispiele:

- Termin- und Adressverwaltungssoftware kann den Interviewer im Vorfeld der Befragung unterstützen (z. B. Stichprobenziehung, Terminplanung, automatische Wahl etc.).
- Die laufende Kontrolle der Stichprobenzusammensetzung vor allem bei Quotenverfahren kann zwischendurch immer wieder erfolgen. Durch gezielte Nachbefragungen lässt sich die Realisierung eines entsprechenden Samples leichter erreichen.

Wichtiger sind aber solche Vorteile, die sich durch den IT-Einsatz während der Befragung ergeben. Für den *„Einsatz des Computers in der Datenerhebung [...] sind in den letztes Jahren und Jahrzehnten Hard- und Softwarekomponenten entwickelt worden, durch die die Erhebungssituation in der Umfrageforschung unterstützt wird"* (FUCHS 1994, S. 36). Egal, ob die Befragung noch durch einen Interviewer vorgenommen wird oder ob die Probanden ihre Daten selbst in einen interaktiven Fragebogen auf einem lokalen Rechner oder im Internet eingeben, die Online-Digitalisierung erleichtert und verbessert diesen Schritt und damit das Befragungsergebnis in mehreren Punkten:

● Eine automatisierte Benutzerführung hilft, Fehler zu vermeiden: Das Dateneingabeprogramm übernimmt beispielsweise bei Filterfragen selbstständig die Filterführung, entsprechend kann sich der Interviewer noch besser auf das Gespräch konzentrieren, ohne auf die Gabelungen weiter achten zu müssen.

● Die Vergabe von „zulässigen Werten" in der Befragungsdatenbank oder Systemdatei verhindert die Eingabe ungültiger Werte. Auf diese Weise erübrigen sich Teile der nachgeschalteten Fehlerprüfung auf Inkonsistenzen.

● Bei der Verwendung von Kontrollfragen, die inkonsistentes Antwortverhalten der Befragten aufdecken sollen, kann mit Hilfe eines programmierten *Simultanabgleichs* der Daten direkt eine Warnung an den Interviewer ausgegeben werden, falls die Kontrollfrage ein gegenüber der Ausgangsfrage deutlich abweichendes Antwortverhalten ausweist.

Im Prinzip bestünden nach FUCHS (1994) noch viel weiter gehende Möglichkeiten der logistischen und inhaltlichen Nutzung des Computers, die im Wesentlichen auf eine individuelle Differenzierung der Interviews je nach Kandidat, Gesprächsverlauf und Sekundärinformationen hinsteuern. Wenngleich solche Methoden für eine pragmatische Markt- und Meinungsforschung in bestimmten Kontexten kommerziell sinnvoll erscheinen mögen, werfen sie jedoch im wissenschaftlichen Kontext im Sinne eines sauberen, hypothesengeleiteten Befragungsverfahrens methodologische Probleme auf: Wenn beispielsweise vorgeschlagen wird, dass man die Formulierung von Erhebungsfragen den vorherigen Antworten entsprechend anpassen könne, dann widerspricht ein solches Vorgehen der Forderung, dass die Fragen im Fragebogen auf dahinterliegenden Forschungshypothesen basieren, die mit Hilfe der gegebenen Antworten später prüfstatistisch verifiziert oder falsifiziert werden sollen. Ein solches Ansinnen setzt eine streng standardisierte Befragungskampagne voraus, die die Fragen nicht verändert. Gleiches gilt für die Möglichkeit, in der Verknüpfung mit externen Datenbanken Fragen ad hoc möglichst probandenspezifisch zu generieren. Auch die flexible Neuschaffung probandentypischer Filtervariablen je nach Antwortverhalten verbietet sich, denn eine Standardisierung des empirischen Instrumentes setzt

auch voraus, dass das Umfeld der Fragen nicht verändert wird, um Trichter-
oder Haloeffekte, sofern sie entstehen (oder gar beabsichtigt sind), in immer
derselben Form wirksam werden zu lassen.

**3.5   Die Auswertung standardisierter Daten mit quantitativ-statisti-
schen Verfahren – Eine kurze Reflexion über die Prinzipien des
Vorgehens**

Die quantitativ-analytische Arbeitsweise läuft auch in der Humangeographie
methodisch gesehen auf eine Auswertung mit Hilfe mathematisch-statistischer Verfahren hinaus (z. B. beschreibende Verfahren, Schätz- und Progno-
severfahren, Hypothesenprüfungen mit bi- oder multivariaten Methoden
etc.). Wo sich die gesellschaftswissenschaftliche Forschung in die Tradition
des kritischen Rationalismus stellt, verschreibt sie sich – sofern sie konsequent sein will – auch der Analytik des zentralen POPPERschen Prüfkriteri-
ums: der Statistik. Das setzt, wie oben bereits genauer ausgeführt, die
erkenntnistheoretisch nicht näher prüfbare Hypothese voraus, dass auch die
soziale Welt den Regeln mathematischer Formeln und Wahrscheinlichkeiten
folgt und entsprechend von den Wissenschaften mit solchen Verfahren angemessen untersucht und dargestellt werden kann.

Streng genommen sollte es also keine Analyse ohne den Einsatz solcher
Rechenverfahren in dieser Tradition geben. Bereits eine grobe Querschnitts-
betrachtung „quantitativer" kulturwissenschaftlicher Arbeiten zeigt aber, dass
man diese aus methodologischer Sicht unausweichliche Konsequenz im For-
schungsalltag oft nicht oder nur ansatzweise verwirklicht sieht. Die Humangeographie bildet da keine Ausnahme. Es gibt in der Literatur eine Vielzahl
von Darstellungen, die zwar in ihren sprachlichen Schlussfolgerungen Zusam-
menhangsargumentationen aus empirisch erhobenen quantitativen Daten her-
leiten, die aber jenseits der Beschreibung der Daten (z. B. in Grafiken, Tabellen mit Häufigkeits-, Durchschnitts- oder Streuungswerten) den rechnerischen
Nachweis dieser Zusammenhänge schuldig bleiben. Methodisch gesehen entspricht eine solche Argumentation eher einer interpretativen Deutung des
Materials, anstatt eine den Kriterien des kritischen Rationalismus folgende
Analyse vorzunehmen. Wer quantitative Daten ohne Zuhilfenahme mathematisch-statistischer Verfahren analysiert, macht mit seinem „Zahlenberg" –
etwas pointiert formuliert – dasselbe, was ein Textwissenschaftler mit „seinen" Daten, d. h. mit dem anfallenden „Wortberg" macht: er führt eine auf der
Grundlage seiner subjektiven Erfahrungen aufbauende *hermeneutische Interpretation* durch, die hier nur nicht auf Fließtext, sondern auf Zahlen (arran-
giert in Form von Tabellen, Diagrammen, Kartogrammen etc.) aufbaut.

Eine quantitativ-statistische Analyse will aber etwas anderes zeigen. Die
Statistik versteht sich als *„wissenschaftliches Werkzeug, das sich der Mensch*

geschaffen hat, um von der verwirrenden Vielfalt beobachtbarer Erscheinungen zu deren Wesen vorzudringen und die Gesetze der objektiven Realität dadurch tiefer erkennen zu können"* (CLAUS & EBNER 1985, S. 20). An die Stelle der Intuition und des menschlichen Lernens durch Versuch und Irrtum muss die Verwendung mathematischer Prinzipien und Rechenverfahren treten. Damit ist sie in der Lage, *„Beobachtungen hinlänglich genau zu beschreiben und allgemeine Schlussfolgerungen zu ziehen. Sie gestattet überdies, den Geltungsbereich und die Verallgemeinerungswürdigkeit empirischer Befunde zu beurteilen"* (ebd., S. 20 f.). In dieser Lesart kommt den statistischen Verfahren innerhalb des kritischen Rationalismus und der quantitativ orientierten Arbeitsweise eine zentrale Rolle zu, die – epistemologisch gesehen – eigentlich noch größer sein müsste, als sie sich in der empirischen Praxis der quantitativ arbeitenden Humangeographie darstellt. Dabei dient – wie schon mehrfach betont – die *deskriptive Statistik* zunächst eher einer verdichtenden Beschreibung des Datenmaterials, während die *schließende Statistik* dann die Analyse im engeren Sinne durchführt.

Die folgende Übersicht konzentriert sich – dem Einführungs– und Überblickscharakter des Lehrbuchs folgend – auf eine eher prinzipielle Abhandlung der grundlegenden Arbeitstechniken der beschreibenden und analytischen Statistik. Für eine genauere Diskussion der einzelnen Verfahren sei hier auf die Lehrbücher zur Statistik verwiesen (z. B. CLAUS & EBNER 1985; BORTZ 1993; BAHRENBERG; GIESE & NIPPER 1990, DE LANGE & WITTENBERG 1983).

3.5.1   Skalenniveaus

Für die statistische Analyse ist wichtig, dass sich erhobene Daten nicht nur inhaltlich, sondern auch bezüglich ihrer mathematischen Qualität unterscheiden. Es gibt daher verschiedene *Skalenniveaus*, die mit darüber entscheiden, welche deskriptiven und analytisch-statistischen Verfahren mit den Daten gerechnet werden können und welche nicht. Man unterscheidet mit zunehmender mathematischer Differenziertheit *nominale, ordinale* und *metrische* Skalenniveaus.

Von *nominalen* Daten spricht man, wenn die Werte aus Kategorien bestehen, zwischen denen keine Rangfolge existiert. Auf diesem Niveau lässt sich nur die qualitative Gleichheit oder Ungleichheit von zwei Merkmalen feststellen (z. B. Wohnort, Geschlecht etc.). Das *Zusammenzählen* (gleicher Antworten) ist hier die einzig zulässige mathematische Option, d. h. man kann *Häufigkeitstabellen* bilden. Lassen sich Rangunterschiede zwischen den Merkmalsausprägungen feststellen, so sind die Daten *ordinal* skaliert. Auf diesem Niveau kann man bereits zur Gleichheit oder Ungleichheit die relativen Größen- oder Qualitätsunterschiede feststellen und die Merkmalsauspra-

gungen lassen sich in einer *Reihenfolge* anordnen (vgl. Kasten; für eine feinere Unterscheidung: DE LANGE & WITTENBERG 1983, S. 43). Ein *metrisches*
Skalenniveau liegt vor, wenn die Werte einer Variablen auf der Basis einer
Skala mit konstanten, definierten Intervallen gemessen werden können (Beispiele: Entfernungs-Angaben in km, Temperatur in Grad Celsius, Niederschlagsangaben in mm). Man unterscheidet dabei zwischen *intervallskalierten Daten bei Skalen ohne absoluten Nullpunkt* und *verhältnis-* oder *rationalskalierten Daten*, deren Skalen einen absoluten Nullpunkt besitzen (vgl.
Temperaturskala in Celsius und Kelvin).

Skalenniveaus:					
Skalentyp	Festgelegte Eigenschaften				Beispiel
	Nullpunkt	Abstände	Ränge	Identität	
Nominalskala	Nein	Nein	Nein	Ja	Familienstand
Ordinalskala	Nein	Nein	Ja	Ja	Zufriedenheit
Intervallskala	Nein	Ja	Ja	Ja	Temperatur in °C
Rationalskala	Ja	Ja	Ja	Ja	Entfernung

Quelle: SCHNELL, HILL & ESSER 1995, S. 134, leicht verändert.

Insgesamt hat sich gezeigt, dass – wie in den anderen Kulturwissenschaften
auch – die Daten, die man im Kontext raumbezogener Fragestellungen erhebt,
nur teilweise ein metrisches Niveau erreichen. Bei wahrnehmungs- und handlungsorientierten Themen der Humangeographie beispielsweise erhält man oft
„nur" ordinale oder nominale Daten, die lediglich einen recht kleinen Rahmen
an mathematisch-statistischen Auswertungen zulassen. Es bestehen bei der
Datenerhebung aber durchaus Gestaltungsspielräume. Fragt man z. B. nach
Entfernungen, nach Alter, nach Haushaltsgröße oder ähnlichen Aspekten, so
kann man die Daten – je nach Untersuchungsdesign – ordinal *oder* metrisch
erheben. Hier gilt es zumeist, die Daten so differenziert wie möglich zu erfassen, denn eine Reduktion des Skalenniveaus auf das ordinale Niveau ist später
durch einfache *Rekodierungen/Klassifizierungen* jederzeit durchführbar, eine
Transformation in umgekehrter Folge jedoch niemals.

3.5.2 Deskriptive Statistik

Im Gegensatz zur analytischen Statistik dient die *deskriptive Statistik* allein der Darstellung und Bündelung der Untersuchungsergebnisse. Ihr geht es – wie der Fachterminus bereits andeutet – um die *Beschreibung* der Daten, konkret: der Merkmalsausprägungen und Häufigkeiten eines Merkmals. Es geht weder um Rückschlüsse von der Stichprobe auf die Grundgesamtheit, wie sie die *Schätzstatistik* anstrebt, noch um Zusammenhänge zwischen verschiedenen Merkmalen, die mit Hilfe der *Teststatistik* durchgeführt werden.

Bei der Beschreibung der „Rohdaten" verfolgt die deskriptive Statistik das Ziel, *„die Befunde sinnvoll zusammenzufassen, um das Wesentliche klar und verständlich in gedrängter Form zum Ausdruck zu bringen"* (nach CLAUS & EBNER 1985, S. 43). Dazu bedient sich die deskriptive Statistik verschiedener Strategien, die einen jeweils unterschiedlichen Grad der Informationsaufbereitung darstellen:

● *Häufigkeitsauszählungen* und deren optische Umsetzung in *Diagramme*,
● statistische Maßzahlen (*Parameter*).

Bei Häufigkeitsauszählungen sind, solange es sich um nominale oder ordinale Daten handelt, Anzahl und inhaltliche Ausgestaltung der Kategorien bereits durch die Erhebung der Daten, d. h. durch die Konzeption des Untersuchungsdesigns vorgegeben. Sie bilden – wie bereits oben näher ausgeführt – ein entscheidendes konstruktivistisches Moment quantitativ-szientistischer Methodik. Zusätzlich ist es im Verlauf der Datenauswertung oft hilfreich oder notwendig, die vorhandenen Beobachtungen oder Kategorien durch *Rekodierungsprozeduren* weiter zusammenzufassen. Durch diese Verdichtung fasst man die Informationen aber nicht „einfach" nur zusammen, sondern man verändert die Konstellation und Gewichtung: Welche Kategorien man nun zusammenfasst, welche einzeln bleiben, welche man in Form von „sonstiges"-Kategorien aus der weiteren Betrachtung ausblendet, kann sich auf die spätere Aussage ebenso auswirken wie auf die mediale Wirkung der dabei entstehenden grafischen Repräsentation. Diese Entscheidung erfolgt nicht neutral, sondern unterliegt der jeweiligen subjektiven Interpretation. Besonders deutlich wird dieser Konstruktionscharakter bei der Klassifikation metrischer Daten, bei denen zwar eine Reihe von Regeln (BAHRENBERG, GIESE & NIPPER 1990, S. 26) oder Faustformeln aufgestellt werden können, die aber dennoch immer eine Konstruktion in Anlehnung an die gerade üblichen Konventionen bilden (vgl. Abb. 18).

Nicht nur mathematisch, sondern auch fachinhaltlich brisant kann die deskriptive kartographische Umsetzung klassifizierter humangeographischer Sachdaten auf der Grundlage „amtlicher", räumlich-administrativer Einheiten werden. Diese traditionell zur Kernkompetenz der Humangeographie gehörenden Karten regionaler soziokultureller Differenzierung

sind in vielen Bereichen wichtige Instrumente der Planung und Entscheidungsfindung geworden. Diese Schlüsselstellung wird durch die zunehmend einfachere und optisch anspruchsvollere Möglichkeit der regionalisierten Datendarstellung mit GIS-Systemen gefestigt. Ihr wichtigster Förderer ist aber die Gesellschaft selbst, die mittlerweile bereits in manchen
wissenschaftlichen Veröffentlichungsorganen das geschriebene Wort als
„Bleiwüste" zu bezeichnen beginnt und vermehrt grafische Abbildungen
und „*Infotainment*" einfordert. Gerade in einer solchen Situation muss sich
die Wissenschaft, die solche Karten produziert, der Verantwortung und der
möglichen Probleme bewusst sein, die eine solche Methode der regionalisierten Sachdatendarstellung mit sich bringt: Diese beruht im wesentlichen
auf zwei Abstraktionen: einerseits auf der *Reduktion* der im Alltag oft
fließenden (kontingenten) Erscheinungen des beobachteten sozialen Phänomens auf eine überschaubare Anzahl von Klassen und – entscheidender
noch – andererseits auf der geographischen Klassifikation und damit
Zuschärfung dieser Phänomene in Form eines Systems exakt abgegrenzter
Beobachtungseinheiten. Die von Politikern und Planern oft gern gesehene,
weil hochgradig komplexitätsreduzierende Verkopplung von Territorium
und sozialen Kategorien ist aber nie unproblematisch. Sie schafft eine geographische *Repräsentation*, ein nach wissenschaftlichen Spielregeln konstruiertes Abbild der Welt. Karten sozialer oder ökonomischer Unterschiede im Raum setzten sich fest in die Köpfe der Entscheidungsträger, sie
können die Stadtentwicklungspolitik ebenso beeinflussen wie Strategien
der Planung, ökonomische Standortentscheidungen oder die individuelle
Mobilität. Eine solche Kritik zielt nicht darauf ab, die mit deskriptiver Statistik und Kartographie arbeitenden Formen abzuwerten oder gar abzuschaffen, sie will lediglich deren (politische) Bedeutung und Konsequenzen
aufzeigen, um das Bewusstsein für die Verantwortung bei ihrer Erstellung
zu schärfen.

Statistische Maßzahlen zur Beschreibung einzelner Variablen

Während Tabellen oder Grafiken über die Anteile der Ausprägungen eines
Merkmals in der Stichprobe informieren, bieten *statistische Maßzahlen*
zusammenfassende und gebündelte Informationen, die über spezielle
Eigenschaften der Merkmalsverteilung summarisch Auskunft geben. Die
gesamte Information aus einer Variablen ist dabei über den Weg einer
mathematischen Berechnung in Form von einem oder wenigen Werten verdichtet. Dabei lassen sich zwei Typen unterscheiden:
1. Statistische Maßzahlen, die eine Aussage über den „Durchschnitt" (Zentraltendenz) des zugrunde liegenden Materials machen. Sie werden als
   Zentralmaße oder *Mittelwerte* bezeichnet.

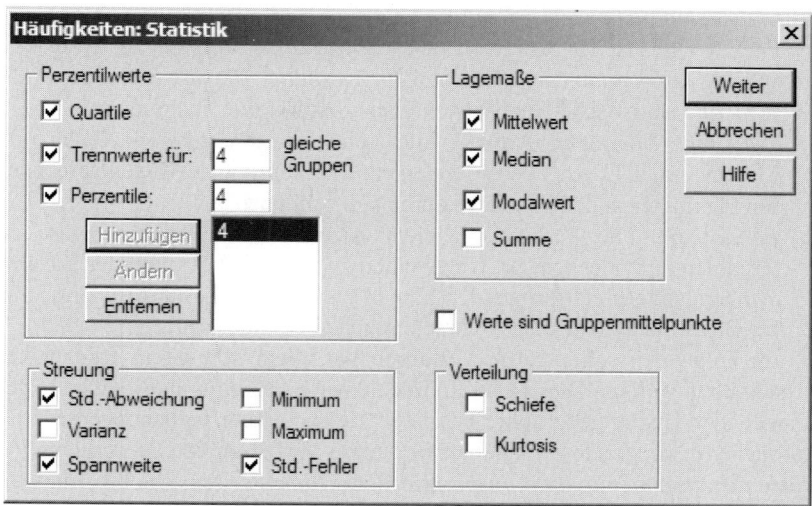

Abb. 18: Screenshot Statistiksoftware SPSS: Dialogbox deskriptive Statistik: Zentral- und Streuungsmaße

2. Statistische Maßzahlen, die die Unterschiedlichkeit oder Variabilität der Ausprägungen eines Merkmals beschreiben. Sie bilden eine unverzichtbare Ergänzung der Mittelwerte und werden als *Streuungsmaße* oder *Dispersionsmaße* bezeichnet.

Sowohl bei den *Zentralmaßen* als auch bei den *Dispersionsmaßen* unterscheidet man eine Reihe unterschiedlicher *statistischer Kennwerte*, die nach jeweils verschiedenen Berechnungsverfahren ermittelt werden (vgl. für die Geographie ausführlich Bahrenberg, Giese & Nipper 1990, S. 39 ff.) und heute in den statistischen Analyseprogrammen als Standard zur Verfügung stehen (Abb. 18). Wegen der mathematischen Unterschiede bei der Berechnung können bestimmte statistische Kennwerte aber jeweils nur bei bestimmten Skalenniveaus verwendet werden. Das Wissen um die entsprechenden Einsatzregeln bildet daher eine unverzichtbare Voraussetzung für den richtigen Einsatz der Kennwerte.

3.5.3 Prüfstatistik: Schätzen und Testen

Während die deskriptiven Anwendungen vor allem der anschaulicheren Beschreibung der vorhandenen Daten dienen, beginnt die eigentliche Suche nach wissenschaftlichen Zusammenhängen erst bei der *Prüfstatistik*. Diese bietet Verfahren, *„die es gestatten, statistische Kennwerte miteinander zu vergleichen und zu prüfen, ob sie sich voneinander signifikant (überzufällig)*

*unterscheiden. Eine solche Prüfung ist unerläßlich, wenn man von dem ge-
wonnenen empirischen Kennwert mehr erwartet als lediglich die Beschreibung eines hic et nunc vorgefundenen Sachverhalts"* (CLAUS & EBNER 1985,
S. 162). Die statistische Analyse geht dabei in zweierlei Richtungen:

a) *Induktions-* oder *Schätzstatistik*: Hier geht es darum, vom Speziellen aufs
   Allgemeine, d. h. von den Befunden einer Stichprobe auf die entsprechenden Parameter in der Grundgesamtheit zu schließen.

b) *Teststatistik*: Die Teststatistik dient dazu, Zusammenhänge zwischen
   Variablen aufzudecken. Im Unterschied zu intuitiven Formen der Zusam-
   menhangsinterpretation werden hier die möglichen Zusammenhänge auf
   der Basis mathematischer Wahrscheinlichkeiten überprüft.

Im Folgenden sollen diese Verfahren vor allem von ihrem Prinzip her
beschrieben werden. Dies ist im Rahmen einer Einführung in die Arbeitsmethoden der Humangeographie trotz der vielen bereits vorhandenen Statis-
tikbücher deswegen unverzichtbar, weil diese Verfahren den *konzeptionellen
Kern des gesamten quantitativen Analyseinstrumentariums* bilden, und weil
sich erst von dieser Seite her der Sinn und Zweck der vorgeschalteten reprä-
sentativen Gewinnung standardisierter Daten über die sozial-räumliche Welt
überhaupt erschließt. Streng genommen ist die statistische Analyse der Daten
die Krönung des quantitativ-analytischen Forschungsdesigns und ohne diese
Krone ist das gesamte Verfahren selbst – wie bereits oben ausgeführt – nichts
als eine Form von Zahlenhermeneutik.

Dennoch soll und kann diese Einführung nur eine prinzipielle Erklärung
der Argumentationsweise der Prüf- und Teststatistik geben. Der entsprechende Verzicht auf den Formelapparat und eine genauere mathematische
Diskussion hat hier den Vorteil, dass die Grundlagen des Testens und Schät-
zens für mathematisch unerfahrene Anfänger klarer zum Ausdruck kommen.
Der schwerwiegende Nachteil liegt aber zweifellos darin, dass eine solche
Beschreibung unschärfer und schablonenhafter wird, als sie aus der Sicht
mathematisch ausgebildeter Fachleute sein dürfte. Deshalb ist gerade in diesem Teil eine weiterführende Beschäftigung mit den zahlreich vorhandenen
Lehrbüchern der Statistik unverzichtbar, da alle Verfahren im Detail nicht nur
spezifischen Rahmenbedingungen und Restriktionen unterliegen, sondern oft
auch noch problemspezifisch weiter untergliedert sind.

3.5.3.1 Das Prinzip des Schätzens

Beim Schätzen geht es darum, von Eigenschaften, die an einer Stichprobe ermittelt worden sind, auf die entsprechenden Charakteristika der Grundgesamtheit
zurück zu schließen. Hat man zum Beispiel durch die Befragung einer Zufallsstichprobe von 1000 Bewohnern eines Verdichtungsraumes ermittelt, wie viele
Kilometer sie für den Kurzurlaub am Wochenende durchschnittlich zurückkle-

gen, so kann mit diesem Kennwert der Stichprobe (hier: das arithmetische Mittel) der entsprechende Wert der Grundgesamtheit („*Parameter*") *geschätzt* werden. Dabei ist es nicht möglich, einfach den Kennwert der Stichprobe mit dem entsprechenden Parameter der Grundgesamtheit gleichzusetzen, weil die Wahrscheinlichkeit, dass die 1000 ausgewählten Probanden der Stichprobe die Grundgesamtheit „aufs Komma genau" repräsentieren, verschwindend gering ist. Tatsächlich weicht jede Stichprobe vom Wert in der Grundgesamtheit mehr oder weniger stark ab, sie ist also mit einem *Stichprobenfehler* behaftet.

Sofern eine repräsentative, also mit einem Zufallsauswahlverfahren ermittelte Stichprobe vorliegt, ist es aber aus mathematischer Sicht gestattet, vom ermittelten Kilometer-Durchschnittswert des Samples ausgehend, den Wert in der Grundgesamtheit zu schätzen. Mathematisch ist jedoch eine exakte *Punktschätzung* nicht möglich, denn die Wahrscheinlichkeit, in einem Schätzverfahren von der Stichprobe aus ganz genau den Wert in der Grundgesamtheit zu „treffen", ist unendlich gering (vgl. DE LANGE & WITTENBERG 1983, S. 93 f.). Es ist aber möglich, „*die Wahrscheinlichkeit auszurechnen, mit der eine Zufallsvariable [...] einen Wert in einem Intervall annimmt*" (ebd.). Dieses Verfahren bezeichnet man als *Intervallschätzung*. Für das oben genannte Beispiel läuft eine Intervallschätzung also darauf hinaus, eine Kilometer-Spanne zwischen einem höchsten und niedrigsten Wert zu errechnen, innerhalb derer die durchschnittliche Anfahrtsentfernung *aller* Bewohner des Verdichtungsraumes zu ihrem Wochenend-Urlaubsort liegt. Diese Spanne bezeichnet man in der Schätzstatistik allgemein als *Vertrauens-* oder *Konfidenzintervall*.

Bei der konkreten Schätzung geht es darum, Lage und Breite des Vertrauensintervalls, in dem sich der Parameter der Grundgesamtheit befindet, zu ermitteln. Die Breite dieses Intervalls hängt – wie die mathematischen Formeln für solche Schätzungen zeigen – von zwei Aspekten ab:
● von der *Größe der Stichprobe*: Je mehr Fälle untersucht worden sind, desto sicherer ist der ermittelte Kennwert in der Stichprobe, desto genauer kann die Schätzung sein, desto schmaler fällt das Konfidenzintervall aus.
● von der *Streuung des zu schätzenden Wertes* in der Stichprobe: Je größer die Streuung ist, d. h. desto weniger homogen sich damit die Stichprobe in Bezug auf das ermittelte Merkmal darstellt, desto ungenauer wird die Schätzung sein, desto breiter fällt das Konfidenzintervall aus.
Zusätzlich wird die Breite des Konfidenzintervalls noch vom mathematischen *Sicherheitsanspruch* an die Schätzung beeinflusst, d. h. von der Höhe der Wahrscheinlichkeit, mit der die Schätzung „richtig" sein soll. Vorausgesetzt, dass eine Schätzung nach den Regeln der Wahrscheinlichkeit nie „mit 100% Sicherheit", sondern immer nur mit einer bestimmten *Irrtumswahrscheinlichkeit* zutreffend ist, kann man hier folgende regelhaften Zusammenhänge nennen:

- Je größer die Sicherheit einer Schätzung, d. h. je geringer deren Irrtumswahrscheinlichkeit sein soll, desto *breiter* muss zwangsläufig das Konfidenzintervall ausfallen, um gewissermaßen das Risiko zu minimieren, dass
sich der Wert der Grundgesamtheit nicht in dem angegebenen Intervall
befindet.
- Je geringer die Sicherheit einer Schätzung, d. h. je größer die Irrtumswahrscheinlichkeit sein kann, desto *schmaler* wird das Konfidenzintervall, dafür
steigt aber gleichzeitig die statistische Wahrscheinlichkeit, dass sich der
Wert der Grundgesamtheit nicht innerhalb des angegebenen Intervalls
befindet.

3.5.3.2   Das Prinzip des Testens von Hypothesen

Nach ähnlichen Grundüberlegungen, allerdings nach einem anderen Muster,
laufen „analytische" Schlüsse in der Humangeographie ab. Dabei geht es
darum, vorab aufgestellte Hypothesen über Zusammenhänge zwischen verschiedenen Variablen zu testen. Ähnlich wie beim Schätzen sollen auch hier
nicht die verschiedenen Tests, sondern nur das generelle Prinzip des Verfahrens dargestellt werden.

Als Beispiel für die Erörterung dient ein seit langem etablierter Indikator
zur Erfassung sozialer Gradienten in einer Stadt: unterschiedliche Anteile
von Mietern und Eigentümern in verschiedenen Vierteln. Aus einer Reihe
möglicher Ursachen für die unterschiedlichen Mieter-/Eigentümer-Anteile
soll hier beispielhaft der Frage nachgegangen werden, ob die Lage im Stadtgebiet, genauer: Die Lage eines Viertels im Bereich der Kernstadt oder im
Bereich des Stadtrandes, Auswirkungen auf den Anteil an Mietern und
Eigentümern in einem Viertel hat. Die Lage im Stadtgebiet ist hier natürlich
nicht als „raumdeterministische" Variable gemeint, sondern dient lediglich
als symbolisch-territoriale *Repräsentation* regionalisierter Unterschiede in
Einkommensverhältnissen, Lebensstil-Anteilen, Wohnformen, etc.

Der wissenschaftliche Prozess beginnt oft mit einer einfachen Alltagsbeob-
achtung, hier über die Unterschiedlichkeit der Anteile von Mietern und
Eigentümern in verschiedenen Stadtteilen. Eine genauere Untersuchung
würde zu folgendem ersten Ergebnis kommen: In den hochverdichteten Kern-
bereichen der Stadt scheinen die Mieter zu überwiegen, während man in den
am Stadtrand gelegenen Vierteln zunehmend mehr Eigentümer findet. Allerdings trifft diese Beobachtung nicht in allen Fällen zu, sondern nur mit einer
bestimmten Wahrscheinlichkeit. Es finden sich auch am Stadtrand Viertel, wo
der Eigentümeranteil geringer ist (z. B. manche Großwohnsiedlungen),
ebenso wie man in der Kernstadt auf Viertel treffen kann, wo die Eigentümer
einen sehr hohen Anteil stellen (z. B. in gründerzeitlichen Villenvierteln). Es
gibt also durchaus Viertel, in denen das Mieter-/Eigentümer-Verhältnis nicht

pauschal einem Kernstadt-Stadtrand-Gefälle gehorcht, aber in den meisten Fällen scheinen nach zuvor erhobenen Daten die beobachteten Relationen zu stimmen. *„In einem solchen Fall sagen wir über unsere Ausgangshypothese, daß sie nicht ‚deterministisch‘, sondern nur ‚statistisch‘, d. h. mit einer bestimmten Wahrscheinlichkeit, zutrifft"* (BLOTEVOGEL 1996, S. 24).

In der rigorosen Formulierung „In Vierteln am Stadtrand ist der Mieter-/ Eigentümer-Anteil in *jedem Falle* höher als in Vierteln der Kernstadt" würde unsere Hypothese also (fast) immer widerlegt werden können. Aufgrund der Beobachtungen sollte man daher formulieren: In Vierteln am Stadtrand steigt gegenüber der Kernstadt die Wahrscheinlichkeit eines relativ starken Anteils an Wohnungseigentümern.

Bis hierher folgt die Beobachtung des Phänomens noch keiner exakten Analysemethode, sondern der Intuition. Eine quantitativ-analytisch arbeitende Humangeographie möchte solche Beobachtungen jedoch mit Hilfe mathematisch-statistischer Berechnungen überprüfen. *„In der Prüfstatistik formuliert man zunächst eine statistische Hypothese [...]. Dann prüft man auf Grund einer Stichprobenuntersuchung, ob diese Hypothese zutrifft oder nicht"* (CLAUS & EBNER 1985, S. 186). Hier wird erneut, wie bereits beim Schätzen, der entscheidende Dreh- und Angelpunkt einer Humangeographie in quantitativ-analytischer Tradition deutlich: Man sucht nach Erklärungen für regionale Unterschiede des Sozialen mit Hilfe mathematisch-statistischer Verfahren. Die Mathematik ist hier das Prüfkriterium, um die "Echtheit" empirisch vorgefundener Unterschiede zu belegen. Vor dem Hintergrund der Begrenztheit menschlicher Erkenntnis wird diese Echtheit dann aber nicht in absoluten Kategorien ermittelt, sondern – wie es CLAUS und EBNER oben bereits angedeutet haben – auf der Basis von *„statistischen Hypothesen"*, also auf der Basis von Wahrscheinlichkeitsaussagen. Sie zeigen in doppelter Weise den „Vorläufigkeitscharakter" wissenschaftlichen Wissens:

● Als „Hypothesen" werden *„jene Aussagen bezeichnet, die kein sicheres Wissen, sondern nur widerrufbare und widerlegbare Vermutungen darstellen* (WENTURIS, VAN HOVE & DREIER 1992, S. 314).

● Die Argumentation führt am Ende nicht zu deterministischen Gesetzen, die absolute Gültigkeit beanspruchen, sondern zur Formulierung von statistischen Gesetzen: *„Statistische Gesetze [...] besitzen die logische Form ‚Für alle A gilt, wenn A dann mit einer bestimmten Wahrscheinlichkeit B‘, d. h. sie behaupten nur die graduelle Wahrscheinlichkeit des Eintretens eines Ereignisses bei der Realisierung eines anderen. [...] Gesetze also, die den Begriff der Wahrscheinlichkeit verwenden, werden auch stochastische Gesetze genannt"* (WENTURIS, VAN HOVE & DREIER 1992, S. 319).

„Echt" ist ein Unterschied aus solcher Perspektive nur, wenn die vorhandenen Differenzen bei den empirisch gemessenen Werten nicht durch die

Spannbreite der zufälligen Streuung abgedeckt werden, sondern „überzufällig" groß ausfallen. Solche Tests werden als *„Signifikanztests"* bezeichnet. Sie lassen sich mit unterschiedlichen Rechenverfahren durchführen, deren Anwendung sich jeweils wieder – wie bereits von den Zentral– und Streuungsmaßen bekannt – nach dem *Skalenniveau* der zugrunde liegenden statistischen Daten richtet (s. u.).

Zu Beginn des Verfahrens formuliert man zwei Hypothesen:
- eine *Nullhypothese* H_0, die behauptet, dass die gefundenen Unterschiede so klein sind, dass sie als „zufällig" bezeichnet werden müssen.
- Eine *Alternativhypothes* H_A, die behauptet, dass die gefundenen Unterschiede so groß sind, dass sie nicht mehr als „zufällig" bezeichhnet werden können.

„In der Praxis möchte man häufig die Alternativhypothesen H_A bestätigen. Man tut dies, indem man die entsprechende Nullhypothese H_0 widerlegt. Dabei ist jedoch darauf zu achten, dass H_0 und H_A wirklich alternativ sind, d. h. es darf außer H_A keine anderen zu H_0 alternativen Hypothesen geben bzw. die Verneinung von H_0 ist gleichbedeutend mit der Bejahung von H_A" (BAHRENBERG, GIESE & NIPPER 1990, S. 116).

Die Kernfrage lautet nun: Wo liegt die *Schwelle*, unterhalb derer man die Unterschiede gerade eben noch als „zufällig" bezeichnen und die Hypothese *falsifizieren* würde? Ab welcher Grenze sieht man die Unterschiede als so groß an, dass man sich entschließt, die Hypothese anzunehmen, sie zu *verifizieren*? Diese Frage lässt sich – das ist einer der wesentlichen Aspekte des mathematisch-statistischen Vorgehens im Sinne des POPPERschen Ansatzes – nicht eindeutig und objektiv beantworten. Sie hängt – wie im Folgenden zu zeigen sein wird – v. a. davon ab, wie „sicher" später das Testergebnis sein soll. Eines ist jedoch – wie bereits oben angedeutet – von vorn herein klar und wurde bereits in der erkenntnistheoretischen Einführung begründet: Eine völlig sichere, „hundertprozentige" Aussage ist erneut unmöglich und unzulässig. Deshalb gilt, was WEBER 1972 (zit. n. CLAUS & EBNER 1985, S. 190) anmerkt: *„Eine Hypothese annehmen, heißt lediglich, diese Hypothese der anderen vorziehen. Es bedeutet nicht, daß wir diese Hypothese für unbedingt richtig halten. [...] Wenn eine Hypothese abgelehnt wird, so heißt dies nur, daß nach der vereinbarten Vorschrift* (die eine subjektive Entscheidung darstellt, Anm. d. Aut.) *die andere Hypothese vorzuziehen ist, und schließt nicht die Aussage ein, daß die Hypothese falsch ist."*

Entsprechend wird eine Hypothese nie „mit 100%-iger Sicherheit" bestätigt, sondern immer mit einer bestimmten „*Irrtumswahrscheinlichkeit*". Die Irrtumswahrscheinlichkeit wird in der Statistik in Prozent angegeben. Dabei gilt die Regel: Je geringer die Irrtumswahrscheinlichkeit sein soll, d. h. je zuverlässiger der Test sein soll, desto größer müssen die empirisch ermittelten Unterschiede sein, damit der Forscher von einem statistisch signifikanten Ergebnis sprechen kann. Im Laufe der Zeit haben sich in der empirischen Sozialforschung und auch in der Humangeographie drei „Irrtumswahrscheinlichkeiten" mit ihren entsprechenden Signifikanzniveaus (s. Kasten) eingebürgert, auf denen man einen solchen statistischen Test durchführen kann:

Statistisch gebräuchliche Signifikanzniveaus:		
Irrtumswahrscheinlichkeit (α)	Signifikanzniveau	Bezeichnung
5%	95%	signifikant
1%	99%	sehr signifikant
0,1%	99,9%	hoch signifikant

Für welche Irrtumswahrscheinlichkeit man sich entscheidet, liegt im Ermessen des Forschers selbst, aber seine Entscheidung hat in jedem Falle Folgen: *„Bei der Entscheidung über die Gültigkeit der Hypothese können wir unterschiedlich strenge Maßstäbe anlegen. Das hängt davon ab, wie groß unsere Bereitschaft ist, eine Fehlentscheidung zu treffen"* (CLAUS & EBNER 1985, S. 188). Im Prinzip kann man dabei zwei Arten von *statistischen Fehlern* machen, die miteinander in einem unauflöslichen Wechselverhältnis stehen:

● *Fehler erster Ordnung (α–Fehler)*: Ist man bereit in 5 von 100 Fällen eine Fehlentscheidung zu treffen, dann entscheidet man sich für eine Irrtumswahrscheinlichkeit von 0,05 = 5%. In diesem Falle ist das Vertrauensintervall relativ gesehen kleiner als auf dem 1%-Niveau, d. h. es genügen bereits relativ kleine Differenzen bei den zu vergleichenden Werten, um die Nullhypothese zurückzuweisen und die vorhandenen Unterschiede als statistisch *signifikant* zu bezeichnen. Dies kann dazu führen, dass eine „richtige" Nullhypothese vorschnell abgelehnt wird.

● *Fehler zweiter Ordnung (β–Fehler)*: Möchte man die Möglichkeit eines Irrtums geringer halten, kann man sich für eine geringere Irrtumswahrscheinlichkeit von nur 1% oder sogar nur 0,1% entscheiden. Dann kann es aber passieren, dass man wegen zu geringer Unterschiede eine Nullhypothese annimmt, obwohl eigentlich die Stichproben aus einer unterschiedlichen Grundgesamtheit stammen und die Alternativhypothese bestätigt werden müsste.

Notwendige Schritte zur Durchführung eines Hypothesentests:

a) Formulierung der Fragestellung:
● Gibt es statistisch signifikante Unterschiede zwischen den beiden zu beobachtenden Merkmalen (hier: zwischen dem Anteil von Mietern und Eigentümern in den Stadtvierteln der Kernstadt und denen am Stadtrand)?

b) Formulierung zweier möglicher Hypothesen:
● Hypothese (Alternativhypothese, H_A): Ja, es gibt statistisch signifikante Unterschiede zwischen dem Anteil von Mietern und Eigentümern in den Stadtvierteln der Kernstadt und denen am Stadtrand.
● Zugehörige Nullhypothese (H_0): Nein, die gefundenen Unterschiede sind so gering, dass sie nicht als statistisch signifikant angesehen werden können.

c) Empirie und Auswertung:
● Durchführung der Datenerhebungen,
● Digitalisierung der Daten,
● Überprüfung der Hypothesen mit einem für das erhobene Datenmaterial geeigneten mathematisch-statistischen Testverfahren.

d) Verifikation oder Falsifikation der (Alternativ-) Hypothese.

Für die konkrete Hypothesenprüfung wurden eine Reihe von Verfahren entwickelt. *„Die Wahl des adäquaten Testverfahrens setzt voraus, dass zuvor entschieden wurde, welche Skalenqualität die erhobenen Daten kennzeichnet"* (BORTZ 1993, S. 129). Des weiteren beeinflussen zusätzliche Restriktionen mathematischer Art (z. B. Normalverteilung der Daten oder nicht) sowie inhaltliche Vorüberlegungen (z. B. einseitiger oder zweiseitiger Test) die Auswahl des Testverfahrens bzw. den Verlauf des Tests. Diese Überlegungen deuten bereits die Vielfalt der Verfahren und Modifikationen an, die bei der konkreten Teststatistik eine Rolle spielen. Sie können im Rahmen dieses Einführungslehrbuchs nicht weiter vorgestellt werden, sondern müssen themen- und datenspezifisch den entsprechenden Lehrbüchern entnommen werden, die Genaueres zu den speziellen und vielfältigen mathematischen Rahmenbedingungen der jeweiligen Tests sagen.

3.5.3.3 Prüfung der Stärke von Zusammenhängen zwischen Variablen mit Hilfe von Korrelations- und Kontingenzkoeffizienten

Verfahren zur Analyse von Zusammenhängen haben auch für die humangeographische Forschung einen herausragenden Stellenwert, denn sie sind – aus der Sicht einer quantitativ-szientistischen Forschung – sowohl für das Erklären sozioökonomischer Differenzierungen im Raum als auch für deren mögliche Prognose grundlegend. Die Zusammenhänge sind hier jedoch nicht, wie bei manchen naturwissenschaftlichen Phänomenen, in Form mathematisch exakter Funktionen determiniert. Sie sind vielmehr als stochastische Zusammenhänge ausgebildet, die eine mehr oder weniger große Wahrscheinlichkeit der Abhängigkeit bestimmter Merkmale voneinander erkennen lassen. Die konkrete Stärke von Zusammenhängen lässt sich – ähnlich wie bei den Hypothesen-Testverfahren – mit einer ganzen Fülle von Zusammenhangsmassen ermitteln, die je nach Skalenniveau der Daten (vgl. Abb. 19) und Analysezweck Verwendung finden.

		Skalierung der Variablen X		
		intervall-	**ordinal-**	**nominalskaliert**
Skalierung der Variablen Y	**intervall-**	• Maßkorrelationskoeffizient r		
	ordinal-		• Rangkorrelationskoeffizient R	
	nominalskaliert	• biserialer Koeffizient r_{bis} • punktbiserialer Koeffizient r_{pbis}		• Phi-Koeffizient Φ • tetrachorischer Koeffzient r_{tet} • Assoziationskoeffizient Q • Kontingenzkoeffizienten C und K

Abb. 19: Zusammenhangsmaße für unterschiedliche Skalenniveaus
Quelle: nach CLAUS & EBNER 1985, S. 15

Aber selbst wenn ein Zusammenhang mathematisch nachgewiesen werden kann, muss er in der sozialen Praxis nicht automatisch auf eine ursächliche Verknüpfung hinweisen. Es können auch „*Schein-Korrelationen*" vorliegen: Bevölkerungsgeographische Untersuchungen in Nordschweden zeigen beispielsweise einen hohen Zusammenhang zwischen dem Auftreten von Störchen und einer erhöhten Geburtenrate, die natürlich nicht dem „Klapperstorch-Phänomen" geschuldet ist, sondern der Tatsache, dass hier ein regionaler Kontext vorliegt, in dem sowohl die Lebensbedingungen für Störche besser sind als in anderen Regionen, als auch das generative Verhalten der Bevölkerung für eine höhere Geburtenrate sorgt. Die mathematisch statistische Überprüfung von Hypothesen kann deren *Interpretation* keineswegs ersetzen, sondern nur einen zusätzlichen Anhaltspunkt für mögliche Zusammenhänge innerhalb des vorhandenen Datenmaterials liefern. Inwieweit diese Zusammenhänge inhaltlich sinnvoll interpretiert werden können, muss der kritischen Reflexion des Wissenschaftlers überlassen bleiben.

3.5.4   *Verweis auf multivariate Verfahren*

Von den *bivariaten* Verfahren der Analyse führt ein logischer nächster Schritt Richtung *multivariate* Verfahren. Sie haben sich seit den 70er Jahren auch in der deutschsprachigen Humangeographie in einem eigenen Segment entwickelt und dienen dort vielfach, z.B. als „strukturendeckende Verfahren" zur geographischen Regionalisierung. Mittlerweile existiert eine Vielfalt multivariater Verfahren, von denen sich im Kontext der Geographie vor allem Techniken der *multiplen Korrelations-* und *Regressionsanalyse*, der *Pfadanalyse*, der *Varianzanalyse*, der *Hauptkomponenten-* und *Faktorenanalyse*, der *Clusteranalyse*, der *Diskriminanzanalyse* sowie der *Auto-* und *Kreuzkorrelation* etabliert haben (vgl. BAHRENBERG, GIESE & NIPPER 2003).

Die mathematischen Anforderungen, die für einen angemessenen Einsatz solcher Verfahren notwendig sind, liegen zumeist erheblich über denjenigen, die zum Verständnis der weiter oben angesprochenen uni- und bivariaten Verfahren vorausgesetzt werden müssen. Multivariate Verfahren benötigen je spezifische Bedingungen bezüglich der auszuwertenden Daten, und während der Berechnungen sind teilweise weitreichende Entscheidungen zu treffen, wie die Verfahren im einzelnen gestaltet werden sollen, die ihrerseits wieder das inhaltliche Ergebnis beeinflussen. Wer also multivariate Daten einsetzen will oder die Ergebnisse einer solchen Analyse richtig interpretieren will, benötigt dazu spezielles Wissen, das vor allem in Hauptstudiums-Kursen und in der umfangreichen Spezialliteratur über multivariate Verfahren vermittelt wird. Aus diesen Gründen sollen in dieser eher grundlagenorientiert und konzeptionell gehaltenen einführenden Reflexion multivariate Verfahren nicht weiter thematisiert werden.

4   Interpretativ-verstehende Verfahren

Die „neue Unübersichtlichkeit" der Gesellschaft, die mit Phänomenen wie sozialer Pluralisierung und Individualisierung besonders in den konsumorientierten Industrienationen zu einer Vielzahl von Lebensstilen und „feinen Unterschieden" (BOURDIEU 1982) führte, fand ihren methodischen Niederschlag in den Sozial- und Kulturwissenschaften in einem Aufschwung interpretativ-verstehender, „qualitativer" Methoden. Dies mag wesentlich damit zusammenhängen, dass gerade deren Sensibilität für die Wahrnehmung und Abbildung gesellschaftlicher Vielfalt und Differenzierungen unter diesen Bedingungen als besondere Chance angesehen wurde. Die Fähigkeit quantitativer Methoden, dieser Vielfalt gerecht zu werden, wird dagegen deutlich geringer eingeschätzt (KNOBLAUCH 2000, S. 624).

Für die Methodik bedeutete dies: weg von den Zahlen, den Statistiken, den Mittelwerten, den Korrelationskoeffizienten, hin zu *Texten* und zu *Kontexten*. Die Rahmenbedingungen, in denen Wahrnehmungen, Meinungen und Handlungen von Menschen entstehen und geäußert werden, stehen hier im Vordergrund. Während analytisch-szientistische Untersuchungen eine (gewisse) Objektivität der Ergebnisse anstreben, gelten bei interpretativ-verstehenden Verfahren dezidiert Aspekte wie Kontextualität, Subjektivität der befragten Menschen und auch Subjektivität des Forschers als integrativer Bestandteil des Forschungsprozesses und seiner Ergebnisse. *„Ziel der Forschung ist dabei weniger, Bekanntes (etwa bereits vorab formulierte Theorien) zu überprüfen, als Neues zu entdecken und empirisch begründete Theorien zu entwickeln"* (FLICK 2000, S. 14). Theorien stehen dabei aber nicht nur am Ende des Forschungsprozesses, sondern auch am Anfang: Die impliziten und expliziten theoretischen Positionen des Forschers bilden unausblendbar Fundament und Kontext der gesamten Untersuchung, vor deren Hintergrund dann durch empirische Verfahren Texte in Form von Interviewtranskripten, Protokollen, Medienberichten, etc. produziert oder ausgewählt werden, die dann aufbereitet und ausgewertet werden. Interpretativ-verstehende Forschung ist somit entgegen manchen Vorurteilen weder theorielos, noch kann und will sie wertneutral oder objektiv sein.

Die Entwicklung interpretativ-verstehender Verfahren

Interpretativ-verstehende Arbeitsweisen sind trotz des Booms in den beiden letzten Dekaden keine Neuentdeckung auf dem Methodenmarkt. Eher das Gegenteil scheint der Fall, denn ihre Einführung wird vielfach einem der Gründungsväter der Soziologie zugeschrieben: MAX WEBER hat die *verstehende Soziologie* entworfen und seine Auffassung in einem viel zitierten Statement auf den Punkt gebracht: *„Soziologie [ist] eine Wissenschaft, welche soziales Handeln deutend verstehen und dadurch in seinem Ablauf und seinen Wirkungen ursächlich erklären will. ‚Handeln' soll dabei ein menschliches Verhalten [...] heißen, wenn [...] die Handelnden mit ihm einen subjektiven Sinn verbinden. ‚Soziales' Handeln aber soll ein solches Handeln heißen, welches seinem von dem oder den Handelnden gemeinten Sinn nach auf das Verhalten anderer bezogen wird und daran in seinem Ablauf orientiert ist. [...] ‚Erklären' bedeutet [...] Erfassen des Sinnzusammenhangs [...] ‚Verstehen' heißt deutende Erfassung"* (WEBER 1980, S. 1). Das *deutende Erfassen* oder *deutende Verstehen* von Handeln bildet bis heute den zentralen Forschungsgegenstand der interpretativ-verstehenden Methodik in der Sozialforschung und auch in der Sozialgeographie.

Als frühe Repräsentanten dieser methodischen Ausrichtung lassen sich die Untersuchungen der *Chicagoer Schule der Soziologie* (u. a. THOMAS & ZNANIECKI 1918), die Forschungen des Ethnologen BRONISLAW MALINOWSKI (1922) und die Studien über die „Arbeitslosen von Marienthal" (JAHODA, LAZARSFELD & ZEISEL 1933) anführen. In der Mitte des 20. Jahrhunderts wurden die weichen, explorativen Methoden zeitweilig durch härtere, experimentelle und standardisierende Ansätze verdrängt, die noch bis heute in manchen Segmenten der Forschung und Praxis die größere Akzeptanz besitzen. Doch bereits in den 1960er Jahren regte sich – zuerst in den USA – ein zunehmendes Unbehagen gegenüber der quantitativen Methodologie (Menschen als „Probanden", Messen und Testen als Verfahren etc.), was letztlich zu einer Renaissance qualitativer Methoden führte. Die neue Methodendiskussion wurde ab den späten 1970er Jahren auch in Deutschland geführt und maßgeblich von der *Arbeitsgruppe Bielefelder Soziologen* getragen (insbesondere durch einen Sammelband, der 1973 von MATTHES ET Al. herausgegeben wurde). Anfang der 1980er Jahre erscheinen die ersten Lehrbücher (z. B. von GIRTLER 1984 und WITZEL 1982). Seitdem wird der Markt geradezu überschwemmt mit Literatur (vgl. Kasten).

Auswahl von Literatur zur qualitativen Sozialforschung

BOHNSACK, R. (1991): Rekonstruktive Sozialforschung. Einführung in Methodologie und Praxis qualitativer Forschung. Opladen.

FLICK, U., E. V. KARDORFF, H. KEUPP, L. V. ROSENSTIEL & S. WOLFF (1991; Hrsg): Handbuch qualitative Sozialforschung. Grundlagen, Konzepte, Methoden und Anwendungen. München.

FLICK, U. (1995): Qualitative Forschung. Theorie, Methoden, Anwendung in Psychologie und Sozialwissenschaften. Reinbek bei Hamburg.

FLICK, U., E. V. KARDORFF & I. STEINKE (2000; Hrsg.): Qualitative Forschung. Ein Handbuch. Reinbek bei Hamburg.

GARZ, D. & K. KRAIMER (1991; Hrsg.): Qualitativ-empirische Sozialforschung. Konzepte, Methoden, Analysen. Opladen.

GIRTLER, R. (1984): Methoden der qualitativen Sozialforschung. Anleitung zur Feldarbeit. Wien.

HEINZE, TH. (1987): Qualitative Sozialforschung. Erfahrungen, Probleme und Perspektiven. Opladen.

HEINZE, TH. (2001): Qualitative Sozialforschung. Einführung, Methodologie und Forschungspraxis. Oldenburg.

HOPF, C. & E. WEINGARTEN (1979; Hrsg.): Qualitative Sozialforschung. Stuttgart.

KLEINING, G. (1995): Lehrbuch entdeckende Sozialforschung. Bd. 1: Von der Hermeneutik zur qualitativen Heuristik. Weinheim.

LAMNEK, S. (1988): Qualitative Sozialforschung. Weinheim.

MAYRING, PH. (1990): Einführung in die qualitative Sozialforschung. Eine Anleitung zum qualitativen Denken. Weinheim.

SPÖHRING, W. (1989): Qualitative Sozialforschung. Stuttgart.

STRAUSS, A. L. (1991): Grundlagen qualitativer Sozialforschung. Datenanalyse und Theoriebildung in der empirischen soziologischen Forschung. München.

WITZEL, A. (1982): Verfahren der qualitativen Sozialforschung. Überblick und Alternativen. Frankfurt/Main.

In der deutschen Humangeographie zeigten sich Auswirkungen der Methoden-Debatte in den 1980er Jahren, als qualitative Methoden auch hier allmählich stärker Beachtung und Anwendung fanden, obwohl sich erst knapp zwei Jahrzehnte zuvor die Arbeitsweise des kritischen Rationalismus zu etablieren begonnen hatte (vgl. Kap. 3.1). Wegweisend für diese Renaissance war zunächst eine Sammlung von Aufsätzen (herausgegeben von SEDLACEK 1989), die verschiedene Ansätze rezipierte und für die Geographie adaptierte. Qualitativ-verstehende Methoden weisen heute in der Humangeographie eine sehr breite Vielfalt auf und gehören inzwischen zu den etablierten Verfahren.

Die nachfolgende Diskussion qualitativ-verstehender Verfahren beginnt ähnlich wie in Kapitel 3 zunächst mit einer Einführung in die konzeptionellen Grundlagen interpretativ-verstehender Arbeitsweisen (Kap. 4.1). Anschließend werden einige der in der Humangeographie derzeit gängigen qualitativen Interview- und Beobachtungstechniken (Kap. 4.2) und schließlich Verfahren der Aufbereitung und Auswertung (Kap. 4.3) vorgestellt.

4.1   Die konzeptionellen Grundlagen der qualitativen Sozialforschung: Das „interpretative Paradigma" und die Subjektivität

Das den qualitativen Methoden maßgebend zugrunde liegende Denkmodell ist das *„interpretative Paradigma"; „eine grundlagentheoretische Position, die davon ausgeht, dass alle Interaktion ein interpretativer Prozeß ist, in dem die Handelnden sich aufeinander beziehen durch sinngebende Deutungen dessen, was der andere tut oder tun könnte"* (MATTHES 1981, S. 201). Soziale Wirklichkeit wird demnach durch Handlungs- und Kommunikationsprozesse und deren Interpretation konstituiert. Entsprechend ist es Aufgabe der Sozialwissenschaften, die *„Prozesse der Interpretation, die in den jeweils untersuchten Interaktionen ablaufen, interpretierend (zu) rekonstruier(en)"* (MATTHES 1981, S. 202). Forschung ist in diesem Sinne also genau genommen die Interpretation von Interpretationen, die Rekonstruktion von Konstruktionen oder mit ALFRED SCHÜTZ *„Konstruktionen zweiter Ordnung"*.

Diese Perspektive fußt erkenntnistheoretisch auf einer konstruktivistischen Ontologie. Bei der *„gesellschaftlichen Konstruktion der Wirklichkeit"* (BERGER & LUCKMANN 1970) mag man zwar von einem hypothetischen Realismus des Seins ausgehen, gesellschaftlich relevant wird diese Realität allerdings vor allem in Form sozialer Konstruktionen. Diese Konstruktionen bilden im *interpretativen Paradigma* den Gegenstand alltagsweltlicher und wissenschaftlicher Rekonstruktion (vgl. Abb. 20). Es geht demnach auch in einer „qualitativen Humangeographie" darum, bei den raumbezogenen Themen und Fragestellungen *„verschiedene Vorstellungen oder Konstruktionen miteinander zu vergleichen"* und nach den *„sozialen (z. B. kulturellen oder historischen) Konventionalisierungen, die Wahrnehmung und Wissen im Alltag beeinflussen"*, zu fragen (FLICK 2000, S. 151 f.).

Dem interpretativen Paradigma können u. a. die Ansätze des *Symbolischen Interaktionismus* und der Ethnomethodologie zugerechnet werden (vgl. u. a. FLICK 1995, SPÖHRING 1995, LAMNEK 1995). Diese Ansätze sollen im Folgenden genauer dargestellt werden, weil sie die wesentlichen Grundzüge qualitativen Denkens repräsentieren. In der Literatur wird zudem auf weitere „Hintergrundtheorien" (FLICK, KARDOFF & STEINKE 2000, S. 106 ff.) und auf die „wissenschaftstheoretische Basis" (LAMNEK 1995, S. 56 ff.) der qualitativen Sozialforschung verwiesen wie *Phänomenologie, Hermeneutik* und *Kon-*

struktivismus. Auf wissenschaftstheoretische Grundlagen kann hier jedoch nicht näher eingegangen werden; stattdessen sei auf die entsprechende Literatur verwiesen.

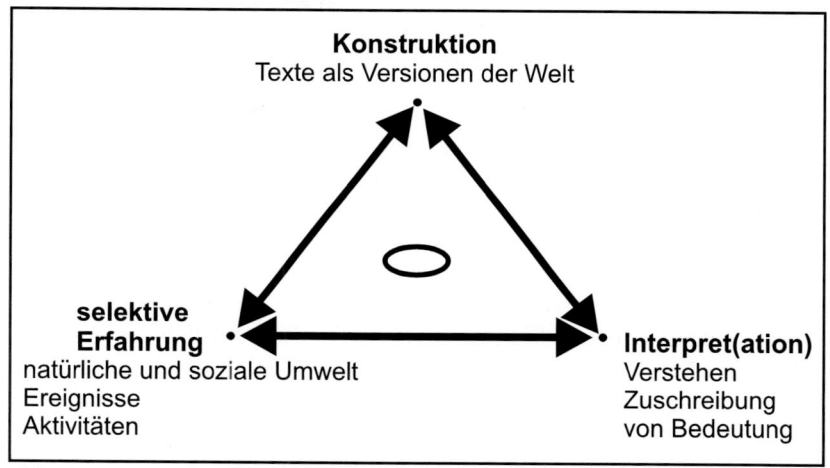

Abb. 20: Konstruktion und Interpretation
Quelle: nach Flick 2000, S. 155

4.1.1 Symbolischer Interaktionismus und Ethnomethodologie: subjektivistische und konstruktivistische Wirklichkeits- und Wissenschaftsauffassung

Der Begriff *„symbolischer Interaktionismus"* geht auf HERBERT BLUMER zurück und wird mit der Erforschung subjektiver Sichtweisen und des subjektiven Sinns, den Menschen mit ihren Handlungen verbinden, verknüpft. Eine *„symbolische Interaktion"* ist ein *„wechselseitiges, aufeinander bezogenes Verhalten von Personen und Gruppen unter Verwendung gemeinsamer Symbole"* (LAMNEK 1995, S. 47). Als Symbol kann zum Beispiel eine Fahne aufgefasst werden: eine Nationalflagge oder auch eine Fahne mit dem Emblem eines Fußballvereins. Ein besonders bedeutendes *Symbolsystem* ist die Sprache (vgl. LAMNEK 1995, S. 47). Jede Form der Kommunikation (und auch die bewusste Nicht-Kommunikation) ist demnach eine symbolische Interaktion. Diesen Überlegungen liegt ein spezifisches Menschenbild zugrunde: Menschen werden als bewusst, kompetent und zielorientiert handelnde – und nicht etwa als lediglich auf äußere Bedingungen reagierende – Wesen gesehen.

Auch das Wohnen in einem bestimmten Stadtviertel, die Bedeutungen, mit denen bestimmte Räume aufgeladen sind, oder das Benutzen bestimmter Statussymbole (z. B. das Fahren einer Automarke, das Bevorzugen bestimmter Freizeitaktivitäten oder die Art und Weise, wie man sich kleidet oder wie man seinen Urlaub verbringt) macht die Zugehörigkeit zu einer bestimmten (Lebensstils- oder Einkommens-) Gruppe für andere Mitglieder der Gesellschaft sichtbar und damit zu einem Symbol mit sozialer Bedeutung. Die räumlichen Anordnungsmuster ergeben sich keineswegs zufällig, sondern sind das Ergebnis eines sozialen Prozesses und können demnach auch als *„Kodierung von Macht"* interpretiert werden (vgl. GEBHARDT, REUBER & WOLKERSDORFER 2003, S. 17).

Die Ausgangspunkte des Symbolischen Interaktionismus im Sinne von BLUMER (1973, S. 81) sind u. a. folgende *„drei einfache Prämissen"*:

- *„Die erste Prämisse besagt, daß Menschen ‚Dingen' gegenüber auf der Grundlage von Bedeutungen handeln, die diese Dinge für sie besitzen."* Ein Blechschild am Straßenrand wird – so LAMNEK (1995, S. 49) – erst dadurch „sozial relevant", dass es mit einer bestimmten Form und bestimmten Farbe eine Bedeutung erhält, die das Verhalten der Verkehrsteilnehmer reguliert. Allerdings handelt es sich bei den bedeutungsvollen „Dingen" nicht allein um Gegenstände, sondern auch um Menschen, Situationen und Institutionen (vgl. TREIBEL 1997, S. 114).
- *„Die zweite Prämisse besagt, daß die Bedeutung solcher Dinge aus der sozialen Interaktion, die man mit seinen Mitmenschen eingeht, abgeleitet ist oder aus ihr entsteht"* (BLUMER 1973, S. 81). Die Bedeutungen sind erlernbar, man eignet sie sich an (für das Beispiel des Verkehrszeichens: Wir lernen spätestens in der Fahrschule, welche Bedeutung bestimmte Blechschilder für uns als Autofahrer besitzen).
- *„Die dritte Prämisse besagt, daß diese Bedeutungen in einem interpretativen Prozeß, den die Person in ihrer Auseinandersetzung mit den ihr begegnenden Dingen benutzt, gehandhabt und abgeändert werden"* (BLUMER 1973, S. 81). Die symbolischen Bedeutungszuweisungen sind einem ständigen (Re-)Interpretations-Prozess unterworfen, sie sind nicht dauerhaft festgelegt, sondern unterliegen einem Wandel und werden in einem interaktiven Prozess ermittelt (vgl. LAMNEK 1995, S. 50). Die Dinge können in unterschiedlichen Zeiten, also in unterschiedlichen historischen Kontexten, unterschiedliche Bedeutungen haben.

Symbole sind *„Kulturprodukte"* (LAMNEK 1995, S. 47) – in einem anderen lebensweltlichen Kontext können denselben Symbolen andere Bedeutungen zukommen. Symbole können auch unterschiedliche Bedeutung haben, je nachdem ob sie von einer Jugend-Subkultur interpretiert werden oder vom „Mainstream". Während in den 1970er Jahren das Tragen von olivgrünen Parkas und Palästinenser-Tüchern Ausdruck einer links-politischen Gesinnung Jugendlicher war, war es für deren Eltern oft nur Ausdruck ästhetischer Geschmacklosigkeit. 20 Jahre später wurde aus dem Parka ein Trend, der symbolhaft für ein modisches, aber nicht für ein bestimmtes politisches

Bewusstsein stand. In jeder Form von Interaktion reagieren Menschen auf Symbole und interpretieren sie.

An den unterschiedlichen Bedeutungen, die Menschen Gegenständen, Ereignissen und Erfahrungen beimessen, an ihren *subjektiven Interpretationen*, setzt sozialwissenschaftliche, anthropgogeographische Forschung an. Diese subjektiven Sichtweisen gilt es zu rekonstruieren und zu analysieren, entweder *„in Form subjektiver Theorien, mit denen Menschen sich die Welt erklären* [oder] *in Form autobiographischer Erzählungen, in denen biographische Verläufe aus der Perspektive der Subjekte nachgezeichnet werden"* (FLICK 2000, S. 30).

Konsequenterweise wird aus dieser Sicht auch der Forschungsprozess selbst als eine Form der symbolischen Interaktion interpretiert (vgl. SPÖHRING 1995, S. 70). Symbolische Interaktionisten konstruieren selbst Interpretationen der Welt. Jegliche Erklärungsversuche spiegeln somit lediglich die Sichtweise des Autors wider und besitzen keinen Anspruch auf Wahrheit oder Objektivität. Da den Interpretationen bereits Theorien zugrunde liegen, können sie keine objektiven Beschreibungen sein (vgl. DENZIN 2000, S. 146 f.).

Als „Ableger" des Symbolischen Interaktionismus gilt die *Ethnomethodologie*, die auf HAROLD GARFINKEL zurückgeht (vgl. TREIBEL 1997, S. 134). MATTHES (1981, S. 199) definiert sie als Forschungen zur Aufdeckung der Selbstverständlichkeitsstrukturen der Alltagswelt. Im Zentrum des Interesses steht die Frage, wie Menschen in Interaktions-Prozessen soziale Wirklichkeit produzieren (vgl. FLICK 2000, S. 32). Ethnomethodologische Studien untersuchen alltägliche Handlungsweisen bzw. Routinen des Alltagshandelns (z. B. Begrüßungen) und berücksichtigen dabei den Kontext, im dem diese Handlungen stattfinden. Da hierbei *„Interaktions-Sequenzen bis ins kleinste Detail dokumentiert und rekonstruktiv interpretiert werden"* bezeichnet man die Ethnomethodologie auch als *„das soziologische Äquivalent zum Mikroskop"* (TREIBEL 1997, S. 135).

Anders als beim Symbolischen Interaktionismus geht es nicht in erster Linie um die subjektiven Bedeutungen, die die Interaktion für die Teilnehmer aufweisen, sondern darum, wie diese Interaktion organisiert wird (FLICK 2000, S. 33) bzw. darum, „Wie es gemacht wird", oder „Wie es zu machen ist" (LAMNEK 1995, S. 51), also um die *„Methode"* des Handelns, daher auch der zweite Teil des Begriffs Ethno*methodologie*. Der erste Teil *„Ethno-"* bezieht sich darauf, dass diese Methoden des Handelns bei verschiedenen Gruppen unterschiedlich bzw. innerhalb eines sozialen Gefüges ähnlich sind.

Ethnomethodologen betonen in ihren Untersuchungen die Individualität und Subjektivität der Handelnden: *„Die Mitglieder einer Gesellschaft unterwerfen sich in ihrem Verhalten und Handeln nicht passiv ihren sozialisierten Bedürfnissystemen, internalisierten Normen, sozialen Zwängen etc., viel-*

*mehr gestalten sie in der Interaktion mit anderen die soziale Wirklichkeit fort-
während aktiv als einen sinnhaften Handlungszusammenhang"* (BERGMANN
2000, S. 120). Diese Bemerkung macht noch einmal deutlich, wie sehr die
Ethnomethodologie, ähnlich wie der Symbolische Interaktionismus,
grundsätzlich ein subjektivistisches und konstruktivistisches Gesellschafts-
und Wissenschaftsbild vertritt.

**Gemeinsamkeiten von Symbolischem Interaktionismus und Ethno-
methodologie** (vgl. FLICK 2000, S. 40 f.)

- Das *Verstehen als Erkenntnisprinzip* (Sicht des Subjekts, Ablauf sozialer Situationen, kulturelle und soziale Regeln),
- Die *Fallrekonstruktion als Ansatzpunkt* (Ansetzen am Einzelfall [spe-
  zifische Sichtweise, Interaktion, Kontext], Vergleich von Einzelfällen),
- Die *Konstruktion von Wirklichkeit als Grundlage* (Wirklichkeit ist
  nicht vorgegeben, sondern wird von den Menschen durch Interaktion
  konstruiert; Wissenschaft als Konstruktion),
- Der *Text als empirisches Material* (Produktion und Interpretation von
  Texten).

4.1.2   Sinnverstehen als hermeneutischer Prozess

Als philosophische Grundlage des qualitativen Denkens kann die *Hermeneutik*
gesehen werden, durch die Sinnverstehen als Erkenntnis- und Interpretations-
vorgang strukturiert wird. Um seinen Untersuchungsgegenstand zu begreifen,
muss sich der verstehend arbeitende Wissenschaftler in die zu untersuchenden
Menschen hineinversetzen. Bereits die großen klassischen Hermeneutiker,
z. B. GADAMER, betonen diesen Perspektivenwechsel und sprechen von *„Ein-
fühlung"* bzw. *„Divination"*, *„Horizontverschmelzung"*, *„Nachfühlen"* oder
„sympathetischem und kongenialem Verstehen" (vgl. hierzu GRZESIK 1989,
S. 7 ff.). Da dieser „Rollentausch" unmöglich vollständig durchgeführt werden
kann, gibt es für die Hermeneutik keine absolute Wahrheit.

Interpretativ-verstehende Forschung zielt daher auch in der Humangeographie darauf ab, die sozialräumliche Welt aus dem Blickwinkel der beteiligten Menschen zu rekonstruieren. Dementsprechend muss eine angemessene Methodologie *„Handlungen nach ihren Intentionen rekonstruieren,
ihren Sinnzusammenhang aufzeigen und damit ‚verstehbar' machen"*
(SCHNELL, HILL & ESSER 1995, S. 79 f.). Dabei bilden nicht objektive Sachverhalte die empirische Basis, sondern *subjektive Deutungen* des Geschehens
durch die Akteure. Was dem Forscher als auszuwertendes Material zur Verfügung steht (z. B. Zeitungstexte, Reden, Interviewtranskripte, etc.), sind
immer spezifische Sichtweisen der beschriebenen Zusammenhänge. Sie sind

in einem Kommunikations- oder Handlungskontext entstanden, in dessen Rahmen sie als zielgerichtetes Mittel im Sinne der Interessen der jeweils Handelnden zu interpretieren sind.

Verstehend arbeiten bedeutet, *„etwas vor dem eigenen Horizont unmittelbar als ‚eigenartig' zu interpretieren"* (POHL 1986, S. 64; in Anlehnung an SEIFFERT 1983). Eine solche Untersuchungsmethodik ist offen gegenüber dem Untersuchungsgegenstand (vgl. POHL 1989, S. 40 f.), sie ist nicht auf formulierte Hypothesen fixiert (vgl. SEDLACEK 1989, S. 12), sondern unterliegt vielmehr einer dynamischen Weiterentwicklung während der empirischen Arbeit. Bereits während der Durchführung der Erhebungen schließt ein solches Vorgehen *„ein objektivistisches Verhältnis zum Untersuchungsgegenstand bzw. -feld [...] aus. [...] Das Verhältnis des Forschers zum Gegenstand ist nicht eine Subjekt-Objekt-Beziehung, sondern sie sind beide Co-Subjekte"* (POHL 1989, S. 41). Auch die Auswertung folgt diesem Trend, denn sie muss zwangsläufig mit verstehenden Verfahren erfolgen (vgl. Kap. 4.2.).

Bereits die traditionelle Hermeneutik, alltagssprachlich die „Lehre des Verstehens" oder „Kunst der Auslegung", verstand sich immer als Fremdverstehen. Auf dessen Grenzen haben GEBHARDT ET AL. (1995, S. 20 f.) ausdrücklich hingewiesen: *„das Fremde ist nicht unmittelbar erfahrbar, sondern nur aus subjektiver Sicht verstehbar und unterliegt dabei zusätzlich der Gefahr der Fehldeutung und des Mißverstehens. [...] Es gibt keine letzte Gewißheit, keine absolute Sicherheit über den ermittelten Sinn. [...] Es kann letztlich nur zu einer Annäherung zwischen Forschern und Untersuchungsobjekt kommen, nie zu einer distanzauflösenden Übereinstimmung. "*

4.1.3   Der „blinde Fleck" der qualitativ-verstehenden Humangeographie

Qualitativ-verstehende Ansätze haben – wenn sie sich auf eine konstruktivistische Sichtweise der sozialen Wirklichkeit einlassen – ein zentrales Problem: In der empirischen Rekonstruktion des Handelns können die handlungsleitenden Interessen und Ziele der Menschen nicht so differenziert und umfassend charakterisiert werden, dass man deren Aktivitäten auf dieser Grundlage in Gänze verstehen könnte (vgl. z. B. ARNI 1994, S. 64). Keine Entscheidung ist von außen voll einsehbar, im Gegenteil: Teile der Abwägungsprozesse, Prioritätsbildungen etc. mögen dem Handelnden oft selbst nicht voll bewusst sein, wie GIDDENS (1988, S. 91 ff.) mit seiner Unterscheidung von praktischem und diskursivem Bewusstsein feststellt. Hinzu kommt, dass die Vorstellung von der Handlungssituation bei jedem Menschen subjektiv ist, genauso wie seine Wahrnehmungen, Konstruktionen und Symbolisierungen der physisch-materiellen Umwelt. Die eine, quasi objektive Wirklichkeit gibt es im Kontext sozialer Interaktion nicht, sondern nur eine Vielfalt unterschiedlicher, miteinander konkurrierender Sichtweisen.

Eine qualitative Empirie in der Humangeographie will nun diese subjektiven Konstruktionen verstehen und sie zur Rekonstruktion sozialräumlicher Handlungen, Prozesse, Konflikte etc. verwenden, d. h. deren Zustandekommen im Wechselspiel subjektiver Interessen, institutioneller Normen und Strukturen und physisch-materieller Rahmenbedingungen verstehen (vgl. WERLEN 1995 & 1997). Dazu müsste sie jedoch, bildlich gesprochen, in die Köpfe der Handelnden hinein blicken können. Sie müsste eine Perspektive einnehmen können, die sich – etwa im Falle unbewusster Handlungen – oft sogar dem Akteur selbst entzieht. Mag es daher auf der beschreibenden Ebene noch einfacher sein, Sequenzen von Handlungsstrategien zu rekonstruieren, so bleibt spätestens bei der Frage nach den Beweggründen des Handelns eine Lücke offen, die erkenntnistheoretisch kaum zu schließen ist. Das gilt selbst dann, wenn die untersuchten Menschen in qualitativen Interviews (vgl. Kap. 4.2) ihre Handlungsziele offen legen und man die späteren Transkripte interpretiert: Wer kann wissen, wie weit die sprachlich formulierten Ziele in dieser Form nicht bereits situativ oder (bei Forschungsgegenständen mit brisantem, konflikthaftem Charakter) strategisch geprägt sind, um in dem kommunikativen Kontext des Interviews eine bestimmte Wirkung erzielen zu können?

Die Suche nach dem Handlungsverstehen findet ihren erkenntnistheoretisch blinden Fleck in der Unmöglichkeit der *Horizontverschmelzung*, die auch kritische Hermeneutiker immer wieder betont haben. Die Rekonstruktion der Handlungen von Akteuren bleibt damit immer auch eine subjektive Konstruktion des Betrachters. Genau deswegen bildet der Forscher auch keine unabhängige, gewissermaßen über dem Geschehen schwebende Größe. Er ist als Interpret des Geschehens ein Teil des Kommunikationsprozesses. Seine persönlichen Voraussetzungen und Ressourcen bestimmen mit darüber, was er in „seiner" Deutung zu Tage fördert. Wann immer also interpretatives Verstehen den Weg der wissenschaftlichen Auseinandersetzung bildet, kann das Ergebnis nur eine kontextabhängige Wirklichkeit sein, eine subjektiv gefärbte „Re-Konstruktion" des Verfassers.

4.1.4   Zur Rolle des Theoriekonzeptes bei der qualitativ-verstehenden Empirie

Wenn sich die Ziele des Handelns einem außenstehenden Betrachter weitgehend entziehen und lediglich durch einen Kommunikationsprozess vermittelt werden, dann sind die solcherart gewonnenen Ergebnisse kein endgültiges Wissen, sondern nur eine Interpretation des Forschers, die eine seinem Vorverständnis entsprechende Kohärenz und „Plausibilität" aufweist.

Aus dieser Sicht wird verständlich, wie notwendig es ist, qualitativ-verstehende Interpretationen theoriegeleitet anzulegen: Ein im Vorfeld der

Arbeiten ausgeführtes *Theoriekonzept* bildet sozusagen die „Geschäfts-grundlage" des Verstehens, genauer gesagt die *„Interpretationsanleitung"* für das Nachvollziehen der notwendigerweise subjektiven Rekonstruktionen des Forschers. Es zeigt an, nach welchem gedanklichen Konzept der For-scher die von ihm geführten Interviews und die Transkription interpretiert und die ihm zur Verfügung stehenden Quellen rekonstruiert hat, entlang wel-cher theoretischen Leitlinie sein Sinnverstehen erfolgt. Erst auf diese Weise wird aus einer *naiven* Hermeneutik eine *kritische* Hermeneutik, denn erst dann erfolgt die Rekonstruktion nicht aus einer naiven Alltagsdeutung he-raus, sondern wird für Dritte nachvollziehbar von einem konzeptionellen Rahmen geleitet. Erst auf diese Weise lässt sich eine produktive Diskussion über die Ergebnisse und Schlussfolgerungen innerhalb der Scientific Com-munity führen.

Das Ergebnis eines qualitativ-verstehenden Forschungsprozesses ist damit, etwas zugespitzt formuliert, eine subjektive Interpretation der subjek-tiven Weltsicht von Menschen durch den Wissenschaftler. Dieses Vorgehen bleibt nicht ohne Konsequenzen für die Bedeutung des Theoriekonzeptes und die Reichweite der Ergebnisse.

4.1.5 Zum Nutzen von Forschungsergebnissen in interpretativ-verstehen-der Tradition

Die vorangegangenen Überlegungen müssen die Frage nach der Relevanz und Anwendbarkeit der Ergebnisse verstehend-interpretativ ausgerichteter Verfahren beeinflussen. Angesichts der obigen Bemerkungen zur normativen Eigenschaft der Theorie und der subjektiven Färbung der Resultate müssen sie sich von Szenarien oder Handlungsempfehlungen in „quantitativer" Tra-dition unterscheiden. DAGMAR REICHERT gibt einen ersten Hinweis darauf, in welcher Form die subjektiven „Geschichten" am Ende einer verstehenden Rekonstruktion relevant werden können: *„Beim Geschichtenerzählen stehst du nicht darüber, sondern darin. Du machst deine Beobachtungen als deine Tat-Sachen erkenntlich und beanspruchst nicht, Fakten anzugeben, die die Welt repräsentieren. Auch diese Tat-Sachen sind keineswegs beliebig, sie beinhalten eine relative, kontextabhängige Wahrheit. Aber das ist nur eines. Ich glaube, daß Geschichten neben dieser kontextabhängigen Wahrheit auch noch eine allgemeinere in sich tragen können, nur: die läßt sich nicht als buchstäbliche Wahrheit erfragen. In der Geschichte wird die Allgemeinheit irgendwie anders hergestellt. [...] Als Kinder haben wir das gewußt. Hast du als Kind jemals die Frage gestellt, ob eine Geschichte buchstäblich wahr sei?"* (REICHERT 1997, S. 17).

In diesem Zitat steckt ein erster Schlüssel für eine Annäherung an die praktische Bedeutung von wissenschaftlichen Ergebnissen, die auf einem qualitativ-verstehenden Konzept beruhen. Indem der Forscher „seine" Geschichte, seine Re-Konstruktion, darüber erzählt, wie und warum Menschen in Bezug auf ihre räumliche und soziale Umwelt handeln bzw. diese gestalten, gibt er dem Leser ein Set von *Beobachtungs-* und *Verständniskategorien* an die Hand, mit denen dieser wiederum „seine eigene" Welt in einer erweiterten, neuen Betrachtungsperspektive sehen und verstehen kann. Selbst wenn der Leser manche Deutungen des Forschers nicht übernimmt, kann er trotzdem in eine Auseinandersetzung mit den Forschungsergebnissen treten und dies kann sowohl seine Sicht der Welt als auch eine alltägliche und auch politische Handlungskompetenz verändern.

4.1.5.1 Zusammenfassung: Kennzeichen und Prinzipien qualitativen Denkens

In Methoden-Lehrbüchern findet man allerlei Auflistungen, die die *„Do's and Dont's"* der qualitativen empirischen Sozialforschung zusammenfassen. MAYRING (1995, S. 13 ff.) hat 13 oft zitierte Säulen qualitativen Denkens identifiziert, die zum Teil allerdings auch für das quantitative Denken zutreffen und daher generell für „gute Forschungsarbeit" stehen können. Eine weitere Zusammenstellung haben FLICK, KARDOFF & STEINKE (2000, S. 22 ff.) vorgelegt. Sie erhält hier den Vorzug, weil sie sich dezidierter auf qualitatives Arbeiten bezieht:

Kennzeichen qualitativer Forschungspraxis
(FLICK, KARDOFF & STEINKE 2000, S. 22 ff.)

1. *Methodisches Spektrum statt Einheitsmethode*; es gibt nicht eine Methode, sondern ein ganzes Methodenspektrum, aus dem je nach Fragestellung ausgewählt werden kann.
2. *Gegenstandsangemessenheit von Methoden*; die Auswahl der Methoden richtet sich nach der spezifischen Fragestellung (und nicht umgekehrt).
3. *Orientierung am Alltagsgeschehen und/oder Alltagswissen*; die Datenerhebung (zumeist Interviews) erfolgt im alltäglichen Kontext (des Befragten).
4. *Kontextualität als Leitgedanke*; die Aussagen der Interviewpartner werden immer im Kontext der Äußerung, der Befragungs- oder Lebenssituation gesehen.
5. *Perspektiven der Beteiligten*; unterschiedliche Interviewpartner haben unterschiedliche Perspektiven auf ein konkretes Problem, deshalb ist es ein Ziel, diese Unterschiedlichkeit der Perspektiven zu erfassen und aufzuzeigen.

6. *Reflexivität des Forschers*; der Einfluss des Forschers auf das Feld, den Gegenstand und die Befragten wird in die Untersuchung ebenso mit einbezogen wie der eigene Erfahrungshorizont der Forschers; der Forscher ist kein Störfaktor, sondern eine zusätzliche Erkenntnisquelle.

7. *Verstehen als Erkenntnisprinzip*; es werden komplexe Zusammenhänge rekonstruiert, es wird nach Motiven und Sinnzusammenhängen und nicht nach Kausalzusammenhängen gesucht.

8. *Prinzip der Offenheit*; dieses Prinzip gilt auf unterschiedlichen Ebenen der Forschung: die Forschungsfragen werden offen formuliert (und sind damit immer modifizierbar), der Forschungsverlauf wird offen angelegt (und ist damit immer anpassungsfähig) und die Fragen an die Interview-Partner werden offen gestellt.

9. *Fallanalyse als Ausgangspunkt*; der Einzelfall und damit die Einzelperson wird betrachtet und ihre Wahrnehmung, Meinung, Handlung ist Gegenstand der Erkenntnis- bzw. Verstehensprozesse; erst in einem zweiten Schritt finden Vergleiche und Verallgemeinerungen statt.

10. *Konstruktion der Wirklichkeit als Grundlage*; gemeint ist sowohl die Weltsicht der Befragten als Konstruktion erster Ordnung als auch die wissenschaftliche Konstruktion als Konstruktion zweiter Ordnung über die Konstruktion erster Ordnung.

11. *Qualitative Forschung als Textwissenschaft*; anders als die quantitative Forschung, die alle erhobenen Daten in Zahlen übersetzt und diese auswertet, verwandelt die qualitative Forschung alle erhobenen Daten – mit Ausnahme von Bildern, Filmen etc. – in Text (Interviewtranskripte, Feldaufzeichnungen etc.).

12. *Entdeckung und Theoriebildung als Ziel*; Theorien werden nicht an der Empirie überprüft, sondern aus der Empirie werden Theorien erst entwickelt.

4.2 Interpretativ-verstehende Erhebungstechniken

In der empirischen Sozialforschung können „qualitative Daten" im Wesentlichen aus drei Quellen gewonnen werden: teilnehmende Beobachtungen, qualitative Interviews sowie Suche und Auswahl von bereits bestehenden Texten. Die beiden erstgenannten Erhebungstechniken werden im Folgenden dargestellt. Auf die dritte „Datenquelle" wird in Kapitel 5 zur Diskursanalyse gesondert eingegangen.

4.2.1   Teilnehmende Beobachtung

Geschichte der teilnehmenden Beobachtung

Der Ethnologe BRONISLAW MALINOWSKI hat die Methode der teilnehmenden Beobachtung in Zuge seiner Forschungen auf den Trobriandinseln (1915-1918) „erfunden" und ihre Anwendung bei der Erforschung fremder Kulturen vehement gefordert. Bis dahin war es in der Ethnologie üblich, nicht selbst Kontakt mit Menschen fremder Kulturen aufzunehmen, sondern mit Informanten der eigenen Kultur (z. B. Missionaren) zu arbeiten und deren Berichte als Grundlage der eigenen wissenschaftlichen Arbeit zu nehmen. Da an der Zuverlässigkeit der Laien-Forscher zunehmend gezweifelt und die Qualität der Forschung aus zweiter Hand zu Recht in Frage gestellt wurde, stellte MALINOWSKI folgende Forderung auf: *„Der Anthropologe muß seine bequeme Position im Sessel auf der Veranda der Missions- oder Regierungsstation oder einer Plantage aufgeben, wo er, bewaffnet mit Block und Bleistift und zuweilen mit einem Whisky und Soda, die Erklärung von Informanten entgegennimmt, Geschichten niederschreibt und Seiten mit Text [...] über die Lebensumstände der Wilden füllt. Er muß hinausgehen in die Dörfer und den Wilden bei der Arbeit in Gärten, am Strand und im Dschungel zusehen [...]. Die Information muß aus dem vollen, direkt beobachteten Leben der Eingeborenen kommen und nicht als spärliche Erzählung zögernden Informanten entlockt werden. Die Anthropologie in freier Wildbahn [...] ist schwere Arbeit, aber sie macht auch viel Freude"* (MALINOWSKI 1954, S. 146 zit. n. GIRTLER 2001, S. 67).

Laut MALINOWSKI ist es das Ziel des empirisch arbeitenden Ethnologen *„den Standpunkt des Eingeborenen, seinen Bezug zum Leben zu verstehen und sich seine Sicht seiner Welt vor Augen zu führen"* (MALINOWSKI 1979, S. 49). Dieses Ziel lässt sich indes nur *„unter der Bedingung einer vollständigen Integration [...] in die fremde Gesellschaft erreichen"*. Durch „stete Teilnahme und geduldige Beobachtung" lässt sich eine *„genaue Kenntnis"* des *„wirklichen Lebens"* erreichen (KOHL 1990, S. 232 ff.), um den „wahren Sinn" und die „wirkliche Bedeutung" von Institutionen oder Handlungsweisen erfassen zu können. Das „wirkliche Leben" gilt als Gegenentwurf zur „zivilisierten Gesellschaft", in der die Unmittelbarkeit des Lebens verlorengegangen schien.

Es ist aus erkenntnistheoretischer Perspektive eine Art „akademischer Kurzschluss", zu glauben, man könne „der Wahrheit" gerechter werden, indem man dem Leben näher auf den Leib rückt. Diese Haltung ist einer Epoche geschuldet, in der noch eine *„Horizontverschmelzung"* zwischen Forscher und Beforschten für möglich gehalten wurde. Die heutige Debatte um die Reichweite wissenschaftlicher Analyse erkennt hier nüchterner die Grenzen ihres Arbeitens. Wenn wissenschaftliches Arbeiten selbst als eine Konstruktion der Welt der Beforschten aufgefasst wird, dann muss auch das Ideal der frühen teilnehmenden Beobachtung heute realistischer in seinen Möglichkeiten und erkenntnistheoretischen Grenzen gesehen werden. Entsprechend müssen Begriffe wie das *„wirkliche Leben"* und der *„wahre Sinn"* hier in Anführungszeichen geschrieben werden, weil es diesen *„wahren Sinn"* nicht gibt. Auch eine noch so nah am Beforschten orientierte teilnehmende Beobachtung liefert nicht mehr und nicht weniger als Konstruktionen. Darüber hinaus muss in Zweifel gezogen werden, wieweit die dort geforderte *„vollständige Integration"* in eine fremde Gesellschaft überhaupt möglich ist. Somit ist das Ziel, den Standpunkt des Anderen oder des Fremden zu verstehen, so sehr sich der teilnehmend Beobachtende auch bemühen mag, nicht erreichbar, und jede Erkenntnis wird eine subjektive Konstruktion des Beobachters bleiben.

Aus dem hohen Anspruch des Sinn- und Fremdverstehens resultiert als Konsequenz für die Forschungspraxis intensive Feldarbeit von mindestens einem Jahr und die detaillierte Kenntnis der Sprache als Standard in der ethnologischen Forschung; SPITTLER (2001, S. 5) spricht sogar von einer *„Ideologie des langen Forschungsaufenthaltes"*. Durch den langen Aufenthalt soll gewährleistet sein, dass der/die Forschende sozial involviert wird, wovon die Datenqualität in hohem Maße abhängt. Außerdem soll der Forscher/die Forscherin *„den Jahresablauf einmal erlebt haben"* (FISCHER 2002, S. 14). Auch die geographische Auslandsforschung muss sich, wenn sie im interdisziplinären Vergleich bestehen will, an diesen Maßstäben messen lassen. Allerdings sind in der Geographie vor allem aus pragmatischen Gründen, aber auch weil der lange Aufenthalt nicht in dem Maße etabliert ist wie in der Ethnologie, kürzere, dafür mehrere Aufenthalte üblich (vgl. z. B. ESCHER 1991, MÜLLER-MAHN 2001, PFAFFENBACH 1994). Diese haben im Vergleich zu einem einzigen langen Aufenthalt den Vorteil, dass Entwicklungen und Prozesse über einen längeren Zeitraum begleitet werden können. Sie haben dafür den Nachteil, dass man bei Kurzzeitbesuchen womöglich stärker ein „Fremdkörper" bleiben wird als bei einem langen Aufenthalt.

MALINOWSKIS pathetische Forschungsanleitung, die über Jahrzehnte forschungsleitend war, wurde allerdings durch die posthume Veröffentlichung seiner Feldtagebücher in den 1960er Jahren entmythisiert. Seine gelangweilten und zum Teil rassistischen Äußerungen über die Eingeborenen verursachten einen Skandal. Es wurde deutlich, dass der Erfinder der teilnehmenden Beobachtung selbst den Forderungen nicht gerecht wurde, die er aufgestellt hatte. Die Bemühungen um den Abbau kultureller Vorurteile in seinen Schriften werden jedoch höher bewertet als die Äußerungen in seinen Tagebüchern (vgl. KOHL 1990, S. 234).

Durch MALINOWSKIS Arbeit wurde die teilnehmende Beobachtung zur *„dominierenden Methode der Ethnologie"* (HAUSCHILD 2000, S. 64). Forscher der *Chicagoer Schule* führten diese Methode in die Soziologie ein und wandten sie auf Forschungen in städtischen Subkulturen an. In einer Wissenschaftslandschaft, die sehr stark von quantitativen Ansätzen geprägt war, wurden diese Arbeiten wegen ihres geringen theoretischen Reflexionsniveaus kritisiert. Teilnehmende Beobachtung muss jedoch nicht theorielos und unreflektiert sein. Wie alle anderen empirischen Methoden werden Beobachtungen theoretisch vor- und nachbereitet (LEGEWIE 1991, S. 190 f.). In den 1950er Jahren wurde diese Tradition in der zum Klassiker avancierten *„Street Corner Society"* von WHYTE (1955) fortgesetzt (LÜDERS 2000, S. 385). In der gegenwärtigen Soziologie sind vor allem die Subkulturforschungen des Wiener Soziologen ROLAND GIRTLER ein hervorragendes Beispiel dafür, welche großen Erkenntnisgewinne teilnehmende Beobachtung in der Erforschung von Subkulturen oder Randgruppen erzielen kann und welchen theoretischen Gehalt sie aufweisen können. Die Forderungen der Ethnologie, den Standpunkt der fremden Kultur einzunehmen und die spezielle Sicht der Welt versuchen nachzuvollziehen, gelten somit auch für soziale Gruppen der eigenen Gesellschaft – diese Forderungen sind für Forschungen in der eigenen Gesellschaft jedoch nicht weniger zweifelhaft als für Forschungen in fremden Gesellschaften, da der Standpunkt der Menschen und ihre Sicht der Welt oft für sie selbst nicht klar und in der späteren wissenschaftlichen Darstellung eine Konstruktion des Forschers sind.

Für manche Soziologen kommt der teilnehmenden Beobachtung daher lediglich eine explorative Rolle zu. Sie hat zwar einen „hohen Unterhaltungswert", wird aber nicht als „seriöse Forschung" angesehen. In der Soziologie wurde die Methode in jüngster Zeit zur *„Ethnographie"* weiterentwickelt und man versteht darunter eine *„flexible, methodenplurale kontextbezogene Strategie"*. Ethnographie widmet sich vorrangig den *„Kulturen in der eigenen Gesellschaft"* und wird so zu einer Methode der *„gesellschaftlichen Selbstbeobachtung"* (LÜDERS 2000, S. 388 ff.).

Auch in der Humangeographie sind Beobachtungsverfahren sozialer Phänomene inzwischen gängig. Hier dominieren jedoch insbesondere standardisierte, quantifizierbare Beobachtungen wie Zählungen (vgl. Kap. 3.4.1). Weniger häufig ist die *qualitative teilnehmende Beobachtung*. Diese Methode spielt nach wie vor in der Soziologie und in der Ethnologie eine größere Rolle. In der Geographie sind keine Studien bekannt, die ausschließlich auf teilnehmender Beobachtung beruhen. Diese Methode wird in der Regel anderen Erhebungsverfahren unter- oder beigeordnet. DETLEF MÜLLER-MAHN (2001, S. 29 ff.) hat z. B in seiner Untersuchung von Fellachendörfern in Ägypten die Methode der teilnehmenden Beobachtung mit einer standardisierten Befragung, mit Kartierungen und einer Sekundärquellenanalyse kombiniert. Während der Begleitung zur Arbeit und der Besuche im Haus führte er offene Gespräche – dies erfolgte im gesamten Untersuchungsverlauf zu einem relativ späten Zeitpunkt, um durch diese Gespräche die quantitativ erfassten Strukturen qualitativ zu vertiefen. In anderen komplexen Forschungsdesigns kann die teilnehmende Beobachtung aber auch die Basis für weitere Methoden sein und in der ersten Erhebungsphase angewandt werden. Insbesondere bei neuen Forschungsfeldern kann es empfehlenswert sein, mit der *offensten aller Methoden* zu beginnen, und das ist die *teilnehmende Beobachtung*.

Berücksichtigt man die oben dargestellten erkenntnistheoretischen Grenzen, so stellt die teilnehmende Beobachtung prinzipiell eine auch für den geographischen Kontext sehr interessante Erhebungsmethode dar, die jedoch derzeit in empirischen Untersuchungen deutlich unterrepräsentiert ist. Dies liegt möglicherweise daran, dass innerhalb des Faches die konkreten Bedingungen und Techniken nur unzureichend bekannt sind. Aus diesem Grund sollen sie nachfolgend etwas detaillierter dargestellt werden, als es ansonsten für die teilweise innerfachlich bereits breiter etablierten Methoden der Fall ist.

Was ist teilnehmende Beobachtung?

In der Fachliteratur wird das praktische Vorgehen bei der teilnehmenden Beobachtung anhand von Aspekten problematisiert, die im Folgenden kurz dargestellt werden: die Rolle des Beobachters, der Zugang des Forschers zum „Feld" und der Umfang der Beobachtung. Diese Überlegungen sind sinnvoll, um den Forschungsprozess bei der Beobachtung zu reflektieren. Doch selbst das Beherzigen der Empfehlungen führt nicht aus dem Dilemma heraus, dass die Weltsicht der Beobachteten uns letztlich nicht zugänglich ist, sondern dass uns bestenfalls eine Annäherung gelingen kann.

Teilnehmende Beobachtung wird oft auch als *„Feldforschung"* bezeichnet und ist *„jeder professionelle Kontakt mit Vertretern der untersuchten Kulturen"* (HAUSCHILD 2000, S. 63). Dabei ist Teilnahme *„mehr als Anwesendsein. Es bedeutet Dabeisein, Mitmachen, Beteiligtsein, Teilnehmen am täglichen Leben der Untersuchten"* und kann bis zum *„Leben mit und in einem einheimischen Haushalt, dem Mitmachen bei den täglichen Unternehmungen, bei Gartenarbeit oder Hausbau, bei Spiel und alltäglichem Geschwätz, Freundschaft und Feindschaft, bei Trauer und bei Streit"* gehen (FISCHER 2002, S. 10 f.). Der teilnehmende Beobachter *„schaut einfach zu und unterhält sich mit den Leuten"* (SPITTLER 2001, S. 3). Außerdem sammelt er bereits vorhandene Daten und Objekte, er macht Fotos oder Filme (HAUSCHILD 2000, S. 63 u. LÜDERS 2000, S. 394).

Nicht teilnehmend ist eine Beobachtung demnach dann, wenn der Beobachter sich nicht integriert, wenn er ein *Außenstehender* bleibt. In den meisten Lehrbüchern (z. B. LAMNEK 1995, S. 263 ff., FLICK 1995, S. 153) wird eine Typologie unterschiedlich teilnehmender Beobachtung nach GOLD (1958) zitiert, wobei nur die ersten beiden Formen in der Liste als teilnehmende Beobachtung im engeren Sinne zu bewerten sind:

- *vollständige Teilnahme* (*Integration*; die Beobachterrolle ist kaum erkennbar, häufig ist die verdeckte Beobachtung; Beispiel: Beobachter als Kollege am Arbeitsplatz),
- *Teilnehmer als Beobachter* (*weitgehende Integration*; erkennbare Beobachterrolle),
- *Beobachter als Teilnehmer* (*geringe Integration*; Dominanz der Beobachtung),
- *vollständige Beobachtung* (*keine Integration und Interaktion* „mit dem Feld", Distanz; z. B. Videoaufzeichnung).

Gegenstand der teilnehmenden Beobachtung ist die Konstitution einer sozialen Wirklichkeit, die nicht diejenige des Forschers ist. Ihm geht es um das Verstehen des Handelns in unterschiedlichen soziokulturellen Kontexten. Die traditionelle teilnehmende Beobachtung der Ethnologie suchte diese immer im Kontext „des Eingeborenen", „des Wilden" oder „des Primitiven" und reifizierte damit zwangsweise die eigenen Konstruktionen einer kolonialen *Dichotomisierung* der Welt. Die kritische Debatte um solche Ansätze macht heute klar, dass „das Fremde" nicht notwendig in solchen (oft auch geographischen) Simplifizierungen gedacht werden darf, sondern in unterschiedlichsten Kontexten zum Gegenstand von Untersuchungen werden kann. Fremd sind aus Sicht eines „Durchschnittsforschers" auch spezifische Subkulturen (z. B. Jugendkultur, Obdachlose), Milieus (z. B. Arbeitermilieu), soziale Gruppen (z. B. Bauern, ländliches Milieu) oder Schichten (z. B. Oberschicht, Mitglieder des Rotary Clubs oder von Golfvereinen etc.) der eigenen Gesellschaft. Eine Forschung in dieser Tradition darf daher nicht mit Forschung in Entwicklungsländern oder Auslandsforschung gleichgesetzt werden. Die Arbeitsgruppe Bielefelder Soziologen (1973, S. 433 ff.) weist hier mit Recht darauf hin, dass *jeder* sozialwissenschaftliche Forschungsprozess von vorn herein nichts anderes als ein *„methodisch kontrolliertes Fremdverstehen"* darstellt.

Teilnehmende Beobachtung erfolgt zumeist unstrukturiert bzw. nicht standardisiert (d. h. es liegt selten ein standardisiertes Beobachtungsschema zugrunde) und offen (d. h. die Beobachteten wissen, dass sie Gegenstand einer wissenschaftlichen Untersuchung sind (im Gegensatz zu einer verdeckten Beobachtung, bei der die Beobachteten über den Beobachtungsvorgang nicht informiert sind). Häufig wird eine Mischform angewandt: Die Beobachteten wissen zwar, dass eine wissenschaftliche Untersuchung stattfindet, jedoch wird der Gegenstand der Beobachtung nicht vollständig offenbart. Die *unstrukturierte Beobachtung* bietet den Vorteil, dass der Beobachtung ein weiter Rahmen eingeräumt wird; im Laufe der Forschung können sich die Perspektiven verändern und Beobachtungen neu interpretiert werden. Eine *strukturierte Beobachtung* hingegen ist von vorne herein selektiv auf wenige Aspekte ausgelegt. Wissenschaftliche Beobachtungen sind – im Gegensatz zu naiven oder Alltagsbeobachtungen – jedoch nicht unsystematisch, d. h. die Beobachtung wird nicht der Willkür überlassen.

Beobachtungen werden überwiegend zu den *nicht-reaktiven* Verfahren gezählt, denn der Untersuchungsgegenstand, das Handeln der Menschen, wird durch die Beobachtung in der Regel selbst nicht oder kaum verändert, die Beobachtung findet in der „normalen" Umgebung der Menschen statt. Bei den Formen der teilnehmenden Beobachtung, bei denen nur in begrenztem Umfang eine Teilnahme erfolgt, wird sogar auf eine bewusste Interaktion zwischen Forscher und Beobachteten verzichtet. Allerdings muss man sich klar machen, dass allein durch die Anwesenheit eines „Fremden" die „normale Umgebung" der Menschen beeinflusst ist, und sie selbstverständlich darauf reagieren werden, zumal der Beobachter in der Regel mit den Menschen kommuniziert, und Kommunikation wird per se als *reaktiv* angesehen. Der Verzicht auf Kommunikation ist kein Ausweg aus dem Dilemma, denn Nicht-Kommunizieren bzw. eine Verweigerung von Kommunikation ist ebenfalls eine Form der Kommunikation.

Während sich *Interviews* vor allem zur Erfassung von Einstellungen, Meinungen aber auch zur Erzählung von Biographien, etc. eignen, ist die *Beobachtung* empfehlenswert für die Ermittlung von offen sichtbaren Handlungsweisen. Man kann „*mit ,einem Blick' komplexe Sachverhalte erfassen, die sich sprachlich nur sehr umständlich ausdrücken lassen*" (SPITTLER 2001, S. 8). Eine Stärke der teilnehmenden Beobachtung ist der längerfristige und damit vertiefte Kontakt zu Personen, der bei einem Interview oft einmalig und kurz ist. Auch LÜDERS (2000, S. 391) plädiert eindeutig für Beobachtungsverfahren und meint: „*Keine noch so ausführlichen Interviews und Gruppendiskussionen oder detaillierte Analysen natürlicher Dokumente können* [eine länger andauernde Teilnahme] *ersetzen*". SPITTLER (2001, S. 8) wägt die jeweiligen Vor- und Nachteile der beiden Methoden ab: Für ihn haben Interviews den Vorteil, dass man in relativ kurzer Zeit relativ viele Informationen erhalten kann, „*während die Beobachtung des gleichen Sachverhaltes sehr zeitaufwendig ist*". Es gilt also, die Vorteile von Beobachtung und Befragung geschickt miteinander zu verknüpfen, um von beidem im Forschungsprozess zu profitieren.

Wie führt man eine teilnehmende Beobachtung durch?

Bei der teilnehmenden Beobachtung ist es von Bedeutung, dass der Beobachter eine Rolle findet, die ihm Zugang zu einer passenden *Beobachterposi-*

tion verschafft. Verdeckte Beobachtungen im öffentlichen Raum sind in dieser Hinsicht relativ unproblematisch, da es hier Rollen gibt, die leicht angenommen werden können (z. B. die Rolle eines Käufers oder die eines Besuchers einer Freizeiteinrichtung, etc.). Allerdings erfolgt hier die Beobachtung im Wesentlichen aus einer *Außenseiterposition*, und der Forscher bleibt in einer *distanzierten Beziehung* zu seinem Forschungsgegenstand. Offene Beobachtungen im halb-öffentlichen oder privaten Raum sind komplizierter. Hier müssen im Einverständnis mit den beobachteten Menschen Rollen definiert und ausgehandelt werden, die zum einen die Beobachtung der interessierenden Sachverhalte und die Einnahme einer *Insiderposition* zulassen, andererseits aber möglichst wenig die Aktionen und Interaktionen der Beobachteten beeinflussen. Obwohl allein schon durch die Anwesenheit des Beobachters eine Beeinflussung stattfindet, ist sie doch in ihrem Ausmaß geringer als bei einem offenem Interview oder gar einer Fragebogenuntersuchung. Ein Beobachter verhält sich grundsätzlich passiver als ein Interviewer, der Fragen stellt.

Typisch für eine teilnehmende Beobachtung ist das *„Eintauchen des Forschers in das untersuchte Feld, seine Beobachtung aus der Perspektive eines Teilnehmers (d. h. eines Mitgliedes der Kultur oder Gruppe), aber auch der Einfluß auf das Beobachtete durch seine Teilnahme"* (FLICK 1995, S. 157). Die teilnehmende Beobachtung muss sich jedoch nicht auf reines Beobachten beschränken, sondern es können durchaus (offene) Interviews dazu gehören (vgl. SPITTLER 2001). Selten werden nur Handlungen beobachtet, sondern häufig auch *verbale Äußerungen* der Beteiligten. Eine Teilnahme ganz ohne Gespräche ist sowieso nicht praktikabel, weshalb die Fähigkeit zur Kommunikation (als soziale und sprachliche Kompetenz) von großer Bedeutung auch für die Beobachtung ist. Auch während Interviews findet zumeist eine Beobachtung des jeweiligen sozialen Kontextes (Einrichtung der Wohnung, Kleidung, Mimik, Gestik, etc.) statt.

Häufig wird der Zugang zu der zu beobachtenden Gruppe über eine *Schlüsselperson* versucht, die den Forscher/die Forscherin einführt und mit anderen bekannt macht. Dieser Schritt ist *„eminent wichtig, da ein gelungener Zugang entscheidend für die Durchführung und den Erfolg der Untersuchung ist. Es wird oft übersehen, daß gerade hierin das vielleicht größte Problem des Forschenden liegt"* (GIRTLER 1984, S. 54). Für diese Funktion die geeignete Person zu finden, ist der erste entscheidende Schritt. Es ist dabei wichtig, dass diese Schlüsselperson innerhalb der Gruppe Anerkennung besitzt und nicht etwa ein Außenseiter ist (vgl. FLICK 1995, S. 160 f.). In der Anfangsphase kann es von Vorteil sein, möglichst vielfältige Kontakte aufzubauen (LEGEWIE 1991, S. 192). In dieser Phase ist die Persönlichkeit des Forschers von großer Bedeutung für den Erfolg der Arbeit. Es bedarf *„einer ziemlichen Ausdauer, menschlichen Einfühlungsvermögens, eines gehörigen*

Maßes an Bescheidenheit, Demut und der Achtung vor anderen Menschen und deren Problemen" (GIRTLER 2001, S. 72). GIRTLER (2001, S. 94) bringt es lapidar auf den Punkt: *"Hat es nun der Forscher geschafft, als ,netter Kerl' angesehen zu werden, so hat er den ersten wichtigen Schritt getan, um überhaupt seine Forschung durchführen zu können."*

Die Geographin VERENA MEIER (1989, S. 155) schildert eindrucksvoll, welche Probleme sie in der ersten Feldforschungsphase hatte, mit den Frauen im Calancatal ins Gespräch zu kommen, und welche Strategie sich schließlich für beide Seiten als die bessere herausstellte: *"Jetzt arbeite ich vor allem zusammen mit den Frauen in ihrem Betrieb, in Landwirtschaft, Gaststätten, ... jeweils 2-5 Tage, von morgens früh bis abends spät. Weil ich gemerkt habe, daß Interviews aus Städterinnenverständnis nicht die richtige Form sein können, weil jeder Versuch des Erklärens und Verstehens ein gegenseitiger sein sollte"*. Sie zog aus ihren Erfahrungen das Resümee, *"daß qualitatives Arbeiten nicht nur schön, sondern vor allem auch schwierig ist und sorgfältiger Vorbereitung bedarf"* (MEIER 1989, S. 157).

Erst wenn der Zugang zur Gruppe erfolgreich abgeschlossen ist, beginnt der Beobachter, *Protokolle* seiner Beobachtungen und Interviews zu machen. Ebenso zu empfehlen ist es, in der Anfangsphase möglichst vielfältige Informationen zu sammeln und erst im weiteren Verlauf die Beobachtung immer stärker zu strukturieren. Die späteren Beobachtungsphasen werden als *"fokussierte Beobachtung"* (man konzentriert sich auf Aspekte, die sich im Laufe der Beobachtung als relevant erwiesen haben) und *"selektive Beobachtung"* (nur noch zentrale Aspekte werden erfasst) bezeichnet (FLICK 1995, S. 154 ff.).

Probleme der teilnehmenden Beobachtung

Beobachtungen sind – wie oben bereits dargestellt – nie objektiv, sondern stets subjektiv und selektiv. Forschungsergebnisse sind demzufolge ein Verfahren spezifischer Konstruktion. Die Beobachtung ist beeinflusst durch die Ziele und Vorstellungen des Beobachters. Gewisse Inhalte wird man bevorzugt registrieren und andere nicht. Außerdem gibt es ein Problem, wenn bei zunehmender Vertrautheit mit den Handlungen die Aufmerksamkeit abnimmt. So wird in einem ihm unbekannten Kontext ein Beobachter anfangs besonders aufmerksam sein. Wenn ihm die Dinge vertraut werden, wird seine Aufmerksamkeit nachlassen.

Problematisch ist auch die Aufzeichnung von Daten, die durch teilnehmende Beobachtung gewonnen wurden. Die nachträgliche Protokollierung enthält nicht das Beobachtete oder Wahrgenommene, sondern lediglich das nachträglich noch Erinnerte. Beobachtungsprotokolle sind das Ergebnis eines *"Transformationsprozesses, mit dem ein in sich sinnhaft strukturiertes*

[...] soziales Geschehen substituiert wird durch eine typisierende, narrativierende, ihrerseits deutende Darstellung ex post" (BERGMANN 1985 zit. n. LÜDERS 2000, S. 396). Beobachtungsprotokolle *„können deshalb nicht als getreue Wiedergabe oder problemlose Zusammenfassung des Erfahrenen begriffen werden, sondern müssen als das gesehen werden, was sie sind: Texte von Autoren, die mit den ihnen jeweils zur Verfügung stehenden sprachlichen Mitteln ihre ‚Beobachtungen' und Erinnerungen nachträglich sinnhaft verdichten, in Zusammenhänge einordnen und textförmig in nachvollziehbare Protokolle gießen"* (LÜDERS 2000, S. 396). Protokolle sind demnach keineswegs „1:1-Repräsentationen beobachteter Wirklichkeiten", sondern das „Ergebnis komplexer Sinnstiftungsprozesse". Es gibt allerdings nach wie vor weder einen Konsens, wie Protokolle am besten erstellt werden sollen (Handlungszusammenhänge oder einzelne Situationen; wörtliche Rede oder sinngemäße Wiedergabe), noch, wie sie am besten ausgewertet werden sollten (LÜDERS 2000, S. 397 ff.).

Ein Forscher, der mit der Methode der teilnehmenden Beobachtung arbeitet, befindet sich permanent in einem Dilemma: Einerseits muss er an einer möglichst intensiven Teilhabe „im Feld" interessiert sein und sich um eine zunehmende Vertrautheit bemühen, anderseits muss er auch versuchen, ausreichend Distanz zu wahren (LÜDERS 2000, S. 386). Der *„Verlust der Außenperspektive und die unhinterfragte Übernahme der Innenperspektive"* (FLICK 1995, S. 161) wird als *„going native"* bezeichnet und gehört zu den größten Problemen dieser Methode, die erkenntnistheoretisch eigentlich unlösbar sind.

Die Schwierigkeiten sind aber auch mit anderen Beobachtungsverfahren nicht zu lösen. Verdeckte Beobachtungen sind ethisch äußerst problematisch, weil die Beobachteten Dinge von sich preisgeben, ohne davon zu wissen, dass sie in einer wissenschaftlichen Untersuchung von Interesse sind. *„Niemand darf ohne sein Wissen „Opfer" einer wissenschaftlichen Untersuchung werden"* (LEGEWIE 1991, S. 192). Offene Beobachtungen sind in dieser Hinsicht weniger problembeladen, weil die Beobachteten davon wissen, dass ihr Tun beobachtet wird. Wichtig ist in jedem Fall, die persönliche Sphäre des Beobachteten zu schützen und die beobachteten Sachverhalte *anonym* wiederzugeben. LÜDERS (2000, S. 388) fasst die wesentlichen Aspekte bei der Forschung mit teilnehmender Beobachtung prägnant zusammen und meint, dass die Qualität einer solchen Arbeit zum einen vom *„situationsangemessenen Handeln des Beobachters"*, seinem *„geschulten Blick"* und der *„Fähigkeit, heterogenes Material zu einer plausiblen Beschreibung zu verdichten"* abhängt.

4.2.2   Qualitative Interviews

In der qualitativen Sozialforschung gibt es eine große Anzahl von Systematiken, nach denen Interviews differenziert werden können. Fast jeder Autor eines Lehrbuches für (qualitative) Sozialforschung hat eine eigene Systematik entwickelt. Die Systematiken weisen zum Teil große Übereinstimmungen oder zumindest Überschneidungen auf. Hier sollen nur zwei Beispiele kurz vorgestellt werden, weil sie besonders häufig zitiert werden und man ihnen kaum eine gewisse Plausibilität absprechen kann.

4.2.2.1 Systematiken qualitativer Interviews

a) Qualitative Interviews: Systematik I nach FLICK

FLICK (1995, S. 94 ff.) unterscheidet *drei Gruppen von Interviews*: Leitfaden-Interviews, Erzählungen und Gruppenverfahren. Diese drei Gruppen können jeweils in zwei bis drei konkretere Interviewformen unterschieden werden (vgl. Abb. 21). *Leitfadeninterviews* sind stärker strukturiert und stärker an den Interessen des Interviewers orientiert als *Erzählungen*, bei denen der Interviewer zunächst nur ein *Erzähl-Stimulanz* gibt und im Verlauf lediglich die Erzählung weiter anregt. Das Frage-Antwort-Schema, das Leitfadeninterviews ähnlich wie Fragebogen-Interviews zugrunde liegt, ist bei Erzählungen weitgehend aufgegeben (FLICK 1995, S. 115). Im Unterschied zu Leitfaden-Interviews und Erzählungen, die sich zumeist nur an eine Person wenden, werden bei *Gruppenverfahren* mehrere Personen interviewt und es wird vor allem die Dynamik von Gruppen für den Interviewverlauf und den Erkenntnisgewinn genutzt (FLICK 1995, S. 131). Von den insgesamt sieben Interviewformen (vgl. Abb. 21) werden in diesem Lehrbuch drei dargestellt: *narratives Interview, problemzentriertes Interview* und *Gruppeninterview*.

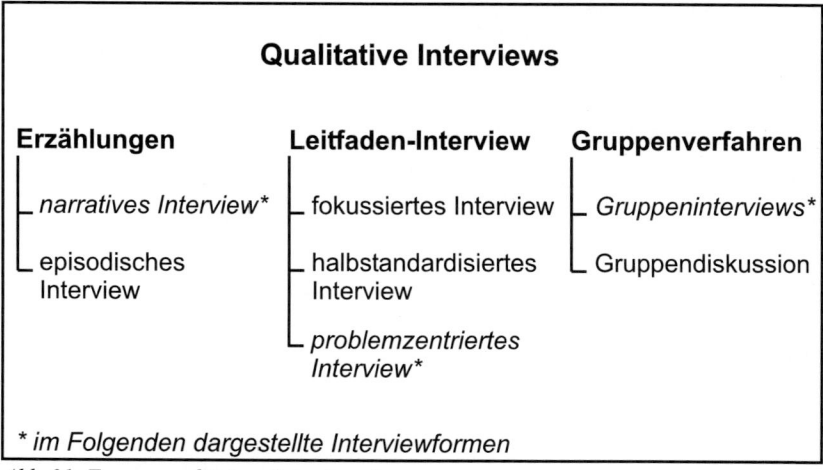

Qualitative Interviews

Erzählungen	**Leitfaden-Interview**	**Gruppenverfahren**
└ *narratives Interview**	└ fokussiertes Interview	└ *Gruppeninterviews**
└ episodisches Interview	└ halbstandardisiertes Interview	└ Gruppendiskussion
	└ *problemzentriertes Interview**	

* im Folgenden dargestellte Interviewformen

Abb. 21: Formen qualitativer Interviews I
Quelle: nach FLICK *1995*

b) Qualitative Interviews: Systematik II nach LAMNEK

LAMNEK (1995, S. 70 ff.) unterscheidet dagegen fünf verschiedene Typen qualitativer Interviews aufgrund von acht Kriterien (z. B. auch Theoriebezogenheit, Prozesshaftigkeit, Flexibilität), wobei das der *Offenheit* in der folgenden Aufstellung herausgestellt wird, weil es dasjenige ist, das zum einen für qualitative Interviews konzeptionell konstituierend ist und zum anderen zwischen den verschiedenen Interviewformen große Unterschiede aufweist (vgl. Abb. 22 und Kasten). Gruppeninterviews tauchen – im Unterschied zu FLICK – in der LAMNEKschen Systematik nicht auf.

   Von den in diesem Buch dargestellten Interviewformen sind das narrative und das problemzentrierte Interview durch eine „mittlere Offenheit" charakterisiert. Diese Interviewformen haben in der empirischen humangeographischen Forschung vielfach und fruchtbar Verwendung gefunden (mehr dazu in den jeweiligen Kapiteln). Die weniger offenen Interviewformen schöpfen die Möglichkeiten der qualitativen Forschung nur bedingt aus, werden in der empirischen Humangeographie kaum angewendet und aus diesem Grund im Folgenden nicht weiter behandelt.

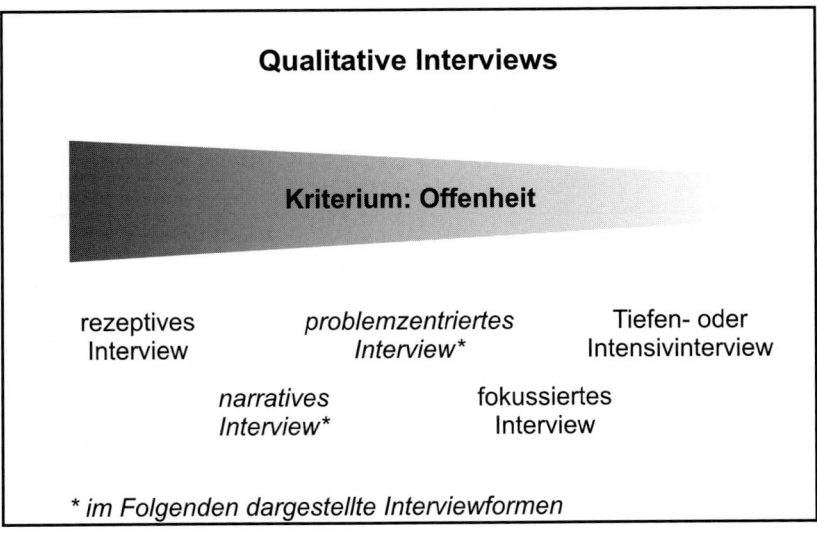

Abb. 22: Formen qualitativer Interviews II
Entwurf: C. PFAFFENBACH; nach LAMNEK 1995

Fünf verschiedene Typen qualitativer Interviews
(LAMNEK 1995, S. 70 ff.)

- *rezeptives Interview*: völlige Offenheit; der Interviewer tritt nicht als Fragesteller auf, sondern so weit wie möglich als Zuhörer (=> *rezeptiv*); hier existiert zwar ein allgemeines Vorverständnis, jedoch keine theoretischen Hypothesen; diese Interviewform gilt als die offenste aller qualitativen Interviews.
- *narratives Interview*: große Offenheit, d. h. der Forscher geht ohne wissenschaftliches Konzept an die Datenerhebung und entwickelt theoretische Vorstellungen erst aufgrund der empirischen Basis; der zu Befragende wird aufgefordert, zu einem bestimmten Thema zu erzählen.
- *problemzentriertes Interview*: weitgehende Offenheit; ein theoretisches Konzept ist vorhanden, die Annahmen werden durch die Interviews mit der sozialen Realität konfrontiert, plausibilisiert und modifiziert; das Interview kann sowohl eine Erzählsequenz enthalten als auch eine leitfadengestützte Sequenz als auch eine kurze standardisierte Fragebogensequenz.
- *fokussiertes Interview*: nur bedingte Offenheit; der Forscher geht mit einer Hypothese an die empirische Arbeit und es wird nach dem Falsifikationsprinzip vorgegangen; damit ist diese Forschungsmethode nahe an der quantitativen Forschungslogik; die Interviews selbst sind Leitfadeninterviews, deren Themen im Laufe des Gesprächs zu behandeln sind; damit hat der Interviewer nur einen beschränkten Spielraum bei der Gesprächsführung. Fokussierte Interviews werden häufig in Gruppenverfahren angewandt, sind jedoch nicht an die Gruppensituation gebunden (HOPF 2000, S. 353).
- *Tiefen- oder Intensivinterview*: kaum Offenheit; auch bei dieser Interviewform geht der Forscher bereits mit spezifischen theoretischen Vorstellungen in die Erhebung; Tiefen- oder Intensivinterviews werden vor allem in der Psychoanalyse angewandt; im Interview wird der Befragte um Explikation der subjektiven Bedeutungszuweisungen gebeten, die anschließend vor dem Theorierahmen der Psychoanalyse interpretiert werden.

Alle genannten Interviewformen müssen jedoch nicht in ihrer „Reinform" verwendet werden, sondern werden in der Praxis zumeist vielfach *kombiniert* (HOPF 2000, S. 353). Gerade die Flexibilität der Instrumente ermöglicht ein hohes Maß an Kreativität beim Entwurf des Forschungsdesigns und erfordert es geradezu.

Gemeinsam ist allen qualitativen Interviews, dass die *„Interviewsituation relativ offen gestaltet ist"* (FLICK 1995, S. 94) und der Gesprächspartner aufgefordert wird, eigene Deutungen und Meinungen von sich zu geben. Der Interviewte wird als Gesprächs-*„Partner"* und nicht als *„Proband"* gesehen. Eine faktische Gleichstellung von Interviewer und Interviewtem gibt es allerdings auch bei den qualitativen Interviews kaum, denn der Interviewer ist verantwortlich für die Gestaltung des Interview-Settings und hat daher viele Aufgaben zu bewältigen. Genaue Angaben zu den vielfältigen Aufgaben eines Interviewers finden sich bei HERMANNS (2000, S. 361 ff.).

Als Interviewer wird man bei vielen qualitativen Interviews versuchen, sie in einem möglichst lebensnahen und alltäglichen Umfeld des Befragten zu führen. Das kann die Wohnung oder der Arbeitsplatz eines Menschen sein, aber auch ein Bereich, in dem er einen Teil seiner Freizeit verbringt oder ähnliche Lokalitäten. Die *Wahl des richtigen Ortes* kann dabei von vielerlei Kriterien abhängen und wird im günstigsten Fall in einem Aushandlungsprozess zwischen Interviewer und Interviewtem festgelegt, denn beide sollten sich dort wohl fühlen können.

Zwischen dem Interviewer und dem Interviewten ist eine gewisse *Vertrauensbeziehung* wünschenswert und förderlich für den Verlauf des Interviews. Empfehlenswert ist es daher, dass das erste Zusammentreffen zwischen Interviewer und Interview-Partner nicht der Interviewtermin ist. Dies ist in der Praxis oft leider nicht realisierbar, da es in den meisten Fällen an der beiderseitigen Zeitknappheit scheitert.

Selbst wenn es gelingt, eine vertrauensvolle Interviewsituation herzustellen, die Interviewer-Interviewter-Beziehung wird zumeist flüchtig bleiben, was BUDE (2000, S. 573) durchaus als einen Vorteil ansieht: *„Der Interviewer gleicht einem Mitreisenden, dem man sein ganzes Leben erzählt. [...] Man vertraut dem, mit GEORG SIMMEL (1984) gesprochen, ‚weiterziehenden Fremden', als welcher der Interviewer erscheint, Dinge an, die man einer nahe stehenden Person möglicherweise niemals sagen würde."*

Wichtig ist ebenfalls, im Vorfeld des Interviews klar zu machen, welche Bedeutung das Interview hat, dass die Angaben und Äußerungen, die der Interviewte macht, vertraulich behandelt werden und seine Anonymität gewahrt bleibt. Dies ist in der Regel bei Interviews mit Experten kaum möglich. Ob man in der Veröffentlichung schreibt „der Vorstandsvorsitzende der Deutschen Bahn AG" oder ihn beim Namen nennt, ist egal, er ist in jedem Fall identifizierbar. Man wird auch kaum schreiben „ein leitender Angestellter eines deutschen Unternehmens" – die Äußerung erhält ihre Aussagekraft in diesem Fall auch dadurch, wer sie machte. Menschen, die weniger in der Öffentlichkeit stehen, kann und sollte Anonymität so weit wie möglich zugesichert werden. In der Veröffentlichung können dazu Namen oder andere Angaben, die eine Identifikation ermöglichen, geändert werden.

Einem Interviewer können viele Fehler unterlaufen. HOPF (2000, S. 358 ff.) nennt einige „Klassiker", die bei qualitativen Interviews fälschlicherweise gemacht werden können:

- *Planungsfehler*: der Leitfaden ist für die zur Verfügung stehende Zeit zu lang (bzw. die Interviewzeit wurde bei der Terminabsprache unterschätzt oder als zu kurz angegeben, z. B. aus Angst, der Termin würde dann abgesagt),
- Tendenz zu einem *dominierenden Kommunikationsstil* des Interviewers (suggestive Fragen, bewertende und kommentierende Aussagen),
- *fehlende Geduld* beim Zuhören,
- *Unfreiheit* im Umgang mit dem Leitfaden (die Fragen werden starr und diszipliniert abgefragt, der Leitfaden wird nicht an die individuelle Gesprächssituation angepasst).

Regieanweisung zur Interviewführung
(nach HERMANNS 2000, S. 367 f.):

→ Dem Gesprächspartner klar machen, um was es geht (Zweck) und wie es geht (wer? wo? wie lange?).

→ Ein gutes Klima schaffen: entspannt sein und versuchen, den Gegenüber zu verstehen.

→ Nicht die eigene Position darstellen, sondern dem Gesprächspartner die Möglichkeit geben, mehrere Aspekte seiner Person zu zeigen, und ihn nicht vor etwas schonen, das ihm peinlich sein könnte.

→ Kurze, leicht verständliche Fragen stellen (Forschungsfragen sind keine Interviewfragen!) und eigene Sprache sprechen.

→ „Naiv" und unwissend sein: Begriffe, Vorgänge, Situationen erklären lassen.

4.2.2.2 Problemzentrierte Interviews

Das *problemzentrierte Interview* ist – um es in die obigen Systematiken einzuordnen – *offen*, d. h. offen für den Befragten (es werden keine Antwortvorgaben gegeben), und *halbstrukturiert*, d. h. der Interviewer kann flexibel auf den Gesprächsverlauf reagieren (es existiert kein starrer Fragenkatalog). Entwickelt wurde das problemzentrierte Interview von dem Psychologen WITZEL. Es werden *„anhand eines Leitfadens, der aus Fragen und Erzählanreizen besteht, insbesondere biographische Daten mit Hinblick auf ein bestimmtes Problem thematisiert"* (FLICK 1995, S. 105). Diese *Problemzentrierung*, die der Interviewform ihren Namen gab, definierte WITZEL (1985, S. 230) als *„die Orientierung des Forschers an einer relevanten gesellschaftlichen Problemstellung"*. Der Begriff kann jedoch irreführend sein, denn auch For-

schungsarbeiten, die mit anderen Interviewformen arbeiten, können – und
sollen – an gesellschaftlichen Problemstellungen ansetzen. Die Problembe-
zogenheit ist damit nicht ausschließlich auf problemzentrierte Interviews
reduzierbar.

Das problemzentrierte Interview wird zu den *Leitfadeninterviews* gerechnet (FLICK 1995, S. 94 ff.), denn ein großer Teil des Interviews folgt einem
Leitfaden. Dieser *Leitfaden* spiegelt die Überlegungen des Forschers zu einer
spezifischen Problemstellung wider und stellt damit eine klare Vorab-Konstruktion dar. Die Problem- oder Fragestellungen werden vor Beginn der empirischen Phase, also vor der Führung der Interviews, analysiert. Die wesentlichen Aspekte werden im Interviewleitfaden zusammengestellt und im
Gesprächsverlauf angesprochen (vgl. MAYRING 1996, S. 50). Dieses Vorgehen
fußt auf der Überzeugung, dass ein Forscher nicht völlig ohne Konzepte und
Theorien mit der empirischen Arbeit beginnt, sondern *„immer schon entsprechende theoretische Ideen und Gedanken (mindestens implizit) entwickelt
hat"* (LAMNEK 1995, S. 75). Diese theoretischen Konzepte und das wissenschaftliche Vorverständnis werden vor den empirischen Arbeiten festgehalten
und der Leitfadenkonstruktion (ähnlich wie bei der Fragenbogenkonstruktion)
zugrunde gelegt. MAYRING (1996, S. 52) sieht das problemzentrierte Interview
als *„hervorragend geeignet für eine theoriegeleitete Forschung, da es keinen
rein explorativen Charakter hat, sondern die Aspekte der vorrangigen Pro-
blemanalyse in das Interview Eingang finden. Überall dort also, wo schon
einiges über den Gegenstand bekannt ist, überall dort, wo dezidierte, spezifi-
schere Fragestellungen im Vordergrund stehen, bietet sich diese Methode an. "*

In der einschlägigen Fachliteratur zur qualitativen Sozialforschung kann
man nur wenige Anhaltspunkte zur Konstruktion eines Leitfadens finden.
MAYRING (1995, S. 52) orientiert sich in seiner Beschreibung, wie ein Leitfaden auszusehen hat, relativ weit an der Strukturierung von Fragebögen: Demnach soll ein Leitfaden *„die einzelnen Thematiken des Gesprächs in einer
vernünftigen Reihenfolge und jeweils Formulierungsvorschläge"* der Fragen
enthalten. Andere Autoren halten weder eine genaue Frageformulierung noch
die Reihenfolge, in der die interessierenden Themen angesprochen werden,
für erheblich: Im Leitfaden sollen nach LAMNEK (1995, S. 65) nur die *„wichtigsten anzusprechenden Fragen – nicht notwendigerweise im Wortlaut –
stichpunktartig festgehalten* [sein]. *Wann diese oder jene Frage mit dem
Befragten besprochen wird, ist nicht fixiert, sondern ergibt sich aus dem
zufälligen Verlauf des Gesprächs"*. Ob man die Fragen formuliert oder die
Themen nur stichpunktartig anführt, kann sich nach den Bedürfnissen des
Interviewers richten. Selbst wenn nur Stichpunkte festgehalten sind, wird
man sich vermutlich Frageformulierungen zurechtlegen und im Laufe der
Untersuchung wird sich eine bestimmte Art, die jeweiligen Punkte anzuspre-
chen, festigen.

Die Länge und innere Dramaturgie eines Leitfadens kann je nach Thema und Kontext in der humangeographischen Forschung unterschiedlich sei (vgl. Kasten und Abb. 23).

Gesprächsleitfaden Bevölkerung (HELBRECHT 1991, S. 138)

a) Baulich-gestalterische Wirkung der Großwohnsiedlung
- Wie wirkt die Siedlung auf Sie mit den Fassaden und der Anlage der Häuser?
- Was stört Sie an dem Erscheinungsbild insbesondere?
- Was gefällt Ihnen gut?
- Welche Bereiche der Siedlung wären Ihrer Meinung nach für eine Veränderung der Situation besonders wichtig?

b) Sozialverhalten
- Haben Sie ein gutes Verhältnis zu Ihren Nachbarn?
- Haben Sie Verwandte, Freunde oder Bekannte innerhalb der Siedlung?
- Fühlen Sie sich hier wohl?
- Hat die Schleife ein bestimmtes Image?

c) Das Ladenzentrum
- Welche Bedeutung hat das Einkaufszentrum Sprickmannstraße für Sie?
- Dient das Ladenzentrum nur als Einkaufsbereich oder nutzen Sie es auch als Aufenthaltsbereich?
- Macht es Spaß, dort einzukaufen?
- Was sollte im Ladenzentrum anders sein?

d) Freizeitverhalten
- Was machen Sie in Ihrer Freizeit? (Aktivität, Erholung)
- Welche Freiräume nutzen Sie dabei z. Z. (Bürgerpark Nord)?
- Was machen Ihre Kinder in der Freizeit, wo spielen sie?

e) Akzeptanz der Nachbesserung
- Kennen Sie die städtebauliche Nachbesserung?
- Was halten Sie davon insgesamt?
- Welche Maßnahmen gefallen Ihnen besonders gut?
- Was stört Sie an den Veränderungen und welche Maßnahmen beurteilen Sie negativ?
- Kennen Sie den Planerladen? Waren Sie schon einmal dort? Kennen Sie den Planer?

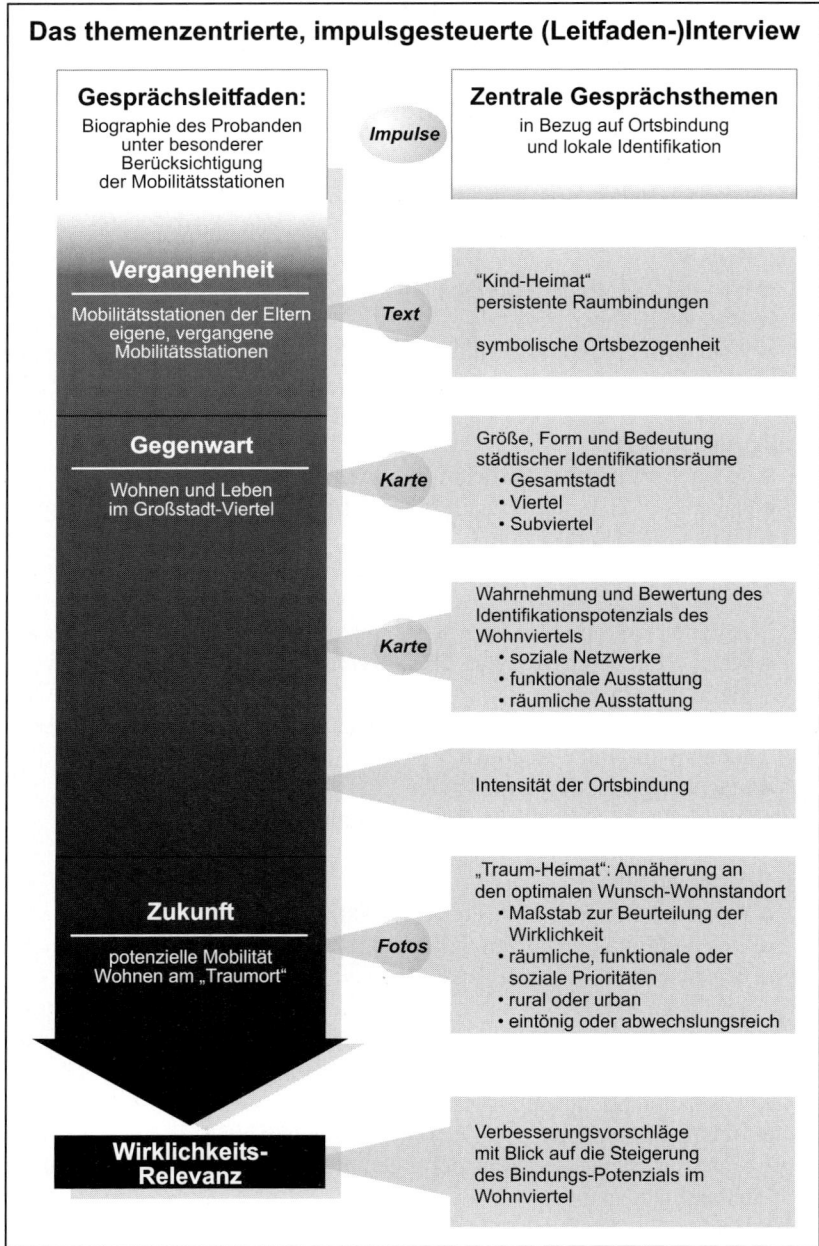

Abb. 23: Beispiel für einen grafisch umgesetzten Leitfaden
Quelle: REUBER 1993, S. 26, verändert

Ein Leitfaden ist in seiner Funktion und seiner Struktur trotz gewisser Ähnlichkeiten nicht identisch mit einem Fragebogen mit ausschließlich offenen Fragen. Er strukturiert das Gespräch nur insofern vor, als er die Themen enthält, die im Interview angesprochen werden sollen. Die einzelnen Themen können so zusammengestellt werden, dass miteinander zusammenhängende Themen in einem Block zusammengefasst werden. Ein Leitfaden ist somit eine Interview-*Hilfe* und kein *starres Schema*, in das jedes Interview gepresst werden muss. Als eine Art *Checkliste* kann er gegen Ende des Interviews zur Kontrolle dienen, ob alle relevanten Themen angesprochen wurden oder ob noch ein wesentlicher Aspekt übersehen wurde (LAMNEK 1995, S. 77). Generell sind im Unterschied zu einer Fragebogenerhebung im gesamten Forschungsverlauf Veränderungen des Leitfadens möglich, wenn sich erst im Laufe der Interviews herausstellt, dass z. B. ein oder mehrere bedeutende Aspekte bei der Konstruktion des Leitfadens vergessen wurden oder unrelevante Aspekte enthalten sind. Dieses Verändern kann mit der *Prozesshaftigkeit* qualitativer Forschung begründet werden (siehe Kap. 4.1).

WITZEL (1985, S. 245 ff.) hat als Bestandteile eines problemzentrierten Interviews den Gesprächseinstieg, allgemeine und spezifische Sondierungen und Ad-hoc-Fragen genannt und er beschreibt, wie die einzelnen Sequenzen jeweils gestaltet werden können:

Untersuchung der Berufsfindung von Jugendlichen
(vgl. WITZEL 1985, S. 245 ff.)

Gesprächseinstieg: „Du möchtest ... werden, wie bist Du darauf gekommen? Erzähl doch einfach mal!"
Allgemeine Sondierungen sollen im Interview durch *Nachfragen* wie „Was passierte da im einzelnen?" oder „Woher weißt Du das?" weitere Details des bis dahin Dargestellten liefern.
Spezifische Sondierungen sollen das Verständnis auf Seiten des Interviewers vertiefen durch Zurückspiegelung des Gesagten (Zusammenfassung, Rückmeldungen, Interpretationen seitens des Interviewers), *Verständnisfragen* und *Konfrontation des Interviewpartners* mit Widersprüchen und Ungereimtheiten in seinen Ausführungen.
Ad-hoc-Fragen sind der vierte und letzte Teil eines problemzentrierten Interviews. Es können *direkte Fragen* zu Themengebieten gestellt werden, die der Interviewpartner bislang noch nicht von sich aus angesprochen hat.

Ein problemzentriertes Interview ist – wie andere Interviews übrigens auch – ergänzbar durch andere Elemente. Z. B. kann in ein problemzentriertes Interview auch eine narrative Sequenz eingebaut werden, wenn zu einem bestimmten Aspekt die Erzählung des Interviewten sinnvoll und erwünscht ist (siehe die Einstiegsfrage oben: „Du möchtest ... werden, wie bist Du darauf gekommen? Erzähl doch einfach mal?"). WITZEL (1985, S. 236) sieht als weitere zusätzlich mögliche Elemente des problemzentrierten Interviews den *Kurzfragebogen* und das Postskriptum vor.

Im *Kurzfragebogen* können z. B. zu Beginn des Interviews erste Aspekte des Themas standardisiert abgefragt werden, um eine „*Auseinandersetzung mit dem Gegenstand des Interviews zu initiieren*" und den „*Einstieg in das Gespräch zu erleichtern*" (LAMNEK 1995, S. 77). Wenn der Kurzfragebogen jedoch dazu dienen soll, sozialstatistische Daten zu erfragen, die für das Thema weniger relevant sind, bei der Interpretation jedoch eine Rolle spielen können, „*erscheint es sinnvoller, ihn am Ende zu verwenden, damit sich seine Fragen-Antwort-Struktur nicht auf den Dialog im Interview selbst auswirkt*" (FLICK 1995, S. 107). Allerdings folgt das problemzentrierte Interview sowieso einer Frage-Antwort-Struktur. Bereits der Gesprächseinstieg ist eine Frage, ebenso wie auch alle anderen Teile des Interviews (allgemeine und spezifische Sondierung und die Ad-hoc-Fragen), und die Interviewpartner sind durch diese Fragen aufgefordert, Antworten zu geben. Der Kurzfragebogen am Ende des Interviews könnte jedoch verhindern, dass sich bestimmte quantitative Antwortschemata (ja-nein, kurze Sätze, Eindeutigkeit) im Interview fortsetzen, was in qualitativen Interviews nicht erwünscht ist.

Das zweite zusätzliche Element des problemzentrierten Interviews ist die Anfertigung eines *Postskriptums*. „*Darin soll der Interviewer unmittelbar im Anschluß an das Interview seine Eindrücke über die Kommunikation, über die Person des Interviewpartners, über sich und sein Verhalten in der Situation, äußere Einflüsse, den Raum, in dem das Interview stattgefunden hat etc., notieren. So werden möglicherweise aufschlussreiche Kontextinformationen dokumentiert, die für die spätere Interpretation der Aussagen im Interview hilfreich sein können und den Vergleich verschiedener Interviewsituationen erlauben*" (FLICK 1995, S. 107 f.). Die Anfertigung eines Postskriptums kann auch im Zusammenhang mit anderen Interviewformen sinnvoll sein und für deren Interpretation hilfreiche Kontextinformationen enthalten (mehr dazu in Kapitel 4.3.1).

Neben dem Kurzfragebogen und dem Postskriptum ist auch die Ergänzung des problemzentrierten Interviews mit *Zeichnungen* (von *Mental Maps*, etc.), *Fotos* von unterschiedlichen Straßenräumen, Stadtplänen zur Viertelsabgrenzung (REUBER 1993, S. 27), der Anfertigung eines *Tagebuches* oder von *Tagesablaufskizzen* des vergangenen Tages im Urlaub (PFAFFENBACH 1999, S. 36) und ähnlichen spielerischen Elementen möglich. In problemzentrierte Interviews können auch narrative biographische Sequenzen eingebaut werden. Der Kreativität des Forschers sind hier nur zeitliche Grenzen gesetzt. Das methodische Instrument kann und sollte (nicht nur) beim problemzentrierten Interview möglichst kreativ und originell kombiniert und genutzt werden.

Problemzentrierte Interviews eignen sich nach MAYRING (1996, S. 53 f.) besonders gut für umfangreiche Stichproben von bis zu 100 Interviews. In diesem Fall muss man allerdings von einem sehr konzentrierten Problem und einem relativ kurzen Leitfaden ausgehen; andernfalls ist bei dieser großen Interviewzahl kaum eine vertiefte Auswertung möglich, denn 100 Interviews mit je 10 Seiten Transkription ergeben allein 1000 Seiten Text. Problemzentrierte Interviews können jedoch auch bei einem nicht so stark eingrenzbaren Themengebiet sinnvoll sein. Dann sind bereits deutlich weniger als 100 Interviews eine gute Basis für eine detaillierte Auswertung (z. B. HELBRECHT 1991: 56 Interviews; REUBER 1993: 46 Interviews; COSTANZO 1999: 70 Interviews; LINDNER 1999: 46 Interviews; PFAFFENBACH 2002: 46 Interviews). Je nach Thema und Rahmenbedingungen muss man entscheiden, ob man eher Wert auf Breite legt und dabei die Tiefe vernachlässigt, oder umgekehrt.

Der den Interviews zugrunde liegende Leitfaden erleichtert die Auswertung dadurch, dass die Interviews zumindest teilweise direkt miteinander vergleichbar sind, da sie einem ähnlichen Muster folgen. Dadurch können auch größere Interviewzahlen bearbeitet werden. Als Auswertungsmethode sind besonders kodierende Verfahren und die qualitative Inhaltsanalyse geeignet (MAYRING 1996, S. 98 u. FLICK 1995, S. 108; zu den Auswertungsverfahren siehe Kap. 4.3.2).

4.2.2.3 Narrative Interviews

Narrative Interviews sind – der obigen Typologie folgend – *offen* und *wenig strukturiert*. Die Interviewform geht auf den Bielefelder Soziologen FRITZ SCHÜTZE (1977) zurück. Glaubt man den Lehrbüchern, sollen sie völlig ohne vorher ausgearbeitetes Konzept geführt werden. Dieses wird erst im Nachhinein auf der Grundlage der Aussagen der Interviewten ausgearbeitet. Gerade diese angebliche *tabula rasa* wird von Kritikern bestritten, die mit guten Gründen meinen, dass der Forscher – auch wenn er es nicht expliziert – nicht ohne Konzepte und ohne ein wissenschaftliches Vorverständnis arbeitet (vgl. Argumente für das problemzentrierte Interview; LAMNEK 1995, S. 75). Allein die programmatische Offenheit der narrativen Interviews kann schon als Konzept gesehen werden. Von daher kann man zwar völlig offen dem Befragten und der Thematik gegenüber sein, aber wohl kaum völlig ohne Konzept in ein Interview gehen.

Das narrative Interview baut zu einem großen Teil auf das freie Erzählen, bzw. die *Stegreiferzählung*. Zu einem bestimmten Thema wird eine Geschichte erzählt, dokumentiert, in einen Text umgewandelt und interpretiert. Es soll sich dabei um eine *„spontane Erzählung"* handeln, *„die nicht* *durch Vorbereitungen oder standardisierte Versionen einer wiederholt erzählten Geschichte vorgeprägt oder vorgeplant"* ist (HERMANNS 1991, S. 183). Als Themen eignen sich wichtige Ereignisse und Schlüsselerlebnisse. Der Hauptteil des Interviews besteht aus *„der Erzählung selbsterlebter Ereignisse"* durch den Interviewpartner (HERMANNS 1991, S. 183). Narrative Interviews werden für die empirische Sozialforschung als gewinnbringend angesehen, weil Erzählungen auch im Alltag eine große Rolle spielen (MAYRING 1996, S. 54) und sie damit eine ganz natürliche und gewohnte Form der Kommunikation darstellen. Das Ziel von narrativen Interviews ist *„das Verstehen, das Aufdecken von Sichtweisen und Handlungen von Personen sowie deren Erklärung aus eigenen sozialen Bedingungen"* (HERMANNS 1981 zit. n. ATTESLANDER 2000, S. 155). Narrative Interviews sind dabei im Unterschied zu problemzentrierten Interviews auch zur Exploration von bislang wenig erforschten Bereichen geeignet (MAYRING 1996, S. 56). Wohin sich die Untersuchung entwickelt, hängt weitgehend von den Erzählungen ab und wird möglichst wenig durch Überlegungen des Forschers vorstrukturiert.

Ein narratives Interview steht und fällt mit der Auswahl des Themas (es muss etwas zu erzählen geben) und der Erzählfreudigkeit des Interviewten. In der Soziologie geht man zwar von einer *„schichtunabhängig vorhandenen ‚narrativen Kompetenz'"* aus (SCHÜTZE 1977 zit. n. LAMNEK 1995, S. 73), dennoch *„dürften sozialisations- und/oder persönlichkeitsspezifische Unterschiede schon zu erwarten sein"* (LAMNEK 1995, S. 73). Als Erzählthema eignen sich weniger die Beschreibungen von Situationen als vielmehr Handlungsabläufe und Veränderungsprozesse. Am bekanntesten ist der Einsatz narrativer Interviews in der biographischen Forschung. Man geht dabei von der Annahme aus, dass sich biographische Selbstpräsentationen am überzeugendsten in Erzählungen als Textform für die Vermittlung selbst erlebter Ereignisse darstellen lassen (HEINZE 2001, S. 168). Die Erzählaufforderung kann auf die gesamte Lebensgeschichte abzielen oder auf einen bestimmten Lebensabschnitt (Migrationserfahrung, „Wende"-Erfahrung, Einstieg ins Berufsleben, Geschichte der „mißlungenen Verhinderung der Startbahn-West" (SCHNELL, HILL & ESSER 1999, S. 357), etc.). Dabei ist es in der Regel nicht nur von Interesse, welche Aspekte bei der Erzählung besondere Berücksichtigung erfahren und worauf bei der Erzählung Wert gelegt wird, sondern auch wie die Ereignisse, über die berichtet wird, in der Retrospektive interpretiert werden, denn *„das Erzählen beinhaltet implizit eine retrospektive Interpretation des erzählten Handelns"* (LAMNEK 1995, S. 71).

Allgemeine Anmerkungen zur Struktur von Erzählungen

Für die Interpretation der Texte und die Rekonstruktion der Kernaussagen ist es wichtig zu wissen, dass Erzählungen generell einer bestimmten Struktur folgen (HERMANNS 1991, S. 183): *„Es wird zunächst die Ausgangssituation geschildert („wie alles anfing"), und es werden dann aus der Fülle der Erfahrungen die für die Erzählung relevanten Ereignisse ausgewählt und als zusammenhängender Fortgang von Ereignissen dargestellt („wie sich die Dinge entwickelten"), bis hin zur Darstellung der Situation am Ende der Entwicklung („was daraus geworden ist")."* Diesen Ablauf versucht der Interviewer lediglich zu unterstützen, indem er den Geschehensablauf nachfragt (Was ist dann passiert? Wie ging die Sache aus?) und auch immer wieder zum Thema zurückleitet, wenn der Erzähler zu stark davon abweicht. Die Erzählstruktur eignet sich aus verschiedenen Gründen für Interviews: Zum einen werden Erzählungen in der Regel logisch aufgebaut, sie folgen z. B. oft einer Chronologie. Erzähler versuchen, Gedanken- und Zeitsprünge zu vermeiden, und wenn sie welche anstellen müssen, dann werden die gemachten Sprünge begründet und in den Gesamtzusammenhang der Erzählung gestellt. Sie rekonstruieren vergangene Ereignisse möglichst widerspruchsfrei; der Druck, eine Erzählung plausibel zu machen und immer weitere Details anzufügen, um die Erzählung zu ihrem Ende zu bringen, geht dabei nicht vom Interviewer aus, der sich möglichst zurücknehmen kann, sondern von der Erzählung selbst, denn kaum ein Erzähler bricht mitten in der Erzählung ab oder lässt eine Erzählung bruchstückhaft oder unplausibel im Raum stehen (LAMNEK 1991, S. 72 f.). Aus all diesen Gründen kann die Erzählung keinesfalls als Repräsentation der Wirklichkeit angesehen werden, denn der Erzähler liefert mit der Erzählung im Sinne der doppelten Hermeneutik von GIDDENS (1989) eine *Rekonstruktion seiner subjektiven Erlebnisse und Erfahrungen*. Die Handlungen, die Gegenstand der Erzählung sind, sind Vergangenheit und werden durch den Erzähler in der Retrospektive gedeutet.

Phasen einer Erzählung

In einer ersten Phase des Interviews ist es zunächst nötig, dem Gesprächspartner zu erklären, was mit „Erzählung" und „Geschichte" gemeint ist. Diese Phase wird daher *Erklärungsphase* (LAMNEK 1995, S. 71) oder *Anwerbungsphase* (HERMANNS 1991, S. 184) genannt. Auch sollten zu diesem Zeitpunkt die allgemeinen und technischen Details geklärt werden (Anonymität, Aufzeichnung des Gesprächs, Transkription etc.).

Die zweite Phase wird als *Einleitungsphase* (LAMNEK 1995, S. 71) oder *Einstiegsphase* (HERMANNS 1991, S. 184) bezeichnet. Hier stellt der Interviewer eine Eingangsfrage als *„erzählgenerierende Frage"*, wodurch der Interviewte in den „Zugzwang" der Erzählung kommen soll (GIRTLER 1984, S. 156). Je präziser die Einstiegsfrage gestellt wird und je klarer dem Erzähler ist, worauf der Interviewer hinaus will, desto präziser kann die Erzählung werden. An dieser Stelle erfolgt auch eine unzweifelhafte Strukturierung der

Erzählung. Narrative Interviews als völlig unstrukturiert zu beschreiben ist daher falsch; sie wurden deshalb eingangs auch als „wenig strukturiert" bezeichnet. Die Strukturierung wird durch die *„dreifachen Zugzwänge des Erzählens"* begründet. Der Erzähler ist – sobald er sich auf die Erzählsituation eingelassen hat – im Zugzwang, die Erzählung zu Ende zu bringen, nur das für das Verständnis des Ablaufs Notwendige in die Erzählung aufzunehmen sowie Hintergrundinformationen und Zusammenhänge mitzuliefern (FLICK 1995, S. 118). Der Beginn und das Ende des narrativen Interviews sind sogar ausdrücklich durch Frage-Blöcke strukturiert.

Beispiel einer „erzählgenerierenden Frage" in einem narrativen Interview (HERMANNS 1991, S. 183)

„Ich möchte Sie bitten, mir zu erzählen, wie sich die Geschichte Ihres Lebens zugetragen hat. Am besten beginnen Sie mit der Geburt, mit dem kleinen Kind, das Sie einmal waren, und erzählen dann all das, was sich so nach und nach zugetragen hat, bis zum heutigen Tag. Sie können sich dabei ruhig Zeit nehmen, auch für Einzelheiten, denn für mich ist alles das interessant, was *Ihnen* wichtig ist."

Die obige Aufforderung, „die Geschichte des Lebens" zu erzählen, dürfte in der Geographie nur von spezifischer Relevanz sein (z. B. in der Migrationsforschung). Man kann sich an Stelle dieser umfassenden Erzählaufforderung auch *„einen bestimmten, zeitlichen und thematischen Ausschnitt aus der Biographie"* (FLICK 1995, S. 116) vorstellen, der für geographische Untersuchungen von Bedeutung sein kann: Der Umzug/die Auswanderung in eine andere Stadt/ein anderes Land, die Veränderung der beruflichen Situation, etc. Es kann sich dabei aber auch um die Geschichte einer Betriebsstilllegung oder die Geschichte der Zusammenlegung von Gemeinden handeln (HERMANNS 1991, S. 183).

In der anschließenden *Erzählphase* ist der Interviewer eher passiv und beschränkt sich auf verbale und nonverbale Äußerungen, mit denen er klar macht, dass er der Erzählung folgt. Er nimmt die Rolle eines *„interessierten Zuhörers"* ein (LAMNEK 1995, S. 72). Die Erzählung wird in der Regel durch unmissverstliche Äußerungen wie „Das war's eigentlich" oder „Tja, das war's so im großen und ganzen. Ich hoffe, Sie konnten was damit anfangen", beendet (HERMANNS 1991, S. 184).

Erst in der vierten Phase (*Nachfragephase*; LAMNEK 1995, S. 72) erfolgt ein Nachfragen, wobei Unverstandenes und Widersprüchliches geklärt werden können. Dieses Nachfragen kann auch aus erneuten Erzählaufforderungen bestehen („Das habe ich vorhin noch nicht genau verstanden. Können Sie dies bitte noch etwas ausführlicher erzählen?"; FLICK 1995, S. 117). In der

Nachfragephase soll sich der Interviewer noch auf die „*Wie-Fragen*" beschränken.

In der letzten Phase, der *Bilanzierungsphase* (LAMNEK 1995, S. 72), versucht der Interviewer zusammen mit dem Erzähler, eine *Bilanz* herauszuarbeiten und den „Sinn" des Ganzen zu erfassen (HERMANNS 1991, S. 183). An dieser Stelle können auch *„Warum-Fragen"* zur Motivation und Intention gestellt werden.

In seiner Dissertation zum wirtschaftlichen Wandel, zu Alltag und Politik in Nordost-England führte GERALD WOOD (1994) im Rahmen der Bevölkerungsbefragung narrative Interviews durch. Diese Interviewform eignet sich seiner Meinung besonders gut für eine Befragung, die sich mit einer *fremden Lebenswelt* beschäftigt, weil die „offenkundig völlige Unkenntnis" des Interviewers den Gesprächspartnern plausibel war und die gewünschte Erzählung dadurch gerechtfertigt wurde. Der Einstieg und die zentrale Frage des Interviews lauteten wie folgt:

Einstieg und zentrale Frage bei der Bevölkerungsbefragung in Nordost-England (WOOD 1994, S. 204)

„I am here because I want to talk with you about everyday life in this area, and, if you feel happy about it, about your everyday life. Because I am from Germany and know very little about this part of the country and particularly about its people I am very anxious to learn more. This is why I am very pleased that you agreed to talk with me today. What I would like to do is to ask a few, very general and open-ended questions which are intended to be starting-points for an open conversation. Ok? – What is life about for people here?"

Die Mehrdeutigkeit der zentralen Frage „What is life about for people here?" war dabei durchaus intendiert, denn das Untersuchungsfeld wurde dadurch relativ wenig vorstrukturiert und überließ den Gesprächspartnern selbst die Fokussierung. Aufgrund des Umfangs von narrativen Interviews und der Probleme bei der Auswertung (siehe dazu mehr im folgenden Abschnitt) beschränkte sich WOOD (1994, S. 197 ff.) auf 14 Interviews mit 22 Personen.

Das Sich-Zurückhalten des Interviewers, die größere Bedeutung des Erzählens gegenüber dem Fragen ließ ATTESLANDER (2000, S. 155) zu folgendem Zweifel kommen: *„Es fragt sich, ob der Begriff ‚narratives Interview‘ überhaupt den Sachverhalt trifft, denn von ‚Interview‘ im üblichen Sinne kann keine Rede sein"*. Der für Interviews im allgemeinen eher untypische Verlauf des narrativen Interviews kann auch zu Irritationen führen (FLICK 1995, S. 121): Zum einen wird die Erwartung des Interviewten an die

Situation „Interview" nicht erfüllt (es werden kaum „klassische" Interviewfragen gestellt), zum anderen wird die Erwartung an die Situation „Alltagser-
zählung" nicht erfüllt (es wird ein größerer Zeitraum für die Erzählung eingeräumt, als dies in Alltagssituationen der Fall ist).

Weitere Probleme der narrativen Interviews sind die damit verbundene
Annahme, es ließe sich ein „Zugang zu den tatsächlichen Erfahrungen und
Ereignissen gewinnen" – vielmehr erhält man, wie oben bereits genauer ausgeführt, bestenfalls einen Zugang zu den Geschichten, die über diese Ereignisse
existieren – und die Tatsache, dass *„im Vorgang der Erzählung Konstruktionen
des Dargestellten in einer spezifischen Form stattfinden und daß die Erinnerung an Früheres von der Situation beeinflusst wird"* (FLICK 1995, S. 123).

Phasen des narrativen Interviews
(vgl. HERMANNS 1991, S. 184 f. u. LAMNEK 1995, S. 71f.)

1. *Anwerbungs- und Erklärungsphase*: Erklärung des Anliegens und der
   Rahmenbedingungen des Interviews
2. *Einleitungs- oder Einstiegsphase*: Die erzählgenerierende Frage wird
   gestellt
3. *Erzählphase*: Der Erzähler entwickelt seine Geschichte, der Interviewer hört zu
4. *Nachfragephase*: „Wie-Fragen"; neue Erzählaufforderungen
5. *Bilanzierungsphase*: „Warum-Fragen" nach der Motivation und Intention, nach dem „Sinn des Ganzen"

Die *Auswertung* von narrativen Interviews erfordert einen hohen Arbeitsaufwand, denn der Textumfang ist in der Regel größer und weniger strukturiert als bei problemzentrierten Interviews, bei denen der Leitfaden einen
gewissen Anhaltspunkt bei der Auswertung gibt. Lediglich die relativ feste
Struktur von Erzählungen bietet *„die Grundlage für einen Vergleich mehrerer Erzählungen"* (MAYRING 1996, S. 55). Diese Auswertungsprobleme sollten schon zu Beginn der Befragung bedacht werden: Jede Interviewstunde
ergibt ein etwa 30-seitiges Transkript. Wegen dieser *„großen und unstruktu-
rierten Masse an Text"* und der daraus resultierenden Auswertungsprobleme
*„sollte vor der Entscheidung für diese Methode geklärt werden, ob wirklich
der Verlauf (des Lebens, der beruflichen Karriere, etc.) im Vordergrund der
Fragestellung steht und ob nicht die gezielte thematische Steuerung, die ein
Leitfaden-Interview bietet, der effektivere Weg zu den gewünschten Daten und
Ergebnissen ist"* (FLICK 1995, S. 124).

Als Auswertungsverfahren bieten sich – ähnlich wie bei den problemzentrierten Interviews – Kodierungen und inhaltsanalytische Verarbeitungen an
(ATTESLANDER 2000, S. 155).

4.2.2.4 Gruppeninterviews und Gruppendiskussionen

Gruppeninterview und *Gruppendiskussion* unterscheiden sich nur graduell voneinander: In einer *Gruppendiskussion* nimmt der Interviewer stärker die Funktion eines Moderators ein und beschränkt sich mehr auf die Leitung der Diskussion, während er in einem *Gruppeninterview* häufiger Fragen einbringt. Gruppeninterviews haben mit Gruppendiskussionen mehr gemeinsam als mit Einzelinterviews, sie sind nicht einfach qualitative Interviews mit einer Gruppe anstatt mit einer Person – sie verfolgen eine ganz *andere Zielsetzung* und müssen daher *andere Regeln* beachten. Da es bei der Intention, der Problematik der Durchführung und der Auswertung starke Parallelen zwischen Gruppeninterview und -diskussion gibt, wird im Folgenden nicht ausdrücklich zwischen diesen beiden Formen unterschieden.

Gruppendiskussionen können *„einmal als Informationsquelle für den Forscher, zum anderen als Lernprozeß für die an der Forschung Beteiligten"* dienen (DREHER & DREHER 1991, S. 188). Sie können als Verfahren zur Meinungs- und Einstellungserhebung, zur Analyse von Lebenswelten (DREHER & DREHER 1991, S. 187) und zur *„Analyse gemeinsamer Problemlösungsprozesse in der Gruppe"* (FLICK 1995, S. 133) genutzt werden.

Bei Gruppeninterviews geht es nicht primär um subjektive Bedeutungsstrukturen und individuelle Meinungsbilder, sondern vor allem um (halb-) öffentliche Meinungen, die an bestimmte soziale Zusammenhänge und bestimmte soziale Situationen, z. B. Gruppensituationen, gebunden sind, z. B. politische Ansichten, Meinungen über „fremde Kulturen", etc. Der Grundgedanke ist, dass *„in der Dynamik einer Diskussion durch wechselseitige Stimulation das wesentlich Gemeinte zur Sprache kommt; unterstützt wird dies durch die höhere Realitätsnähe der Situation und die Spontaneität der Äußerungen"* (DREHER & DREHER 1991, S. 186). Diese höhere Realitätsnähe wird in der Gruppensituation vermutet, die eher eine natürliche (Gesprächs-) Situation ist als jede andere Interviewsituation.

Ein bekanntes Beispiel für eine Untersuchung mit Gruppeninterviews ist die des Frankfurter Instituts für Sozialforschung in den 1950er Jahren zur Nazi-Vergangenheit und der demokratischen Gegenwart in der damaligen BRD, in deren Verlauf festgestellt wurde, dass noch immer nationalsozialistische Ideologien und Vorurteile gegenüber Juden bestanden. In vorherigen Einzelinterviews konnte dies nicht herausgearbeitet werden, jedoch schaukelten sich die Gespräche in der Gruppe gegenseitig hoch und es wurden Vorurteile und Ideologien offenkundig (MAYRING 1996, S. 58.).

Vertreter der Gruppendiskussion führen als Argument an, dass sich kollektive Deutungs- und Kommunikationsmuster nicht in Einzelinterviews erfassen lassen, sondern nur in öffentlichen sozialen Gruppensituationen (LAMNEK 1995, S. 140 ff.). Man geht generell davon aus, dass die Meinungen der Einzelnen zwar nicht erst durch den Gruppenprozess produziert werden, dass aber die Konkretisierung und sprachliche Äußerung durch den Gruppenprozess hervorgerufen wird (MANGOLD 1960 zit. n. BOHNSACK 2000, S. 370). Dabei muss jedoch klar sein, dass in der Regel die Dynamik der Gruppe die Meinungsvielfalt und -gültigkeit reguliert (DREHER & DREHER 1991, S. 186), d. h. dass extreme Einzelmeinungen relativiert werden können. Die Gruppenmeinung wird dabei als situationsabhängig betrachtet, sie wird immer wieder aufs Neue von den beteiligten Akteuren ausgehandelt. Die Ergebnisse der Diskussion sind eine kontextabhängige Konstruktion und damit nicht reproduzierbar.

Gruppenverfahren werden also mit der Hoffnung angewandt, dass in der Gruppensituation eher als in Einzelinterviews Meinungen geäußert werden, die im Alltag das Handeln bestimmen (und nicht etwa Meinungen, die politisch korrekt sind oder solche, von denen der Interviewte meint, der Interviewer könne ihnen zustimmen oder sie zumindest nachvollziehen). In Gruppendiskussionen können Aspekte vorkommen, angesprochen und diskutiert werden, die ein Einzelner so nicht äußern würde oder die z. B. auch in schriftlichen Befragungen tabuisiert werden und deshalb nicht geäußert werden. Die *Vertrautheit der Gruppe* soll eine größere Offenheit ermöglichen als die (unvertraute und oft einmalig bleibende) Begegnung mit einem Interviewer. Dem hat LAMNEK (1995, S. 147) entgegnet, dass gerade *„die persönliche Bekanntschaft manchmal die notwendige Offenheit verhindert, weil Konflikte über die Gruppendiskussionsdauer hinaus befürchtet werden. "* An die Stelle des Problems des sozial Erwünschten durch den Interviewer kann so ein anderes Problem treten: Der *soziale Druck* der Gruppe.

In einer Untersuchung über Regionalorientierung und Dorfbezogenheit bei Jugendlichen in Allgäuer Gemeinden hat die Geographin MARTHA MAYR (1997) sowohl Einzelgespräche als auch Gruppendiskussionen angewandt. Die beispielhaften Zitate der Gruppendiskussion zeigen, dass sich die Gesprächspartner, die sich alle seit langem kennen, gegenseitig ergänzen, dass sie nach einem Konsens suchen und die Darstellungen so eine andere Qualität erhalten als es die Einzelaussagen für sich vermocht hätten (vgl. Kasten auf der Folgeseite).

Gruppenbildung

Ein besonders sensibles Vorgehen erfordert die *Gruppenbildung*. Die Gruppe sollte nach Möglichkeit auch im Alltag eine Gruppe sein (dann bezeichnet man sie als *natürliche Gruppe*) und nicht erst für das Interview „zusammengewürfelt" werden (dann handelt es sich um eine *künstliche Gruppe*). Man unterscheidet weiterhin zwischen *homogenen* und *heteroge-*

Beispiel für ein Gruppeninterview: Heimweh nach Reisen
(nach MAYR 1997, S. 54)

Michael: Das ist so, dass ich gesagt hab, dass mir das (die mehrwöchigen Auslandsreisen) nicht getaugt hat. Da fällt es einem zum ersten Mal auf.

Lorenz: Weißt Du, wenn Du wieder heim kommst, das ist einfach ein ganz anderes Gefühl nachher. Ein gutes Gefühl.

Jochen: Ich war sechs Wochen in Kanada und hab auch Interrail gemacht und so, aber wenn Du wieder heim kommst, das ist einfach ein super Gefühl, wenn Du dann an den Bahnsteig kommst und Du kannst Dein erstes Weißbier wieder trinken, oder Deine Maß. Wir haben uns gefreut, dass wir wieder eine Maß trinken konnten.

Kurt: Heimisch halt.

Die Interviews wurden im Allgäuer Dialekt geführt und transkribiert; sie sind hier zur besseren Verständlichkeit in Schriftdeutsch übertragen worden.

nen Gruppen. Die Gruppen sind dabei homogen oder heterogen im Hinblick auf einen forschungsrelevanten Aspekt, der sich konkret aus der jeweiligen Fragestellung ergibt. Die Mitglieder einer homogenen Gruppe sind hinsichtlich dieses Aspektes (Merkmal oder Eigenschaft) vergleichbar; die Mitglieder einer heterogenen Gruppe unterscheiden sich dagegen grundlegend voneinander. Im letzteren Fall kann für die Gruppendiskussion das Problem auftreten, dass die Gruppenmitglieder zu wenig Anknüpfungspunkte für die gemeinsame Diskussion finden (FLICK 1995, S. 133 f.). Im Zusammenhang mit Gruppeninterviews wird auch von *Realgruppen* gesprochen, wenn die Beteiligten vom Gegenstand der Diskussion als Gruppe betroffen sind (z. B. Arbeitssituation von Lehrlingen; DREHER & DREHER 1991, S.187).

Die Angaben über die *sinnvolle Gruppengröße* gehen in der Literatur zum Teil weit auseinander. Die *Mindestgröße* wird mit drei bis fünf Personen angegeben (LAMNEK 1995, S. 147 f.). Die *Obergrenze* variiert stärker zwischen zehn (FLICK 1995, S. 134) und 15 Personen (MAYRING 1996, S. 58 f.). LAMNEK (1995, S. 148) hat als *optimale Gruppengröße* zwischen 5 und 12 Teilnehmern angesetzt und empfiehlt außerdem eine ungerade Anzahl von Diskussionsteilnehmern, um eine mögliche Frontenbildung und Pattsituation bei der Diskussion zu vermeiden. Diskussionen sind jedoch umso schwerer zu leiten und auszuwerten je größer die Gruppe ist.

Ablauf einer Gruppendiskussion

Für den Ablauf einer Gruppendiskussion kann man folgende *Phaseneinteilung* zugrunde legen: Am Anfang des Gesprächs steht in der Regel eine *Erläuterung* des formalen Vorgehens. Die Teilnehmer sollten möglichst genau wissen, was von ihnen erwartet wird: Entweder, dass sie über ein bestimmtes Thema diskutieren sollen, oder dass sie eine gemeinsame Aufgabe bewältigen oder ein Problem gemeinsam lösen sollen. Falls sich die Gruppe noch nicht kennt, ist eine *Phase des Vorstellens und Kennenlernens* der nächste wichtige Schritt. Dabei ist es durchaus sinnvoll auf bestehende Gemeinsamkeiten hinzuweisen, von denen die Gruppenmitglieder nicht unbedingt wissen können, um ein Gefühl der Gleichheit und Zusammengehörigkeit zu unterstützen (FLICK 1995, S. 136).

In der sich daran anschließenden Phase präsentiert der Diskussionsleiter einen Diskussionsanreiz (FLICK 1995, S. 136; von LAMNEK (1995, S. 152) oder MAYRING (1996, S. 60) auch *„Grundreiz"* genannt), d. h. das Thema wird durch einen Film, einen Text o. ä. eingeführt, der möglichst kontroverse Ansichten verspricht und provokativ ist in dem Sinne, dass eine angeregte, durchaus auch emotionale Diskussion zu erwarten ist.

In der darauf folgenden Diskussion sollte sich der Diskussionsleiter sehr stark zurücknehmen und leitend nur in dem Sinne eingreifen, dass er die Diskussion durch das Einbringen weiterer *„Reizargumente"* (MAYRING 1996, S. 59 f.) am Laufen hält. Dazu kann er zum Beispiel nachfragen, paraphrasieren, in Frage stellen, verschärfen oder überspitzen, zusammenfassen, eine Interpretation der Aussagen äußern, Konsequenzen aufzeigen, etc. (LAMNEK 1995, S. 153 ff.). Es gibt allerdings unterschiedliche Formen der Diskussionsleitung: Bei einer nur formalen Leitung führt der Diskussionsleiter eine Rednerliste und achtet auf Redezeiten; bei einer stärkeren thematischen Steuerung lenkt er die Diskussion auf Aspekte, die noch nicht behandelt wurden oder die aus seiner Sicht vertieft werden sollten; bei einer Leitung, die die Gesprächsdynamik steuert, hält er die Diskussion durch provokative Fragen aufrecht und achtet auf ausgeglichene Redebeiträge indem er eher dominante Diskussionsteilnehmer etwas bremst und eher zurückhaltende Diskussionsteilnehmer ausdrücklich auffordert, ihre Meinung beizutragen (FLICK 1995, S. 135). Es muss klar sein, dass sich mit zunehmendem Steuerungsbeitrag des Diskussionsleiters auch das Gespräch stärker in eine inhaltliche Richtung wendet, in der der Forscher seinen Gegenstand auf der Basis seines Vorwissens vorgedacht und vorstrukturiert hat. Je stärker sich der Diskussionsleiter einbringt, desto stärker ist auch die Gefahr, dass er Forschungsthesen, die sich auf der Basis seines bisherigen Erfahrungen gebildet haben, durch eine entsprechende Steuerung des Interviews *reifiziert*. Dieses Argument geht nicht in die Richtung, Steuerungen weitestgehend zu vermeiden, es soll aber dafür sensibilisieren, dass der Grad der Interviewersteuerung bei der Auswertung der Ergebnisse der Diskussion als konstituierendes Element mitberücksichtigt werden muss.

Im Anschluss an eine Gruppendiskussion soll eine *Diskussion über die Diskussion* geführt werden. Diese *Metadiskussion* verfolgt die Intention, auch die Befindlichkeiten der Diskussionsteilnehmer zu erfassen und sicherzustellen, dass auch jeder seine Meinung zum Ausdruck bringen konnte (MAYRING 1996, S. 60).

Empfehlenswert ist es für die Durchführung von Gruppeninterviews, neben der Tonband- oder Videoaufzeichnung auch einen *stillen Beobachter* zu platzieren, der sich mit der Gruppendynamik beschäftigt und mögliche Auffälligkeiten der Diskussion sowie die Gestik und Mimik der Sprecher festhält (MAYRING 1996, S. 60).

Ablauf einer Gruppendiskussion (nach FLICK 1995, S. 136 f.)

1. *Explikation des Vorgehens* (z. B. „Wir möchten gern, dass Sie heute über Ihre Erfahrungen, die Sie mit dem Studium gemacht haben, und darüber, was dazu geführt hat, dass Sie sich entschieden haben, es nicht weiter fortzusetzen, offen miteinander diskutieren"; FLICK 1995, S. 136)
2. *Phase der Vorstellung und des Kennenlernens* bei künstlichen Gruppen, bzw. Phase des *„Warming Up"* bei natürlichen Gruppen
3. Stellen des *Diskussionsanreizes* (Text, Film o. ä.)
4. *Leitung* der Diskussion; stiller Beobachter
5. *Metadiskussion* (Diskussion über die Diskussion)

Probleme bei der Anwendung von Gruppenverfahren

Generell weisen Gruppeninterviews das Problem auf, dass sie aufgrund der entstehenden Dynamik nie ähnlich verlaufen. Daraus ergeben sich nicht unerhebliche Probleme für die Auswertung aufgrund der nur begrenzten Vergleichbarkeit mehrerer Gruppeninterviews miteinander. Ein möglichst ähnlicher Verlauf ist nur bedingt planbar. Vielfach müssen Entscheidungen, wie die Diskussion nun weiterhin gesteuert werden soll und wann die Diskussion beendet bzw. erschöpft ist, ad hoc und aus der – immer verschiedenen – Situation heraus getroffen werden. Um zumindest eine angenäherte Vergleichbarkeit der Gruppeninterviews zu erreichen, werden in konkreten Forschungsprojekten kaum ungesteuerte Diskussionen geführt (FLICK 1995, S. 137 ff.).

Für die Interpretation von Gruppendiskussionen schlägt BOHNSACK (2000, S. 382 f.) folgendes Vorgehen vor: *„Das, was gesagt, berichtet, diskutiert*

*wird, also das, was thematisch wird, gilt es von dem zu trennen, was sich in
dem Gesagten über die Gruppe dokumentiert. Dies ist die Frage danach, wie
ein Thema, d. h. in welchem Rahmen es behandelt wird. Hierbei kommt der
komparativen Analyse insofern von Anfang an eine zentrale Bedeutung zu,
als sich der Orientierungsrahmen erst vor dem Vergleichshorizont anderer
Gruppen (wie wird dasselbe Thema bzw. Problem in anderen Gruppen bearbeitet?) in konturierter und empirisch überprüfbarer Weise herauskristalli-
siert."*

Den hohen organisatorischen Aufwand bei Gruppeninterviews und die
Auswertungsprobleme (Transkriptionsprobleme durch häufig zeitgleiches
Sprechen sowie Interpretationsprobleme) aufgrund der Unterschiedlichkeit
der Interviews sieht FLICK (1995, S. 139) nur dann für gerechtfertigt, wenn es
um *„die Nachzeichnung der sozialen Dynamik der Meinungsbildungen in der
Gruppe geht. Die Ökonomisierung von Einzelbefragungen als Gruppenbefra-
gung erscheint dagegen weniger sinnvoll."*

4.2.2.5 Auswahl und Anzahl der Interviewpartner

Es geht bei qualitativer Forschung nicht darum, eine möglichst große Anzahl
an Interviews zu führen und Häufigkeitsaussagen zu machen, also sagen zu
können, wie oft gewisse Einstellungen oder Handlungsmuster vorkommen,
sondern festzustellen, wie groß das Spektrum an möglichen Handlungsmus-
tern ist und in welchen Kontexten spezifische Handlungsmuster oder Meinungen vorkommen bzw. von den Befragten gesehen werden.

Da mit der qualitativen Methodik ohnehin *keine Repräsentativität* der
Untersuchungsergebnisse angestrebt werden kann (vgl. Kap. 2.2), *sondern
Plausibilität,* muss die Auswahl der Gesprächspartner nicht nach einem
Zufallsverfahren erfolgen, sondern sie kann bewusstere und subjektivere
Auswahlelemente enthalten.

Für die konkrete Auswahl der Gesprächspartner existieren mehrere Strategien (siehe Kasten). Für welche man sich entscheidet, hängt vom Thema und
der Fragestellung, der Anzahl möglicher Gesprächspartner, vom Zeitbudget
und davon ab, ob man das Feld möglichst breit erfassen will oder ob man
mehr Wert auf Tiefe legt (vgl. FLICK 1995, S. 89).

Dabei sei noch darauf verwiesen, dass auch die wegen eines Interviews
angesprochenen oder kontaktierten Personen durch ihr (Des-) Interesse und
ihre (Nicht-) Bereitschaft an einem Interview an der Auswahl mitwirken. Ein
„guter Gesprächspartner" verfügt über das notwendige Wissen und die notwendige Erfahrung, die Fähigkeit zur Reflexion und Artikulation, über Zeit,
um interviewt zu werden, und die Bereitschaft, sich an der Untersuchung zu
beteiligen (MORSE 1994 zit. n. MERKENS 2000, S. 294).

Strategien zur Auswahl von Gesprächspartnern

● *Alle einbeziehen: Die „Vollerhebung" in der qualitativen Forschung*
Ist der Kreis der thematisch betroffenen Personen eher klein, können *alle* für ein Interview ausgewählt werden. Dieses Vorgehen ist vor allem bei Experteninterviews möglich (z. B. die Leiter der Abteilungen für Wirtschaftsförderung in bayerischen Großstädten, die Geschäftsführer der nordbayerischen Heilbäder, etc.). Ihre Anzahl ist oft aufgrund der Themeneingrenzung so gering, dass es das Ziel sein kann, möglichst mit allen Personen Interviews zu führen. FLICK (1995, S. 80 f.) sieht auch bei manchen größeren Gruppen einen Sinn darin, eine Vollerhebung durchzuführen. Er weist jedoch darauf hin, dass später bei der Auswertung eine stärkere Material-Auswahl erfolgen muss (welche Interviews und welche Passagen werden davon ausgewertet?). Eine *Vollerhebung* bei größeren Gruppen und eine stärkere Selektion erst bei der Auswertung sind nur dann durchführbar, wenn dafür entsprechende Ressourcen zur Verfügung stehen.

● *Schneeballverfahren*
Zur Auswahl der Interviewpartner kann man auch auf das *Schneeballverfahren* zurückgreifen, indem man sich von Personen, die man interviewt hat, weitere mögliche Interviewpartner empfehlen und den Kontakt zu diesen Personen vermitteln lässt. Durch dieses Verfahren bleiben die Ausgewählten allerdings zumeist innerhalb des Bekanntenkreises der bereits Befragten und begrenzen sich damit auf eine bestimmte Gruppe oder ein bestimmtes Milieu (vgl. MERKENS 2000, S. 293).

● *Annoncen oder andere Methoden, die Auswahl den Auszuwählenden überlassen*
Per Anzeige oder Aufruf werden Personen aufgefordert, sich für ein Interview zu melden. Die an der Untersuchung Teilnehmenden *„müssen sich selbst aktivieren"* (MERKENS 2000, S. 288 f.) und damit wird das Spektrum der möglichen Interviewpartner auf diejenigen beschränkt, die von sich aus Interesse signalisieren. In einer Untersuchung über die Lebenswelt von Frauen in Mecklenburg-Vorpommern in der Nachwendezeit hat die Geographin BETTINA VAN HOVEN (2000, S. 55 f.) in Regionalzeitungen Annoncen geschaltet, mit denen sie Frauen suchte, die ihr Briefe schreiben und darin ihre Wende-Erfahrungen darstellen. Durch das Briefeschreiben haben sich die Frauen in diesem Sinne selbst ausgewählt.

● *Gatekeeper: Schlüsselpersonen vermitteln Kontakte*
In verschiedenen Kontexten können *Schlüsselpersonen (Gatekeeper)* eine Rolle spielen, nämlich dann, wenn die Personen, mit denen man Interviews führen möchte, nicht einfach identifizierbar sind oder man

nicht problemlos zu ihnen Kontakt aufnehmen kann. In diesem Fall benötigt man Schlüsselpersonen, die solche Kontakte herstellen können. Sind sehr verschiedene Personengruppen in einem Forschungsprojekt von Interesse, können mehrere Gatekeeper empfehlenswert sein (z. B. Geschäftsführung oder Personalabteilung und Betriebsrat, wenn das Forschungsinteresse einem Unternehmen und den dort Beschäftigten gilt; vgl. MERKENS 2000, S. 288 f.).

• *Die theoretisch begründete schrittweise Auswahl*
Bei einem so genannten *„theoretischen Sampling"*, das von GLASER und STRAUSS für ihr Konzept der *„Grounded Theory"* entwickelt wurde und auch als *„selektives Sampling"* bezeichnet wird (MERKENS 2000, S. 295), werden *„Entscheidungen über die Auswahl und Zusammensetzung des empirischen Materials im Prozeß der Datenerhebung und -auswertung gefällt"* (FLICK 1995, S. 81). „Theoretisch" heißt das Sampling, weil das Ziel der Erhebung eine empirisch begründete Theoriebildung ist, und die Auswahl der Interviewpartner bereits darauf abzielt. Die Auswahl ist wie die ganze Forschung prozesshaft und erfolgt daher schrittweise während der Datenerhebung. Dabei werden zunächst Personen oder Gruppen ausgewählt, die mit Blick auf die Fragestellung Unterschiede erwarten lassen. In einem zweiten Schritt werden dann *„nach ihrem (zu erwartenden) Gehalt an Neuem für die zu entwickelnde Theorie"* (FLICK 1995, S. 82) weitere Personen ausgewählt. Die Auswahl von Interviewpartnern schließt erst ab, wenn eine „theoretische Sättigung" eingetreten ist, d. h. wenn vermutlich keine neuen Erkenntnisse mehr hinzukommen können.

• *Die bewusst-spezifische Auswahl von Gesprächspartnern (Extremfälle, typische Fälle etc.)*
Je nach Fragestellung kann es auch sinnvoll sein, gezielt Gesprächspartner auszuwählen, z. B. Extremfälle oder abweichende Fälle (besonders erfolgreiche und erfolglose Unternehmensgründer), besonders typische Fälle, möglichst unterschiedliche Fälle (zielt auf maximale Variation), kritische Fälle, politisch wichtige oder sensible Fälle oder möglichst einfach zugängliche Fälle (bei begrenzter zeitlicher und personeller Ausstattung; PATTON 1990 zit. n. FLICK 1995, S. 87 f.).

• *Das „statistische Sample": Eine pseudo-quantitative Methode zur Auswahl von Gesprächspartnern*
Die Struktur eines statistischen Samples kann im Vorhinein festgelegt werden. Dabei kann man z. B. nach unterschiedlichen soziodemographischen Kriterien vorgehen und andere Variablen berücksichtigen, die für die Fragestellung relevant sind (z. B. räumliche und berufliche Kriterien). Für eine Untersuchung zur sozialen Repräsentation des technischen Wandels im Alltag hat FLICK drei Berufsgruppen ausgewählt, die

eine verschiedene Nähe/Distanz zur Technik vermuten ließen, hat sowohl weibliche als auch männliche Vertreter befragt und dies sowohl in den alten als auch in den neuen Bundesländern. Aus diesen Merkmalen hat sich eine Matrix mit zwölf Feldern ergeben. „*Die Auswahl von Fällen für die Datenerhebung orientiert sich dann an einer möglichst gleichmäßigen Besetzung der Zellen*" (FLICK 1995, S. 79). Bei einem solchen Vorgehen können „*bereits vermutete Gemeinsamkeiten und Unterschiede zwischen bestimmten Gruppen*" überprüft und analysiert werden (FLICK 1995, S. 81). Der Forschungsprozess ist mit einer derartigen Vorab-Strukturierung der Interviewpartner so wenig auf Modifikationen angelegt, dass man nur noch eingeschränkt von „Prozess" und von qualitativer Forschung sprechen kann.

4.3 Die interpretativ-verstehende Auswertung

Analog zu den unterschiedlichen Erhebungstechniken in der qualitativen Forschung gibt es verschiedene Methoden, qualitative Daten aufzubereiten und auszuwerten. Die *Aufbereitung* erfolgt durch die Umwandlung des Gesehenen und Gehörten in Text, d. h. durch die Transkription von Interviewaufzeichnung oder die Anfertigung von Protokollen (vgl. Kap. 4.3.1). Die *Auswertung* ist der daran anschließende Schritt: Hier werden die Texte kodiert, typisiert und interpretiert (vgl. Kap. 4.3.2).

4.3.1   Aufbereitung der qualitativen Daten: Transkription und Protokoll

Qualitative Daten müssen ebenso wie quantitative Daten vor einer weiteren Auswertung aufbereitet werden. Diese *Aufbereitung* beinhaltet zumeist bereits eine erste Interpretation, denn das gesprochene Wort wird schriftlich so wiedergegeben, wie es der Interviewer/Hörer sinngemäß verstanden hat bzw. wie er es vor dem theoretischen und konzeptionellen Hintergrund der konkreten Untersuchung verstehen kann. Transkripte bilden nicht einfach auf Papier ab, was im Gespräch gesagt und getan wurde; „*die Herstellung und die Verwendung von Transkripten* [sind vielmehr] *theoriegeladene, konstruktive Prozesse* [und Transkripte sind] *durch eine erhebliche Reduktion der fast unbegrenzt reichhaltigen Primär-* [gemeint ist das Originalgespräch] *und Sekundärdaten* [gemeint sind die Tonband- oder Videoaufzeichnung des Gesprächs] *gekennzeichnet* [...] *Transkripte sind also immer selektive Konstruktionen*" (KOWALL & O'CONNELL 2000, S. 440). Mit dem Transkriptionstext schafft man eine „*neue Realität*" (FLICK 1995, S. 194), die später bei der Interpretation nicht als „gegeben" angenommen werden sollte. Dennoch ist der Transkriptionstext, diese neue durch den Verfasser konstruierte Realität, die „*einzige (Version der) Realität, die der*

Forscher für seine anschließende Interpretation noch zur Verfügung hat" (FLICK 1996, S. 194).

Der Arbeitsschritt des Transkribierens ist erfahrungsgemäß sehr zeitaufwändig und sollte nicht unterschätzt werden. Die Transkription eines einstündigen Interviews kann ca. 30 Seiten Text ergeben und mehr als einen Arbeitstag dauern. Auch die Anfertigung eines Protokolls ist ein Aufbereitungsverfahren. Die Erstellung eines Protokolls ist zwar weniger zeitaufwändig, aber zugleich noch selektiver als die Transkription.

Relativ selten wird in der geographischen Forschung bisher die Videoaufzeichnung benutzt. Die Aufbereitung der Daten ist allerdings ähnlich wie bei anderen qualitativen Daten. Auch die Videoaufnahme kann transkribiert, d. h. in Text übersetzt werden. Dabei erfolgt in der Regel eine Mischung aus Transkription von Gesprochenem und Protokollierung der Handlungen und Kodierung der Bilder, etc.

4.3.1.1 Transkriptionsverfahren

Ziel einer Transkription ist, ein Interview *„für wissenschaftliche Analysen auf dem Papier dauerhaft verfügbar zu machen"* (KOWALL & O'CONNELL 2000, S. 438). In den meisten Fällen handelt es sich um die schriftliche Fassung der *Tonbandaufzeichnung* eines Interviews. Diese Textfassung ist später die Basis der interpretativen Auswertung.

Hier ist eine Reihe von Fragen zu beantworten, die die spätere Auswertung beeinflussen:

● Wie soll das gesprochene Wort wiedergegeben werden: Möglichst genau mit allen Besonderheiten des Sprechens wie *Interjektionen* („ähs", „hmms") und *Dialekt* oder möglichst nah am *Schriftdeutsch*;

● Was soll wiedergegeben werden: Alles, was in dem Interview gesprochen wurde, oder nur das, was relevant für die konkrete Fragestellung erscheint?

Diese Entscheidungen sind *relevant* für den Forschungsfortgang, denn häufig wird mit erheblichem Aufwand viel mehr transkribiert, als später analysiert werden soll.

Die exakteste Variante ist die Transkription durch das *phonetische Alphabet*, das am ehesten als phonetische Umschrift von Fremdsprachen z. B. in Wörterbüchern bekannt ist. Genauso ist gesprochenes Deutsch schreibbar. Durch eine Transkription mit dem phonetischen Alphabet können alle Arten von Dialekten und Sprachfeinheiten festgehalten werden (vgl. MAYRING 1996, S. 69). Diese Art der Transkription ist mehr an der sprachlichen Äußerung als an den Inhalten interessiert. Sie ist zudem sehr arbeitsaufwändig und wird in sozialwissenschaftlichen Arbeiten wenig angewandt.

Eine andere Variante ist die Transkription in *literarische Umschrift*. Mit diesem uns gebräuchlichen Alphabet kann auch Dialekt wiedergegeben werden. Ein Vorteil dieser Art der Transkription ist, dass sie authentisch ist und gut das Milieu widerspiegeln kann, aus dem der Sprecher kommt. Der Stil der Rede kann für den Leser eine Menge an Informationen transportieren, die bei einer geglätteten Wiedergabe verloren gehen. Häufig werden bei dieser Art der Transkription *Interjektionen* („ähs", „mmhs" und ähnliches) nicht mit aufgenommen.

Texte, die den Dialektausdruck wiedergeben, sind oft etwas mühsam zu lesen und man muss sich erst einlesen (vgl. MAYRING 1996, S. 70). Solche Transkriptionen in literarische Umschrift kann man auch in humangeographischen Texten finden. Als Beispiel sei hier aus einer Untersuchung über Regionalorientierung und Dorfbezogenheit bei Jugendlichen in einer Allgäuer Gemeinde zitiert (MAYR 1997). Hier bringt es das Thema mit sich, dass die Wiedergabe des Textes in Dialekt nicht nur Charme hat, sondern auch über den Umfang der Ortsbindung des Sprechers etwas aussagt und damit einen Bezug zur Fragestellung der Untersuchung aufweist.

Transkription in literarische Umschrift

„Bei mir isch es halt so, i bin halt beruflich gebunden, da isch es nicht ausgeschlossen, dass i wegziang muaß. Mir macht's aber o nix aus, ehrlich g'sagt, weil, ma kann überall leben, also i bin da net fest" (MAYR 1997, S. 56).

Für geographische Arbeiten, bei denen es in der Mehrheit der Untersuchungen weniger auf die genaue sprachliche Äußerung ankommt, sondern mehr um die Sachinhalte geht, ist eine Transkription in *normales Schriftdeutsch* üblich. Dabei wird der Dialekt bereinigt, Satzbaufehler werden behoben und der Stil wird geglättet (vgl. MAYRING 1996, S. 70). Der obige Text könnte dann folgendermaßen aussehen:

Transkription in normales Schriftdeutsch

„Bei mir ist es halt so, dass ich beruflich gebunden bin. Da ist es nicht ausgeschlossen, dass ich wegziehen muss. Mir macht das aber auch nichts aus, ehrlich gesagt, weil man überall leben kann. Also, ich bin da nicht festgelegt."

Bei dieser Übertragung in normales Schriftdeutsch bleibt die Charakteristik der gesprochenen Sprache erhalten, die Lesbarkeit ist jedoch erheblich verbessert.

Eine weitere Möglichkeit ist die *kommentierte Transkription*. Hier werden *Auffälligkeiten beim Sprechen* wie Pausen, Betonungen, Lachen, Räuspern und ähnliches ausdrücklich im Text erwähnt, um die Sprechweise möglichst genau nachzuempfinden (MAYRING 1996, S. 70 f.). Unter dieser Genauigkeit leidet allerdings erneut die Lesbarkeit. Hier wieder das schon bekannte Beispiel mit zwei Kommentaren:

Kommentierte Transkription

„Bei mir ist es halt so, dass ich beruflich gebunden bin. Da ist es nicht ausgeschlossen, dass ich wegziehen muss. [Pause – denkt lange nach]. Mir macht das aber auch nichts aus, ehrlich gesagt, weil man überall leben kann [lacht]. Also, ich bin da nicht festgelegt. "

Die Fragestellung der Untersuchung wird mitbestimmen, welche Art der Transkription sinnvoll ist. Geht es mehr um die genauen Äußerungen, dann ist die literarische Umschrift vorzuziehen und eventuell mit Kommentaren zu versehen. Stehen generellere Themen und Inhalte im Vordergrund, dann wird man sich aus Gründen der Lesbarkeit eher für die Übertragung in normales Schriftdeutsch (zumeist auch ohne bzw. ohne viele Kommentare) entscheiden.

Manche Lehrbuch-Autoren (z. B. LAMNEK 1995, S. 108) raten bei der Transkription zu großer Sorgfalt; die Transkripte sollten nach dem Abtippen nochmals mit der Bandaufnahme verglichen werden und Hör- und Tippfehler sollen dabei verbessert werden. FLICK (1996, S. 192 f.) dagegen warnt ausdrücklich vor einer übertriebenen Genauigkeit bei der Transkription und einem *„Fetischismus, der in keinem begründbaren Verhältnis mehr zu Fragestellung und Ertrag der Forschung steht "*. Sinnvoller erscheint ihm *„nur so viel und so genau zu transkribieren, wie die Fragestellung erfordert "* und Zeit und Energie besser in eine fundierte Interpretation zu investieren.

Eine möglichst genaue Transkription folgt dem Wunsch, eine weitestgehend exakte, „realitätsnahe" Abschrift des Gesagten anzufertigen und wenig bei der Umsetzung in Schrift zu „verfälschen". Doch dies ist ein Trugschluss, denn *„die Texte, die auf diesem Weg entstehen, konstruieren die untersuchte Wirklichkeit auf besondere Weise "* (FLICK 1996, S. 195). Eine Übertragung in normales Schriftdeutsch bedeutet in der Regel bereits eine erste Interpretation. Das Geschriebene wird dann erneut interpretiert, und schließlich liefert man Interpretationen (Auswertung) von Interpretationen (Transkription) von Interpretationen (die Meinungen und Sichtweisen des Interviewten).

In fast noch stärkerer Form stellt sich dieses Problem bei Untersuchungen im Ausland, wenn dort in einer Fremdsprache Interviews geführt werden. Diese Interviews werden in der Regel bereits zur Auswertung ins Deutsche

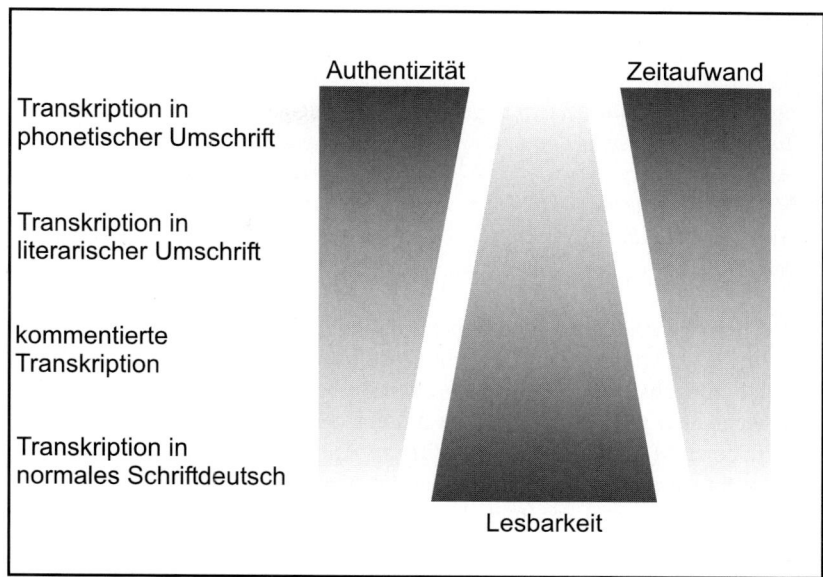

*Abb. 24: Authentizität, Lesbarkeit und Zeitaufwand bei verschiedenen Transkriptions-
methoden
Quelle: eigener Entwurf*

übersetzt. Spätestens jedoch wenn sie einer deutschsprachigen Leserschaft
zugänglich gemacht werden sollen, ist meistens eine Übersetzung notwendig.
Diese Übertragung in eine andere Sprache stellt ebenfalls eine Interpretation
dar; oft ist z. B. die Aussage nicht exakt übertragbar und kann nur annähernd
sinngemäß wiedergegeben werden (vgl. z. B. den deutschen Begriff „Heimat" oder den arabischen Begriff *„bayt"*, der sowohl „Familie" als auch
„Haus" bedeuten kann).

Für die Veröffentlichung kann es sinnvoll sein, sowohl das Originalzitat in
der Interviewsprache als auch die deutsche Übersetzung anzugeben, um die
Übersetzung transparenter zu machen und die Originalaussage für Leser, die
selbst der Sprache des Originalzitats mächtig sind, zugänglich zu machen.
Dieser Weg wurde zum Beispiel in einer Studie über maghrebinische Migranten in Süditalien gegangen (COSTANZO 1999). Die Interviews wurden in itali-
enischer oder französischer Sprache geführt und anschließend ins Deutsche
übersetzt:

Transkription und Übersetzung (CostANzo 1999, S. 75)

"Ich hatte Arbeit in Marokko,   *„Ho avuto il lavoro al Marocco però*
aber ich habe schon daran gedacht *ho pensato di emigrare, de abban-*
auszuwandern, mein Land zu ver-   *donare il mio paese prima di tutto*
lassen, als ich klein war.   *quando ero piccolo. Mi sentivo*
Mir war wirklich eng ums Herz ... *proprio stretto dentro ... una cosa*
etwas, das tief aus dem Inneren   *che viene dal profondo ..."*
kommt ..."

Bei dem Beispiel muss man sich zusätzlich klar machen, dass der Sprecher nicht in seiner Muttersprache spricht. Er selbst übersetzt seine Gedanken und Gefühle zunächst vom Arabischen oder Berberischen in das Italienische – auch wenn er es gut beherrscht. Vom Italienischen wird die Aussage ins Deutsche übersetzt (das Italienische ist für die Autorin nicht die Muttersprache, auch wenn sie es nahezu perfekt beherrscht) und dann erst der Interpretation zugänglich gemacht: Eine Interpretation (Deutsch) der Interpretation (Italienisch der Übersetzerin) der Interpretation (Italienisch des Redners) der Interpretation (Arabisch/Berberisch). Man kann an diesem Beispiel sehr gut sehen, wie schwierig ein Sinnverstehen unter solchen Bedingungen ist, und dass die Gefahr, den *„subjektiv gemeinten Sinn"* (WEBER 1985, S. 1), d. h. die Bedeutung, die der Sprecher selbst mit seiner Aussage verbindet, misszuverstehen groß ist. Dieses Dilemma, das nicht nur für fremdsprachige, sondern auch für deutsche Interviews besteht, kann nicht gelöst werden und muss „ausgehalten" werden (vgl. Kap. 4.1).

4.3.1.2 *Anfertigung von Protokoll oder Postscriptum*

Zur Aufzeichnung und Aufbereitung qualitativer Interviews muss nicht notwendigerweise auf Tonbandaufzeichnungen und deren Transkription zurückgegriffen werden. In vielen Fällen wünschen die Interviewpartner keine Tonbandaufzeichnung oder es kann nicht angebracht sein, Aufzeichnungen während eines Gesprächs anzufertigen (z. B. bei Interviews im Rahmen einer teilnehmenden Beobachtung). In diesen Fällen wird man während des Interviews stichpunktartige Aufzeichnungen machen und/oder nach dem Interview ein *Protokoll* des Gesprächs anfertigen.

Ähnlich wie bei der Transkription – allerdings in noch stärkerem Umfang – fließt bei der Protokollierung zwangsläufig eine erste Interpretation ein. Es muss also klar sein, dass man nicht Gesprochenes und Beobachtetes, *„so wie es war"*, aufzeichnet, sondern bereits die eigenen Interpretationen des Gehörten und Gesehenen. Mit der Produktion des Protokoll-Textes konstruiert man ebenso wie mit der Produktion eines Transkriptions-Textes eine erste, eigene

Ebene der Deutung, mit der man sich bei der Auswertung später auseinander setzt.

Bei der Anfertigung eines Protokolls sollte man zwei Dinge beachten: Die eigene Vergesslichkeit und die Selektivität der Wahrnehmung und Erinnerung. Beides kann man nicht ausschalten, man kann aber versuchen, zumindest die Vergesslichkeit so gering wie möglich zu halten. LAMNEK (1995, S. 295 f.) verweist auf psychologische Experimente, mit denen herausgefunden wurde, dass das Erinnerungsvermögen mit zunehmender Zeit geringer wird. Deshalb sollte möglichst *direkt nach der Beobachtung* protokolliert werden.

Als weitere sozialpsychologische Erkenntnis führt LAMNEK an, dass man sich eher an Inhalte erinnert, die bereits vertraut sind. Dies kann zur Folge haben, dass Unbekanntes überhaupt nicht zur Kenntnis genommen wird und dass nur solche Dinge bemerkt und gemerkt werden, *„die entweder außergewöhnlich oft auftreten oder gut mit den Vorstellungen des Beobachters übereinstimmen"* (LAMNEK 1995, S. 196). Hierbei ist allerdings auch ein gegensätzlicher Effekt denkbar: dass gerade Aspekte und Äußerungen auffallen, die fremd sind, die außergewöhnlich sind und die eigentlich nicht ins Bild passen. Wie man die Dinge auch wendet: In jedem Fall wird deutlich, dass zum einen die eigene Weltsicht des Forschers sehr stark vorstrukturiert, was er hört, sieht und woran er sich später erinnert und dass zum anderen dies keineswegs damit übereinstimmen muss, was von befragten oder beobachteten Personen gesagt, gemeint, getan oder beabsichtigt wurde.

Wenn ein Interview nicht aufgezeichnet werden darf, weil es dem Befragten unangenehm ist, wird er in den meisten Fällen zumindest zustimmen, dass man sich während des Gesprächs Notizen macht. Hierbei ist allerdings nur das Festhalten von *Stichworten* möglich, denn man muss als Interviewer den Gesprächsfluss aufrechterhalten indem man Zuhören signalisiert, und zugleich auf das Gesagte eingehen, die nächste Frage überlegen und formulieren oder das nächste Thema ansprechen. Zugleich soll man sich Notizen über das Gesagte machen – damit ist jeder Mensch in der Regel überfordert und man wird während des Gesprächs daher nur einige wenige *Schlüsselinformationen* festhalten können. Dies können kurze wörtliche Zitate sein, wesentliche Informationen, auf die man im Gespräch noch eingehen wird, Dinge, die man nicht mehr ansprechen wird, und die daher leicht in Vergessenheit geraten können und stichpunktartig die wichtigsten Informationen und Meinungen, die der Interviewte äußert. Die Überforderung des gleichzeitigen Interviewens und Protokollierens kann umgangen werden, wenn man eine zweite Vertrauensperson hinzuziehen kann, die das Gespräch protokolliert während man sich selbst auf die Gesprächsführung konzentrieren kann. Die zweite Person darf jedoch den Interviewten nicht stören oder sein Vertrauen beeinträchtigen. Außerdem muss sie genau instruiert sein, worauf sie bei der Protokollierung Wert legen soll.

Bei einer teilnehmenden Beobachtung kann man in der Feldforschungssituation häufig *gar nicht* direkt mitprotokollieren, weil dies nicht in die soziale Situation hineinpasst und stören würde. Dann kann man seine Aufzeichnung erst nach dem Aufenthalt „im Feld" anfertigen. Dasselbe gilt, wenn der Interviewpartner auch negativ einer Mit-Protokollierung gegenüber eingestellt ist, was jedoch erfahrungsgemäß selten vorkommt.

In jedem Fall – sowohl bei einem Gespräch als auch bei einer Beobachtung – sollte das Protokoll möglichst *unmittelbar danach* angefertigt werden, um wichtige Details möglichst wenig in Vergessenheit geraten zu lassen. LAMNEK (1995, S. 298) empfiehlt hier, das Beobachtete bzw. die Gesprächsinhalte auf Band zu sprechen und dann später zu transkribieren. Dieses Vorgehen bietet den Vorteil, dass man ziemlich schnell und nicht notwendigerweise strukturiert – also in einer Art Brainstorming – die Erinnerung von sich geben kann; es bringt jedoch auch zusätzliche umfangreiche Transkriptionsarbeit mit sich. LAMNEK (1995, S. 298) warnt vor handschriftlichen Protokollen weil viele Menschen mit der Hand zwar schneller aber unleserlicher schreiben als mit dem Computer. GIRTLER (2001, S. 142) zieht die Niederschrift eines Protokolls einem Aufsprechen auf Band vor, weil *„das Niederschreiben zum Nachdenken anregt und bereits zu Hypothesen über das Erlebte verhilft"*. Unter Hypothesen versteht er dabei nicht solche im Sinne eines quantitativen Forschungsvorgangs, sondern Verallgemeinerungen, die durch weitere Beobachtungen dann erneut präzisiert werden können. Ein computerschriftliches Protokoll erfordert allerdings zunächst mehr Arbeit, es dauert länger und birgt die Gefahr, dass man aufgrund der Dauer des Schreibens mehr Details vergessen kann.

Generell sollte man beim Protokollieren versuchen, möglichst viele Details festzuhalten (GIRTLER 2001, S. 134). Denn oft zeichnet sich erst im Forschungsverlauf ab, welche Aspekte der Beobachtungen oder der Interviews besonders bedeutsam sind. Mit einer umfangreichen Protokollierung geht so viel wie möglich an Informationen in die Auswertung hinein. Was man nicht schriftlich festgehalten hat geht mit hoher Wahrscheinlichkeit verloren. Im weiteren Verlauf der Forschung kann dann sparsamer mit dem Protokollieren umgegangen werden, und nur noch das aufgezeichnet werden, was zur Beantwortung der Fragestellung sinnvoll ist.

GIRTLER (2001, S. 134 ff.) empfiehlt, in Protokollen die gesamte soziale Situation bei der teilnehmenden Beobachtung festzuhalten; dasselbe gilt entsprechend für Interviews. Im Einzelnen sollten folgende Aspekte festgehalten werden (vgl. dazu auch JAHODA, DEUTSCH & COOK 1972, S. 84 ff.), für die man sich – ähnlich wie für ein Interview – ein Art Leitfaden anfertigen kann:

Leitfaden für Beobachtungs- und Gesprächs-Protokolle:

- Die Teilnehmer an den sozialen Situationen (Wer war aktiv oder passiv an der Interaktion beteiligt, wer wurde beobachtet?)
- Die Durchführung der sozialen Situation, die Interaktionen der Teilnehmer (Was haben die Teilnehmer im Beobachtungs-/Gesprächszeitraum getan/gesagt?)
- Die Schaffung der sozialen Situation (der generelle Kontext, Zusammenhang, Ort und Zeit, Dauer des Geschehens, etc.)
- Die der sozialen Situation zugrunde liegenden Normen (Welche Zwänge/Hindernisse des Handelns scheint es für die Beteiligten zu geben?)
- Die Regelmäßigkeit oder Einmaligkeit der sozialen Situation (Wie oft findet das Beobachtete statt: Hochzeitsfeiern sind eher selten, Einkaufen findet eher täglich statt)
- Reaktionen der Teilnehmer auf beobachtete Ereignisse (Was haben die Teilnehmer gemacht als ein bestimmtes Ereignis eintrat? Was wird von den einzelnen Teilnehmern an der sozialen Situation offenbar erwartet?)
- Differenzen zwischen Gesagtem und Getanem?

Weiterhin ist es wichtig, dass man beim Protokollieren unterscheidet zwischen Zitaten, die man notiert und die man am besten mit Anführungszeichen markiert („..."), gesehenen und gehörten Ereignissen und bereits ausgeführten und notierten eigenen Deutungen dazu (am besten in Klammern [...]; vgl. GIRTLER 2001, S. 142).

Auch im Anschluss an ein Interview auf Tonband ist es sinnvoll, ein kurzes Gesprächsprotokoll anzufertigen und darin festzuhalten, unter welchen Rahmenbedingungen das Interview stattgefunden hat – also Aspekte (Beobachtungen, etc.) festzuhalten, die man den gesprochenen Worten später nicht mehr entnehmen kann. Diese Art des Protokolls bezeichnet man als *Postscriptum*, das insbesondere als Ergänzung im Anschluss an qualitative Interviews einsetzbar ist (vgl. Kap. 4.2.2: problemzentrierte Interviews). Darin können z. B. Eindrücke über die Kommunikationssituation, über den Interviewpartner, sein Verhalten sowie äußere Einflüsse notiert und damit für die spätere Interpretation aufschlussreiche Kontextinformationen dokumentiert werden (vgl. FLICK 1995, S. 107 f.).

Für das Postscriptum ist prinzipiell keine besondere Vorlage notwendig. Die Aufzeichnungen können in einem schlichten Interview-Tagebuch erfolgen. Wem es hilft, der kann sich für das Postscriptum ein teilstandardisiertes Formblatt anfertigen.

4.3.2   Die Auswertung von qualitativen Daten: Kodieren, Typisieren, Interpretieren

Die Auswertung selbst ist in vieler Hinsicht die „*Black Box*" der qualitativen Forschung. In manchen Lehrbüchern wird überhaupt nicht darauf eingegangen (z. B. GIRTLER 2001; LAMNEK 1995); in den meisten bleiben die Ausführungen relativ abstrakt (z. B. FLICK 1995; MAYRING 1996). Nach HEINZE (2001, S. 157) geht es bei der Auswertung qualitativer Interviews um die „*virtuelle Übernahme der Perspektive der Befragten*". Wenn man sich allerdings vor Augen hält, wie schwierig es ist, allein die Einstellung von Menschen zu übernehmen, die man seit Jahren gut kennt, wird offenkundig, wie unmöglich das Unterfangen ist, die Perspektive von fremden Menschen (den Interviewten) einzunehmen (vgl. Kap. 4.1). Zudem wird die Forscher-Perspektive einen Einfluss auf die Rekonstruktion haben. Die Auswertung spiegelt damit mindestens so sehr unsere eigene Perspektive wider wie die der Befragten.

Bei der Auswertung steht der Forscher vor dem praktischen Problem, wie die Daten ausgewertet und die Ergebnisse dargestellt werden sollen. Der *Fokus* kann unterschiedlich sein und entweder auf eine Einzelfallorientierung, Milieubeschreibung, die Herausstellung typischer Strukturen oder die Strukturgeneralisierung zielen (MATT 2000, S. 581). Je nach Art der Daten und nach dem weiteren Forschungsinteresse (Fragestellung) werden in der Literatur unterschiedliche Auswertungsarten empfohlen, die im Folgenden erläutert werden: *Kodierungs-, Typisierungs-* und *textinterpretative Verfahren*. Während *Kodierungen* und *Typisierungen* stärker strukturierte Auswertungstechniken darstellen und teilweise an quantitative Auswertungsverfahren erinnern, ist die *Interpretation* intuitiver, kreativer, subjektiver und im wahrsten Sinne des Wortes als ein Entdeckungsprozess zu bezeichnen. Häufig zeichnet sich schon zum Ende der Datenerhebung ab, in welche Richtung die Auswertung gehen wird, weil intuitive Vorinterpretationen teilweise bereits parallel zur empirischen Arbeit erfolgen. Manchmal werden sinnvolle Auswertungskategorien aber auch erst dann offenkundig, wenn das Datenmaterial mehrmals durchgelesen wurde. Beide Varianten des Auswertens – das stärker strukturierte Verfahren des Kodierens/Typisierens und das offenere, entdeckende Interpretieren – sollen im Folgenden dargestellt werden, da sie das Spektrum der Auswertungsverfahren widerspiegeln und auch in der Humangeographie vielfältig Verwendung finden.

4.3.2.1   Offenes, thematisches und theoretisches Kodieren

Das Ziel des *Kodierens* ist, „*einen Text aufzubrechen und zu verstehen und dabei Kategorien zu vergeben, zu entwickeln und im Lauf der Zeit in eine*

Ordnung zu bringen" (FLICK 1995, S. 200). Dabei unterscheidet sich das Kodieren bei qualitativen Untersuchungen von dem bei quantitativen Verfahren insofern, als beim quantitativen Kodieren der Text des Fragebogens bzw. der Antworten in *Zahlen* verschlüsselt wird, um mit diesen Zahlen dann statistische Analysen durchzuführen. Beim Kodieren von qualitativen „Daten" verwendet man *Text*: Der Text des Interviews wird in *Kodier-Text* übersetzt, verkürzt und verallgemeinert.

Beim Kodieren wird der Interviewtext unter dem Blickwinkel der konkreten Fragestellung aufbereitet. Die Aussagen, die die Interviewten gemacht haben, werden in einen *Code* bzw. eine Repräsentationsform verwandelt, wie sie sich für wissenschaftliches Arbeiten herausgebildet hat. Man unterscheidet dabei die Technik des *offenen Kodierens* und die des *thematischen* oder *theoretischen Kodierens*.

Beim *offenen Kodieren* kann man zeilen-, satz- oder abschnittsweise kodieren, d. h. den jeweiligen Textteilen können Verallgemeinerungen zugeordnet werden. Eine Kodierung kann sich jedoch auch auf den gesamten Fall beziehen. An den Text werden dazu die so genannten „W-Fragen" gestellt:

W-Fragen des offenen Kodierens (FLICK 1995, S. 200 f.):

Was wird angesprochen?
Wer? Welche Personen sind beteiligt? Wie interagieren die Personen?
Wie wird über die Dinge gesprochen? Welche Aspekte werden (nicht) genannt?
Wann? Wie lange? Wo? Kontext der Situation, des Phänomens, über das gesprochen wird.
Warum? Wozu? Welche Beweggründe und Zwecke werden angegeben oder lassen sich vermuten?
Womit? Welche Strategien werden eingesetzt?

Diese ersten *Verallgemeinerungen* des Gesagten werden in weiteren Schritten immer stärker verallgemeinert und es wird nach einem Muster in den Daten gesucht. Diese *Muster* gilt es zu entdecken, wobei der Entdeckungsprozess nicht erzwingbar ist. Ziel ist es herauszufinden, unter welchen Bedingungen welche Handlungen/Meinungen/Wahrnehmungen und unter welchen anderen Bedingungen andere Handlungen/Meinungen/Wahrnehmungen entstehen. Die gefundenen Muster werden formuliert und immer wieder an den Daten überprüft. Die Methode des *offenen Kodierens* eignet sich besonders gut für *narrative Interviews* und auch für *narrative Sequenzen in problemzentrierten Interviews*. Man kann auf diese Weise bei der Auswertung am flexibelsten mit den Darstellungen/den Erzählungen des Befragten umgehen. Allerdings bringt das offene Kodieren das Problem mit sich, dass praktisch endlos kodiert und verglichen werden kann (vgl. FLICK 1995, S. 203 ff.).

Beim *thematischen* oder *theoretischen Kodieren* hingegen ist der Spielraum der zu entwickelnden Codes und Kategorien durch die Fragestellung bereits stärker eingegrenzt. Prinzipiell eignet sich diese Art der Auswertung am besten für *Leitfaden-Interviews*, bei denen die Themen zu einem großen Teil vorgegeben sind, wodurch die Interviews auch eher vergleichbar sind als unstandardisierte (z. B. narrative) Interviews. Das thematische Kodieren folgt nach FLICK (1995, S. 206 ff.) einem *dreiphasigen Ablauf*.

In einem *ersten Schritt* werden *Einzelfallanalysen* durchgeführt und Kurzbeschreibungen jedes Falls angefertigt. Eine solche Einzelfallanalyse *„enthält eine für das Interview typische Aussage, eine knappe Darstellung der Person in Hinblick auf die Fragestellung und die zentralen Themen, die sie im Interview hinsichtlich des Untersuchungsgegenstandes angesprochen hat"* (FLICK 1995, S. 207). Zur Technik der Einzelfallanalyse hat LAMNEK (1995, S. 109) angeregt, zunächst Nebensächlichkeiten aus der Transkription zu löschen und die prägnantesten Textstellen herauszusuchen. Dadurch entsteht ein neuer, stark gekürzter und konzentrierter oder auch verdichteter Text. Dieser Text wird nun kommentiert und das Interview charakterisiert. Dabei sollen die Besonderheiten herausgearbeitet werden und auch auf das Allgemeine oder Allgemeingültige hingewiesen werden. Als Ergebnis kommt eine Einzelfallanalyse mit einer Verknüpfung von wörtlichen Passagen, sinngemäßen Wiedergaben und Wertungen und Beurteilungen bzw. Interpretationen durch den Forscher heraus.

In einem *zweiten Schritt* werden die einzelnen Fälle vertiefend analysiert und nach dem Sinnzusammenhang der Äußerungen der einzelnen Befragten zu dem Thema der Untersuchung gesucht. Dazu wird ein *Kategoriensystem* für jeden einzelnen Fall entwickelt. *„Diese aus den ersten Fällen entwickelte und an allen weiteren Fällen überprüfte Struktur wird, wenn sich neue oder ihr widersprechenden Aspekte ergeben, diesen entsprechend modifiziert. Mit ihr werden alle in die Auswertung einbezogenen Fälle analysiert"* (FLICK 1995, S. 208). Bei einer anschließenden *Feinanalyse* können einzelne Textpassagen detaillierter interpretiert werden. Für diese Feinanalyse hat FLICK (1995, S. 208 in Anlehnung an Strauss 1991, S. 57 f.) folgenden Fragenkatalog entwickelt:

Fragenkatalog für eine Feinanalyse (FLICK 1995, S. 208)

Bedingungen: Warum hat der Befragte dies getan/gesagt? Was führte zu der Situation? Was ist der Hintergrund des Handelns? Wie war der Verlauf?
Interaktion zwischen den Handelnden: Wer handelte? Was geschah?

Strategien und Taktiken: Welche Umgangsweisen spiegeln sich in dem Gesagten/Getanen wider? Wurden bestimmte Handlungen vermieden oder an die spezifische Situation angepasst?
Konsequenzen: Was veränderte sich durch die geschilderten Handlungen? Welche Folgen oder Resultate des Handelns sind erkennbar?

Das Ergebnis des zweiten Schrittes der Vertiefung und Feinanalyse ist nach FLICK (1995, S. 208 f.) eine *„fallbezogene Darstellung der Auseinandersetzung mit dem Gegenstand der Untersuchung einschließlich der Leitthemen, die sich [...] als spezifisch für den Fall festhalten lassen"*.

In einem *dritten Schritt* wird *fallübergreifend* verglichen. Ziel ist, das inhaltliche Spektrum der Auseinandersetzung der Interviewpartner mit dem Thema der Untersuchung – sowohl die Vielfalt als auch die Verteilung – aufzuzeigen sowie *„Gemeinsamkeiten in und Unterschiede zwischen den verschiedenen Untersuchungsgruppen"* herauszuarbeiten (FLICK 1995, S. 209 f.). Die Verallgemeinerungen, die schließlich getroffen werden, basieren auf diesen Fall- und Gruppenvergleichen und zielen auf eine empirisch begründete Theorieentwicklung (vgl. Kasten zur *Grounded Theory*, S. 169). Damit ist das Verfahren des thematischen Kodierens mit dem der *Typenbildung* vergleichbar (siehe unten).

Thematisches Kodieren (nach FLICK 1995, S. 207 ff.):

1. *Einzelfallanalyse*: Verdichtete Kurzbeschreibungen der Fälle mit einer Mischung aus wörtlichen Zitaten, sinngemäßen Wiedergaben und ersten Interpretationen
2. *Fein- oder Tiefenanalyse der Einzelfälle*: Spezifische, fallbezogene Darstellung der Auseinandersetzung mit dem Gegenstand der Untersuchung
3. *Fall- und Gruppenvergleich*: Herausarbeitung von Gemeinsamkeiten und Unterschieden zwischen den verschiedenen Untersuchungsgruppen

In ihrer Untersuchung über das Leben in Ostfriesland haben DANIELZYK, KRÜGER & SCHÄFER (1995) aus der Gesamtheit ihrer Interviewpartner vier Typen herausgearbeitet und mit einem aussagekräftigen „typischen" Zitat als Motto versehen. Diese Mottos entstanden zunächst als typische Aussagen im Rahmen der Einzelfallanalysen und wurden dann auf den gesamten Typus übertragen.

Typische Wahrnehmungsmuster von Ostfriesen
(DANIELZYK, KRÜGER & SCHÄFER 1995, S. 166 ff.)

Typ A („der ostfriesische Nesthocker"): „Ähm, so genau hab ich mich
mit dem Arbeitsmarkt hier nicht befasst. Das ist natürlich so ne
Arbeitslosigkeit, ist glaub ich hier ziemlich hoch." – In den Interviews mit „ostfriesischen Nesthocker" herrschen vage und relati-
vierende Formulierungen vor. „Der ‚ostfriesische Nesthocker' verfügt über differenzierte Kenntnisse und/oder eine eigene Position
nur in bezug auf solche Lebensbereiche, die seinen Alltag unmittelbar betreffen."

Typ B („der zufriedene Ostfriese"): „In Leer kann man sich wohlfühlen
(…), hier Wegziehen kommt definitiv nicht infrage." – Die zitierte
Interviewäußerung weist darauf hin, dass „der zufriedenen Ostfriese" mit Leer bzw. Ostfriesland eine hohe Lebensqualität verbindet. Für die individuelle Zufriedenheit ist jedoch jeder Einzelne
selbst verantwortlich. Sein Bild von der Region ist im Unterschied
zu Typ A differenzierter.

Typ C („der kleinstädtische Ostfriese"): „Es gibt zwar mehrere öffentliche Kneipen und Kinoprogramm ist ja auch nicht so doll, aber so
privat läuft da doch 'ne ganze Menge in so 'ner Kleinstadt" – „Der
kleinstädtische Ostfriese" unterscheidet sich von den anderen beiden Typen durch eine ausgeprägte Leeraner – also eine „kleinstädtische" – Wahrnehmungsdimension. Er sieht „neben gegebenen
Entwicklungsprozessen auch Notwendigkeiten und Chancen zur
Initiierung weiterer."

Typ D („der ostfriesische Fortschreitende"): „(...) irgendwann ist dann
Nüttermoor mit Leer oder Heisfelde zusammen gewachsen. Das
wird alles kommen und das muß mit Sicherheit so sein. Nur sollte
man sehen, dass man die Natur berücksichtigt, Grünflächen als
Erholungsgebiete belässt." – Der „ostfriesische Fortgeschrittene"
zeigt ein hohes Differenzierungs- und Reflexionsniveau sowie eine
Offenheit gegenüber Veränderungen und „Fortschritt" und setzt
sich aktiv für die Gestaltung seiner Lebensumwelt ein. Dies fußt
auf „ambitionierten, kritisch-interessierten und selbstreflexiven
Beobachtungen."

Eine andere, *fünfstufige* und daher detailliertere Auswertungsstrategie hat
SCHMIDT (2000, S. 448 ff.) entworfen. Dieses Kodierungsverfahren ist sehr
stark an das quantitative Denken angelehnt und erinnert an die Auswertung
offener Fragebogen-Fragen.

Zuerst werden anhand des Materials *Auswertungskategorien* festgelegt. Dazu wird das Material mehrfach intensiv gelesen. Das theoretische Vorverständnis und die Fragestellung lenken dabei das Lesen. Man muss jedoch darauf achten, dass man nicht nur nach Textpassagen sucht, die das Vorverständnis bestätigen, sondern auch solche Passagen wahrnimmt und festhält, die damit weniger in Einklang zu bringen sind. Wichtig ist es auch festzuhalten, ob die Befragten die vom Forscher verwendeten Begriffe aufgreifen, welche Bedeutung sie für sie haben und welche neuen Begriffe/Themen sie selbst im Gespräch einführen.

Die beim Lesen gefundenen Auswertungskategorien werden nun (2. Schritt) in einem *Auswertungs- und Kodierleitfaden* zusammengestellt. Neben einer ausführlichen Beschreibung der einzelnen Kategorien enthält er auch die verschiedenen Ausprägungen. Mit diesem Kodierleitfaden wird nun der Text kodiert, d. h. die entsprechenden Textpassagen werden einer Kategorie und der jeweiligen Ausprägung zugeordnet. Der Kodierleitfaden wird dabei zunächst an einigen Interviews getestet und dann überarbeitet bevor er an allen Interviews durchgeführt wird.

In einem dritten Schritt wird jeder Fall, d. h. jedes Interview unter allen Kategorien des Kodierleitfadens *verschlüsselt*, d. h. mit *Kategorieausprägungen* etikettiert. In diesem Schritt soll durch die Kodierung auch die Informationsfülle reduziert werden; dabei wird durchaus in Kauf genommen, dass (weniger wichtige) Informationen verloren gehen. In einem vierten Schritt schlägt SCHMIDT (2000, S. 454 f.) eine *quantifizierende Materialübersicht* vor. Dabei wird in einer Art Häufigkeitstabelle dargestellt, welche Kategorien und Ausprägungen wie oft im Material vorkommen. Durch die Erstellung solcher Tabellen können mögliche Zusammenhänge sichtbar werden, denen in einer qualitativen Analyse weiter nachgespürt werden kann. Schließlich werden vertiefende *Einzelfallinterpretationen* vorgenommen (siehe oben).

Thematisches Kodieren (nach SCHMIDT 2000, S. 448 ff.):

1. Festlegung der Auswertungskategorien
2. Zusammenstellung eines Auswertungs- und Codierleitfadens
3. Kodierung der Interviews
4. quantifizierende Materialübersicht
5. vertiefende Einzelfallinterpretation

Bei einem Vergleich der beiden Varianten des thematischen oder theoretischen Kodierens fällt auf, dass die fünfstufige Variante von SCHMIDT sehr viel stärker standardisiert ist und in der Vorgehensweise eine deutlichere Nähe zu quantitativen Methoden aufweist. Die Vorgehensweise, die FLICK vorgeschlagen hat, ist stärker qualitativ ausgerichtet, weil man hiermit näher an den Einzelfällen und ihren Besonderheiten bleibt und weniger versucht ist, die (offenen) Aussagen der Interviewten in (geschlossene) Kategorien zu pressen.

Alle vorgestellten Varianten sind aufgrund ihrer spezifischen Ausrichtung (Grad der Offenheit) für manche Interviewarten und für eine unterschiedliche Datenfülle mehr oder weniger gut geeignet. Das stark standardisierte Kodierungsverfahren nach SCHMIDT ist am besten für eine *große Materialfülle* (viele, teilstandardisierte Interviews) geeignet, bei der man ohne eine gewisse Vereinfachung und Vereinheitlichung der Auswertung vermutlich die Übersicht verliert. Die FLICKsche Variante eignet sich dagegen besser für *mittlere Interviewzahlen* und teilstandardisierte Leitfaden-Interviews. Das Verfahren des *offenen Kodierens* ist dagegen nur bei *geringen Interviewmengen* praktikabel; es wird aufgrund der Offenheit den wenig standardisierten narrativen Interviews am besten gerecht.

Computergestützte Kodierung

Der Computereinsatz in der qualitativen Forschung ist deutlich geringer als in Untersuchungen mit quantitativem Ansatz. Hilfreich können diverse Computerprogramme außer bei der Anfertigung der Transkripte lediglich bei der Kodierung der Interviews und zur *„Strukturierung und Organisation von Textdaten"* (KELLE 2000, S. 488) sein. Dazu kann entweder mit Textverarbeitungsprogrammen gearbeitet werden oder mit speziellen Datenbankprogrammen. Allerdings ist es ein *„Missverständnis, Computerprogramme könnten in ähnlicher Weise zur Analyse von Textdaten verwendet werden, wie die Statistiksoftware SPSS zur Durchführung von statistischen Analysen"* (KELLE 2000, S. 488).
Der Einsatz eines Computerprogramms ist nach MAYRING (2002, S. 137) in der qualitativen Sozialforschung insbesondere möglich für:
● Markieren von Textbestandteilen und Kennzeichnung mit einer Kodierung;
● Zusammenstellen aller Zitate pro Kodierung (= *Retrievalfunktion*; vgl. KELLE 2000, S. 492);
● Zurückverfolgen ausgewählter Textstellen/Zitate in ihren ursprünglichen Kontext;
● Suchen von zentralen Begriffen in den Interviewtexten.
Bei MAYRING (2002, S. 138 f.) sind einige Computerprogramme aufgelistet und nach ihrer Leistungsfähigkeit kommentiert. Erfahrungen mit diesen Programmen sind in der Literatur wenig dokumentiert. Der Einsatz dieser Programme ist für manche durch den zunächst erhöhten Aufwand des Anlegens einer Datenbank abschreckend. Bei der Auswertung sind dann allerdings durchaus Erleichterungen vorhanden, denn *„die höhere Effizienz bei der Datenorganisation spart zeitliche und personelle*

Ressourcen und ermöglicht die Bearbeitung größerer Datenmengen [und die] *Forscher werden von mühevollen mechanischen Aufgaben entlastet"* (KELLE 2000, S. 499 f.). Diese Erleichterungen beziehen sich jedoch lediglich auf die stärker quantitativen Aspekte der Auswertung oder auf Arbeitsschritte, die andernfalls nur mit Hilfe eines simplen Textverarbeitungsprogramms oder mit Schere und Klebstoff (Ausschneiden und Sammeln von Textpassagen mit derselben Kodierung) zu bewerkstelligen wären. Die Programme liefern keinerlei Hilfestellung bei der Interpretation von Aussagen und können einen Mangel an Intuition und Kreativität bei der Auswertung nicht ersetzen.

Grounded Theory: Durch qualitative Forschung neue Theorien entdecken

Das Verfahren der *Grounded Theory* wurde in den 1960er Jahren von den amerikanischen Soziologen BARNEY G. GLASER und ANSELM L. STRAUSS entwickelt. Den Ausgangspunkt der Forschungsarbeit bilden zwar keine Theorien, die es zu überprüfen gilt, dennoch erfolgt die Forschung nicht theorielos: *Bestehende* Theorien zu kennen und den Überlegungen zugrunde zu legen, ist „unverzichtbar", das wesentliche Ziel der *Grounded Theory* ist jedoch, *neue* theoretische Konzepte im Forschungsverlauf mit Hilfe der gewonnenen Daten zu *entdecken* (HILDENBRAND 2000, S. 33). Dabei stehen in Anlehnung an *Symbolischen Interaktionismus* und *Ethnomethodologie „Deutungen sozialer Wirklichkeiten handelnder Personen sowie die Interaktionen, in denen diese Deutungen entwickelt und modifiziert werden"* (HILDENBRAND 2002, S. 76) im Zentrum der Forschung.

Die Theorien, die durch das Verfahren der *Grounded Theory* entdeckt werden können, sind Theorien mittlerer Reichweite, also Theorien *„auf der Grundlage mehrerer vergleichender Studien über unterschiedliche Populationen, Regionen etc."* (HILDENBRAND 2002, S. 77).

Typisch für die *Grounded Theory* ist die *Zirkularität* und *Prozesshaftigkeit* des Forschens. Zirkulär ist der Forschungsprozess, weil induktive und deduktive Verfahren darin miteinander verknüpft werden. Zunächst wird auf Grund von Beobachtungen eine erklärende Hypothese gebildet, mit der *„von einer Folge auf ein Vorhergehendes geschlossen"* werden kann. Die Erkenntnisse geeigneter Hypothesen kommen gelegentlich „wie ein Blitz". Solche Schlüsse werden als alltäglich betrachtet und zugleich als *„zentrale Forschungsstrategie des Erkennens von Neuem"* (HILDENBRAND 2000, S. 34). Dieser Vorgang erinnert sehr an die Hypothesenformulierung im kritischen Rationalismus auch wenn mühevoll die Terminologie vermieden wird („Folge und Vorhergehendes" statt „Wirkung und Ursache"). Ähnlich positivistisch geht es weiter: *„Auf der zweiten Stufe des Forschens, der Stufe der Deduktion, werden [...] gewonnene Hypothesen in ein Typisierungsschema überführt. [...] Auf der dritten Stufe des Forschens, der Stufe der Induktion,* [werden] *die deduktiven Applikationen der Hypothese* [anhand der Daten] *überprüft"* (HILDENBRAND 2000, S. 34).

Der wesentliche Unterschied des Forschungsdesigns von *Grounded Theory* zum kritischen Rationalismus besteht nun zum einen darin, dass der Entdeckungsprozess eine größere Rolle spielt und der Überprüfung der Hypothesen ein geringerer Stellenwert eingeräumt wird (LAMNEK 1995, S. 112). Weiterhin werden nicht mit dem Anspruch der Repräsentativität größere Datenmengen erhoben, um damit die Hypothesen zu testen, sondern es wird empirischer Minimalismus betrieben und nur „ein geringes Quantum an Daten" erhoben. Außerdem erfolgen die Phasen der Datenerhebung, Entwicklung von Konzepten und ihre Überprüfung an den Daten nicht nacheinander, sondern möglichst zeitgleich und miteinander verschränkt (vgl. HILDENBRAND 2000, S. 36). *„Es kommt dabei nicht auf eine möglichst genaue Überprüfung bestehender Theorien, sondern auf die Genese neuer Theorien an"* (LAMNEK 1995, S. 115). Wenn die zunächst gewonnenen Daten verarbeitet sind, werden neue Daten gesammelt, die in die entstehende Theorie integriert werden. Der Vorgang wird so lange fortgesetzt, bis die entwickelte Theorie aus Sicht des Forschers schlüssig erscheint. *„Es ist immer die Empirie, an der sich eine Theorie zu erweisen hat und zu der die Theorie immer zurückkehrt als letzte Instanz"* (HILDENBRAND 2000, S. 36).

Neben der konsequenten Prozesshaftigkeit, die zwar als eine der Charakteristika qualitativer Forschung gilt, aber in der Praxis der qualitativen Sozialforschung wenig Nachahmer gefunden hat – es werden zumeist erst alle Interviews gemacht bevor sie ausgewertet werden –, ist das Prinzip des Theorie-Entdeckens der wesentliche Impuls, der von der *Grounded Theory* für qualitative Forschung ausging.

4.3.2.2 Die Konstruktion von Typen

Synonym zum Begriff der Kategorienbildung wird in der sozialwissenschaftlichen Forschung häufig der Begriff des *Typisierens* bzw. der Begriff des *Typus* verwendet. Die *Konstruktion von Typen* gehört zu den *„wichtigsten nicht quantifizierenden Erkenntnismitteln der Sozialwissenschaften"* (LEXIKON ZUR SOZIOLOGIE 1995, S. 690). Die Typenbildung folgt in der Regel einem oder mehreren zentralen Merkmalen. Typisierungen sind Konstrukte und stellen *„Abstraktionen und Generalisierungen von Handlungssituationen dar"* (Lexikon zur Soziologie 1995, S. 690). Es kann dabei unterschieden werden zwischen *Idealtypus* und *Durchschnittstypus*. Beide Begriffe gehen auf MAX WEBER zurück und sind Konstruktionen: Der reine Idealtypus muss empirisch überhaupt nicht vorkommen (im Unterschied zum *Realtyp*; vgl. GERHARD 1991, S. 435 ff.) und der *„Durchschnittstypus"* (WEBER 1985, S. 10) gibt mehr oder weniger die *„statistisch ermittelten Durchschnittswerte"* (Lexikon zur Soziologie 1995, S. 153) wider.

Den Begriff der *„empirisch begründeten Typenbildung"* hat KLUGE (1999) eingeführt und dabei den Begriff des Typus kurz und pragmatisch *„als eine Kombination von Merkmalen"* definiert (KLUGE 1999, S. 41). Der Verweis auf die Merkmalskombination lässt eine Nähe zu quantitativen Verfahren erkennen. Das Verfahren der empirisch begründeten Typenbildung ist in der Tat methodisch stark kontrolliert. Die Einzelfälle, die zu einem Typus zusammengefasst werden können, sollten einander möglichst ähnlich sein (*interne Homogenität*), sollten sich zugleich aber von den Einzelfällen, die einen anderen Typus bilden, möglichst deutlich unterscheiden (*externe Heterogenität*; vgl. die sehr ähnliche Diktion der *Clusteranalyse* in der quantitativen Sozialforschung). Bildung und Darstellung von Typen eignen sich in der qualitativen Sozialforschung, um Einzelfälle nach ihren Unterschieden und Ähnlichkeiten zu ordnen und zu gruppieren, dadurch die komplexe Realität zu reduzieren und einen besseren Überblick über einen Gegenstandsbereich zu erhalten (vgl. KLUGE 1999, S. 23). Sie werden z. B. verstärkt in der qualitativen Lebenslauf-Forschung genutzt.

Die empirisch begründete Typenbildung erfolgt in mehreren Schritten und auf mehreren Ebenen (vgl. KLUGE 1999, S. 30):

- *Ebene des Einzelfalls*: Zunächst werden die Interviewtranskripte thematisch kodiert; dazu werden Kurzbeschreibungen aller Fälle angefertigt bzw. Einzelfallanalysen durchgeführt, indem zu den Leitfaden-Themen die Kernaussagen festgehalten werden.
- *Ebene des Typus*: Zur Typenbildung werden ähnliche Fälle durch ein *divisives* oder *agglomeratives* Verfahren zusammengefasst. Bei dem divisiven Verfahren wird von der Gesamtgruppe ausgegangen, und durch schrittweise Untergliederung werden Teilgruppen (Typen) gebildet. Diese Unterteilungen erfolgen so oft, bis die einzelnen Typen über eine ausreichende interne Homogenität verfügen. Bei dem *agglomerativen* Verfahren wird dagegen von den Einzelfällen ausgegangen, und man kommt durch Zusammenfassung möglichst ähnlicher Fälle zu den verschiedenen Typen (vgl. KLUGE 1999, S. 270). Anschließend wird jeder einzelne Typus in einer fallübergreifenden Analyse untersucht und seine Charakteristika, d. h. die Gemeinsamkeiten der zu dem Typ zusammengefassten Fälle, beschrieben (vgl. KLUGE 1999, S. 30).
- *Ebene der Typologie*: Die Unterschiede zwischen den Typen sowie die Vielfalt und Breite des untersuchten Themas und schließlich das Gemein-

same zwischen den Typen werden untersucht. Dieser Schritt wird auch als *typologische Analyse* bezeichnet (vgl. MAYRING 1996, S. 105 ff.).

Beispiel für ein divisives Verfahren bei der Typenbildung: Sieben Typen von Erwerbsbiographien in West-Pendlergemeinden Südthüringens (PFAFFENBACH 2002, S. 3 u. S. 95 ff.)

Die hier dargestellte Typisierung ging folgenden Fragen nach: Welche konkreten Veränderungen der sozialen und räumlichen Mobilität und der Individualität ergaben sich seit der Wende und wie werden diese Veränderungen von den Menschen gesehen? Welche unterschiedlichen Handlungsressourcen und Mobilitäts- sowie Individualitätsmuster haben die Menschen heute? In welchem Zusammenhang stehen diese Veränderungen und deren Wahrnehmungen mit den persönlichen Erwerbsbiographien?

In einem ersten Schritt wurde nach der räumlichen Mobilität im beruflichen Bereich, d. h. nach dem derzeitigen Arbeitsort unterschieden. Unter diesem Gesichtspunkt konnten drei Gruppen gebildet werden: Berufstätige, die in den alten Bundesländern arbeiten (West-Pendler), Berufstätige, die in den neuen Bundesländern arbeiten, und Personen, die zu keiner der beiden Gruppen gehören, weil sie wegen ihrer Arbeitslosigkeit im beruflichen Bereich nicht räumlich mobil sind bzw. sein müssen.

Nach dieser ersten Teilgruppenbildung wurde eine weitere Unterteilung vorgenommen, da die Gruppen unter dem Gesichtspunkt der sozialen Position noch zu heterogen waren. Eine weitere Unterteilung erfolgte daher aufgrund der sozialen Mobilität, d. h. der Veränderung der sozialen Position nach der Wiedervereinigung: sozialer Aufstieg, Beibehalten der sozialen Position und sozialer Abstieg, wobei es sich hier um Selbsteinschätzungen der Befragten handelte.

Die Gruppe der West-Pendler konnte daraufhin unterschieden werden in einen Typus, der aufgrund des West-Pendelns sozial aufgestiegen ist und Karriere gemacht hat und einen Typus, der durch das West-Pendeln seine soziale Position bestenfalls beibehalten und stabilisieren konnte. Der Typus des sozial abgestiegenen West-Pendlers konnte als Realtypus nicht ausgemacht werden.

Die Berufstätigen, die in den neuen Bundesländern arbeiten, wurden in drei Typen unterteilt. Zunächst wurden diejenigen Personen, die sich nach der Wende selbstständig gemacht haben, und dies zudem alle mit Erfolg, zu einem eigenen Typus zusammengefasst. Die verbliebenen Fälle, alle abhängig Beschäftigte, wurden wiederum nach der Veränderung ihrer sozialen Position unterschieden in einen Typus, dem ein sozialer Aufstieg und eine Karriere gelungen ist, und einen Typus, der seine soziale Position bestenfalls beibehalten konnte. Der Typus des sozial abgestiegenen Berufstätigen in den neuen Bundesländern konnte ebenfalls als Realtypus nicht ausgemacht werden. Berufstätige sehen sich angesichts der großen Anzahl von Arbeitslosen offenbar generell nicht als „Wiedervereinigungsverlierer" an.

Als dritte Teilgruppe aus dem ersten Schritt der Unterteilung wurden schließlich noch die Arbeitslosen weiter unterteilt in einen Typus, der aufgrund seiner akademischen Bildung und Förderung in der DDR einen besonders starken sozialen Abstieg durch das Ende des sozialistischen Systems und die (Dauer-) Arbeitslosigkeit erlebt hat und einen Typus, der mit einer Facharbeiterausbildung einen weniger starken sozialen Abstieg durch (temporäre) Arbeitslosigkeit hinnehmen musste. Arbeitslose sehen sich selbst generell als „Wiedervereinigungsverlierer".

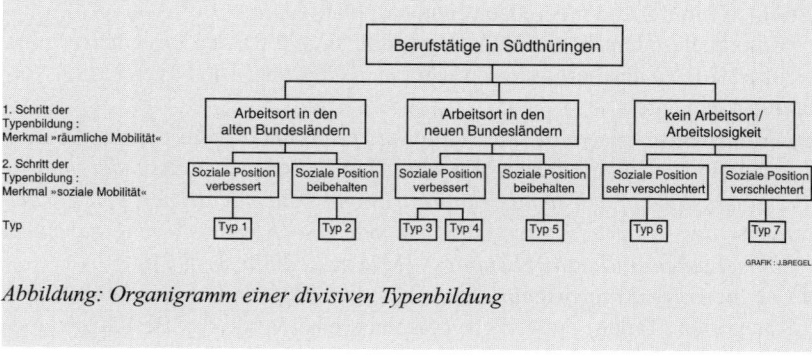

Abbildung: Organigramm einer divisiven Typenbildung

4.3.2.3 Qualitative Inhaltsanalyse

Ein oft zitierter Vertreter der *qualitativen Inhaltsanalyse* ist PHILIPP MAYRING. Das Vorgehen, das er entwickelt und mehrfach beschrieben hat, wird hier nur verkürzt wiedergegeben, weil es viele Ähnlichkeiten mit den bereits beschriebenen Kodierungs- und Typisierungsverfahren aufweist, jedoch eine noch stärkere Standardisierung anstrebt, obwohl der Begriff *„qualitative Inhaltsanalyse"* eigentlich ein anderes Vorgehen vermuten lässt. Unter der qualitativen Inhaltsanalyse wird die *„systematische Bearbeitung von Kommunikationsmaterial"* verstanden (MAYRING 2000, S. 468). Dabei kann es sich sowohl um Texte als auch um Musik, Bilder, Skulpturen, Gebäude, u. ä. handeln.

Entwickelt wurde die qualitative Inhaltanalyse in den 1920er Jahren in den USA. Zunächst wurde die Methode vor allem zur Auswertung von Zeitungstexten angewandt. Dabei standen zunächst eher quantitative Aspekte im Vordergrund (Häufigkeitsanalysen): Wie oft wird eine bestimmte Partei erwähnt? Qualitative Analysen beschäftigten sich später mehr damit, inwieweit beispielsweise die Position der Regierungspartei vertreten wird oder mit welchen Attributen bestimmte Politiker belegt werden. Kritisiert wurde an diesen Verfahren, dass sie die latenten Sinnstrukturen vernachlässigten, der Textkontext nicht beachtet wurde, die Analysen zu wenig linguistisch fundiert waren und sie den Anspruch an Systematik und Überprüfbarkeit nicht erfüllen konnten (vgl. MAYRING 2000, S. 469 f.).

Aus dieser Kritik ergaben sich die aktuellen *Grundsätze der qualitativen Inhaltsanalyse* (MAYRING 2000, S. 471):

- Einbettung des zu analysierenden Materials in seinen Kommunikationszusammenhang: Autor, Gegenstand, Hintergrund, Merkmal, Zielgruppe des Textes;
- Systematik der Inhaltsanalyse: Die Analyse soll regelgeleitet (an Kategorien orientiert) und theoretisch fundiert ablaufen.

Prinzipiell unterscheidet MAYRING (2000, S. 472 f.) vier *Vorgehensweisen*, die die Nähe zu den bereits beschriebenen Kodierungs- und Typisierungsverfahren offen legen:

- *Die zusammenfassende Inhaltsanalyse*: Das Material wird reduziert und in einen überschaubaren Kurztext überführt. *„Zusammenfassende Inhaltsanalysen bieten sich immer dann an, wenn man nur an der inhaltlichen Ebene des Materials interessiert ist und eine Komprimierung zu einem überschaubaren Kurztext benötigt"* (MAYRING 2000, S. 472);
- *Die induktive Kategorienbildung*: Aus dem Material werden schrittweise Kategorien (Typen) entwickelt; beispielsweise wurde das Berufsverständnis von arbeitslosen Lehrern in den Neuen Bundesländern unter zwei Kategorien, „Lehrer aus Freude am Beruf selbst" und „Lehrer aus Engagement für den Sozialismus", zusammengefasst und dann weiter untersucht, ob die unterschiedlichen Orientierungen einen Einfluss auf die Verarbeitung der Arbeitslosigkeitserfahrung zeigen (MAYRING 2000, S. 472 f.);
- *Die explizierende Inhaltsanalyse*: Zu unklaren Textstellen wird zusätzliches Material gesucht, das die Textstellen verständlich machen kann, systematisches, kontrolliertes Sammeln von Explikationsmaterial (MAYRING 2000, S. 473);
- *Die strukturierende Inhaltsanalyse*: Bestimmte Aspekte werden nach vorher festgelegten Kriterien (Kodierleitfaden) aus dem Text herausgefiltert, typische Textpassagen werden herausgesucht.

Mit der sehr standardisierten Auswertungsform der qualitativen Inhaltsanalyse sind auch größere Textmengen bearbeitbar. Allerdings ist durch die verschiedenen Verfahren der qualitativen Inhaltsanalyse noch keine Interpretation des Text-Materials erfolgt, sondern es ist zunächst lediglich verdichtet und unter bestimmten Aspekten reduziert worden. MAYRING (2000, S. 472) selbst sieht als anschließenden Auswertungsschritt allerdings keine weitergehende Interpretation vor, sondern stattdessen quantitative Analysen in Form von Häufigkeitsauszählungen. Damit fällt die angeblich „qualitative" Inhaltsanalyse eigentlich doch stärker in den Bereich der *semi-qualitativen Auswertungsverfahren*.

4.3.2.4 Hermeneutische Textinterpretation

Bereits mehrfach in diesem Kapitel spielten Interpretationen eine Rolle und es wurde darauf hingewiesen, dass bei den verschiedenen Schritten der Aufbereitung und Auswertung qualitativer Interviews Interpretationen erfolgen: Die Transkription beinhaltet erste Interpretationen, die Kodierung beinhaltet Interpretationen – auch wenn man sich dessen zuweilen nicht bewusst ist. Die *hermeneutische Textinterpretation* ist nun ein Verfahren, mit dem bewusst und gewollt und *„in wesentlichen Teilen reflektiert"* (KLEINING 1995, S. 216) interpretiert werden kann. Gegenstand der hermeneutischen Textinterpretation sind dabei zumeist *einzelne Passagen* aus qualitativen Interviews, und nicht – wie in den vorausgehend vorgestellten Auswertungsverfahren der Typisierung oder der Inhaltsanalyse – der Gesamt-Text eines Interviews oder die Gesamtheit aller „Fälle". Die Textinterpretation hat auch nicht Ordnung, Systematik und Strukturieren zum Ziel, sondern will *„sich in einen zunächst fremden Zusammenhang solange hineindenken und hineinarbeiten, bis er einem vertraut ist"* (SEIFFERT 1991, S. 112). Gegenstand der Interpretation des Forschers sind – wie eingangs bereits genauer angeführt – allerdings bereits Interpretationen, und zwar die Interpretationen der Befragten, ihre subjektive Sicht der Welt, der *„Sinn, den die Menschen der Welt geben, ihre Wirklichkeiten"* (POHL 1989, S. 43). In Anlehnung an MAX WEBER wird dieses Erfassen des *„subjektiv gemeinten Sinns"* gemeinhin als *„Verstehen"* bezeichnet (1980, S. 1).

Bei der Textinterpretation kann zwischen *Text* (bzw. Botschaft), *Text-Produzenten* (bzw. Botschafts-Produzenten) und *Text-Rezipienten* (bzw. Botschafts-Rezipienten) unterschieden werden. Die Bedeutung einer Aussage setzt sich demnach zusammen aus dem *Gesagten*, dem *Gemeinten* und dem *Gehörten* (Verstandenen). Da qualitative Forschung auch als Kommunikationsprozess aufgefasst werden kann, liegt es auf der Hand, sich die elementaren Erkenntnisse der Kommunikationspsychologie zu vergegenwärtigen und sich daran klar zu machen, wie vieldeutig Botschaften sein können und wie vielfältig auch die Verarbeitung von Botschaften erfolgen kann (vgl. SCHULZ VON THUN 1999). Eine Nachricht enthält demnach neben dem reinen Sachinhalt („Worüber ich informiere") auch implizite Informationen über dem Sprecher selbst („Was ich von mir selbst kundgebe"), über seine Beziehung zum Gesprächspartner („Was ich von dir halte oder wie wir zueinander stehen") sowie häufig auch einen Appell an den Empfänger der Nachricht („Wozu ich dich veranlassen möchte"; vgl. Abb. 25).

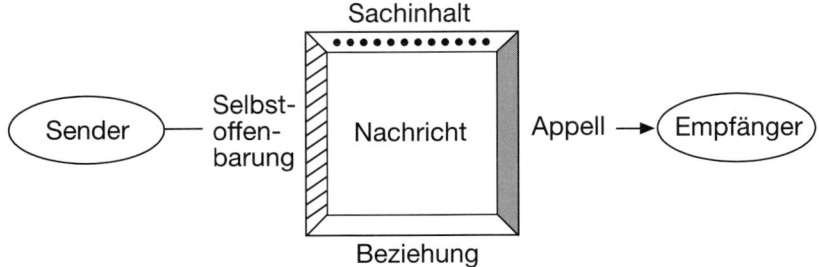

Abb. 25: Die vier Seiten einer Nachricht
Quelle: SCHULZ VON THUN 1999, S. 30

Aber nicht nur die Nachricht ist vieldeutig, sondern auch der Empfang kann auf verschiedene Arten (nach SCHULZ VON THUN: mit verschiedenen Ohren) erfolgen. Eine Aussage kann als reine Sachaussage verstanden werden (diese „Hörweise" mit dem „Sach-Ohr" überwiegt bei wissenschaftlichen Arbeiten; „Wie ist der Sachverhalt zu verstehen?"), sie kann aber auch als Aussage über die Beziehung der Gesprächspartner aufgefasst werden („Beziehungs-Ohr"; „Wie redet der eigentlich mit mir?"), als Aussage über den Sprecher selbst („Selbstoffenbarungs-Ohr"; „Was ist das für einer?") oder als Aufforderung („Appell-Ohr"; „Was soll ich tun, denken, fühlen auf Grund seiner Meinung?"; vgl. Abb. 26). Selbst wenn wir als Interviewer und Interpreten vor allem unser „Sach-Ohr" auf Empfang geschalten haben, können wir nicht sicher sein, mit welchem Ohr unser Interviewpartner uns und unsere Fragen gehört hat und inwieweit dieses Verstehen seine eigenen Aussagen beeinflusste und strukturierte.

Doch zurück zur hermeneutischen Textinterpretation, der eine Fülle von Verfahren zugerechnet werden können. Zwei davon sollen im Folgenden kurz angesprochen werden: die *objektive Hermeneutik* und die *sozialwissenschaftlich-hermeneutische Paraphrase.*
Ein kontrovers diskutiertes und ausgesprochen aufwändiges Interpretations-Verfahren ist die so genannte *objektive Hermeneutik,* die – wie der Name schon sagt – stark um eine (scheinbare) Objektivität bemüht ist (zur prinzipiellen Unmöglichkeit objektiver Erkenntnis vgl. Kap. 1). Vertreter dieser Richtung sehen sie *„zurzeit als eines der verbreitetsten und reflektiertesten Verfahren"* an (REICHERTZ 2000, S. 518). Der Verstehensvorgang wird als *„hermeneutischer Zirkel"* beschrieben: Mit Hilfe eines bei jedem Interpreten vorhandenen und zunächst – bezogen auf die konkrete Forschungsthematik

Was ist das
für einer?
Was ist mit ihm?

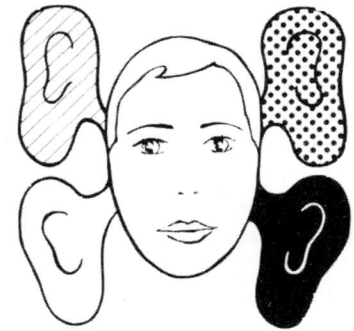

Wie ist
der Sachverhalt
zu verstehen?

Wie redet der
eigentlich mit mir?
Wen glaubt er vor
sich zu haben?

Was soll ich tun,
denken, fühlen
auf Grund seiner
Mitteilung?

Abb. 26: Der „vierohrige Empfänger"
Quelle: SCHULZ VON THUN 1999, S. 45

vermutlich – begrenzten Vorverständnisses wird ein Text interpretiert. Dieses Auseinandersetzen mit dem Text vergrößert das Verständnis des Interpreten. In einem zweiten Interpretationsschritt kann der Text bereits besser erschlossen und verstanden werden (vgl. dazu ausführlich LAMNEK 1995, S. 74 ff.). Die Interpretationsschritte werden *vielfach wiederholt*, da das Ziel darin besteht, sich den *„latenten Sinnstrukturen"* (OEVERMANN et. al. 1979) möglichst weit anzunähern. Dabei bleibt aber immer eine *„hermeneutische Differenz"* (DANNER 1998, S. 59) bestehen, da das Verstehen fremden Sinns nur annäherungsweise gelingen kann (SOEFFNER 2000, S. 166).

Der konkrete Interpretationsprozess kann bei der objektiven Hermeneutik folgendermaßen aussehen: *„Der Interpret nimmt sich eine Textstelle vor, die eine Handlung aus der Sicht des Subjektes beschreibt, und entwirft möglichst alle nur denkbaren Bedeutungen der Handlung, unabhängig vom konkreten Fall. Aus dem Verhältnis möglicher und tatsächlicher Bedeutungen schält sich während der Analyse sukzessive die* [vermeintlich; Anm. d. Verf.] *objektive Sinnstruktur des Falles heraus. Der Interpret nimmt sich also schrittweise Textstellen vor und fragt dann: Was könnte das bedeuten?"* Das Verfahren wird in Teamarbeit angewandt: *„Für die Analyse von einer Seite Protokoll braucht man eine Gruppe von fünf Interpreten, die mindestens 30 Stunden lang am Protokoll arbeiten und eine 50-seitige Interpretation produzieren"* (MAYRING 2002, S. 127). Zu Recht bemerkt MAYRING im Anschluss lapidar: *„Es ist also einiges an Ressource nötig, um mehrere Fälle bearbeiten zu können."* Deshalb ist die Methode *„in der Regel auf Einzelfallanalysen beschränkt"* (FLICK 1995, S. 231). Problematisch ist diese Art der Interpretation, weil die Interpreten „gedankenexperimentell" herausarbeiten, was sie anstelle des Befragten für vernünftig oder sinnvoll halten. Es wird nicht etwa die Weltsicht des Befragten zugrunde gelegt, denn die gilt als subjektiv, wohingegen die von den Experten festgestellte latente Bedeutungsstruktur als „objektiv" gilt. Damit werden die Befragten *„gravierend abgewertet"* (KLEI-NING 1995, S. 185). In diesem Abschnitt sollen die so genannten „objektiven" Interpretationsverfahren nicht weiter vertieft werden. Zum einen wird suggeriert, es käme bei diesen Verfahren ein „objektives Ergebnis" heraus, und das ist erkenntnistheoretisch unmöglich. Zum anderen sind diese Verfahren wegen der notwendigen Ressourcen in der Forschungsrealität wenig praktikabel.

Die *sozialwissenschaftlich-hermeneutische Paraphrase* ist ein weiteres Interpretationsverfahren, das auf intersubjektiv akzeptierte, konsensorientierte Formen des Verstehens zielt und durch eine multi-subjektive Interpretation eine gewisse Intersubjektivität gewährleisten sowie die Einseitigkeit der Interpretation vermeiden will. Allerdings werden Lebenswelt und Handeln mit der sozialwissenschaftlichen Paraphrase im Gegensatz zur objektiven Hermeneutik immer *„aus der Sicht des Textes bzw. des/der Textproduzenten"* beschrieben (KLEINING 1995, S. 187). *„Die Forscher maßen sich nicht an, die Situation besser zu kennen, als die Befragten selbst"* (KLEINING 1995, S. 191). Wie bei der objektiven Hermeneutik wird auch bei der sozialwissenschaftlichen Paraphrasierung *„mit mehreren Interpreten gearbeitet, um so zu besseren Deutungen zu kommen [...]. Auf der Grundlage eines ersten Lesens des gesamten Materials werden von den Interpreten erste Deutungen und Interpretationen vorgelegt und gegenseitig begründet. Die Interpreten berücksichtigen dabei ihr spezifisches Vorverständnis und das Kontextwissen des gesamten Materials. Wenn diese ersten Deutungen nicht plausibel sind, fragen die Interpreten gegenseitig nach („ Wie meinst Du das? "; „Das habe ich anders verstanden"; „Kannst Du das mal erläutern? "). Diese Interpretationsgespräche werden ebenfalls auf Tonband aufgezeichnet und transkribiert"* (MAYRING 2002, S. 111). Ein wesentlicher Unterschied zwischen den beiden Verfahren wird in einer weiteren Besonderheit des Vorgehens der sozialwissenschaftlichen Hermeneutik deutlich: Die Interpretationsergebnisse werden anschließend mit den Befragten diskutiert, denn die Befragten sollen *„mit den interpretierten Paraphrasen einverstanden* [sein und] *sich richtig verstanden fühlen"* (MAYRING 2002, S. 112). Die Übereinstimmung der subjektiven Interpretation der Befragten mit den inter-subjektiven Interpretationen der Interpreten gilt demnach als *Gütekriterium* der sozialwissenschaftlichen Hermeneutik, und die Interpretation wird zu einem Kommunikationsprozess zwischen Forscher und Befragten.

Die beiden vorgestellten Interpretationsverfahren versuchen durch unterschiedliche Kniffe (mehrköpfiges Interpreten-Team bzw. Rückspiegelung der Interpretationsergebnisse an die Befragten) ein konsensorientiertes Verstehen zu erreichen. Man muss sich dabei aber immer ein- und zugestehen, dass jegliche Interpretation subjektiv ist und es auch sein darf.

An den folgenden zwei Beispielen aus der geographischen Forschungs- und Lehrpraxis soll die Subjektivität der Interpretationen – trotz aller Bemühungen der Interpreten und trotz einer gewissen Plausibilität – verdeutlicht werden.

JÜRGEN POHL (1989) hat die hermeneutische Textinterpretation am Beispiel einer Untersuchung des Umgangs von Bewohnern im Münchner Norden mit Einrichtungen sperriger Infrastruktur verdeutlicht. Er hat sich dabei zwar auf eine Hermeneutik im Sinne OEVERMANNS (ET AL. 1979) bezogen, die mit einem Kategorienschema arbeitet und versucht, verschiedene Ebenen einer Aussage (Kontext, Intention, Sinnstrukturen, Deutungsmuster, theoretische Ebene) systematisch erfassbar zu machen. POHL hat damit aber nicht den Anspruch verknüpft, seine Interpretation sei objektiv. Im Folgenden ist zunächst eine Interviewpassage herausgesucht und anschließend sind die darauf bezogenen Interpretationen auf den unterschiedlichen Ebenen dargestellt:

Ein Beispiel für eine hermeneutische Textinterpretation:
Umweltbelastung im Münchner Norden (POHL 1989, S. 50 ff.)
Interview-Text:

Befragte: Nee, nee. Und was die da auch haben, da mit dem Cadmium im Faulschlamm, und was man da so alles liest. Ich hab', wir haben auch mal ein Praktikum da gemacht, damals, auch letztes Jahr. Da haben sie das halt auch ein bisschen erzählt, eben mit der Cadmiumverseuchung da vom Grundwasser. Das sind alles Dinge, die riechst Du nicht, die beeinträchtigen nicht unmittelbar, außer Du weißt es, und dann kannst Du natürlich sagen, okay, deshalb möchte ich hier nicht leben oder nicht wohnen oder so. Aber ich meine, für mich persönlich unmittelbar beeinträchtigt es mich nicht, muss ich ganz ehrlich sagen. Also ich kann mir da zwar Gedanken machen und sagen, es wäre schön, wenn die da irgendwas finden würden oder machen würden, dass diese Schwermetalle da eben in irgendeiner Weise rausgenommen werden aus dem Klärschlamm und dann nicht abgelegt werden auf die Felder und so. Klar, das müsste man machen.

Interviewer: Aber ich meine, Sie fühlen sich, also irgendwie sagen Sie, das ist nicht ganz harmlos. Andererseits sagen Sie aber, die Lebensqualität ist nicht beeinträchtigt.

Befragte: Das ist insofern natürlich, ich meine, ich weiß ja, wie das in den Kreislauf eingeht, wie das eingeht auch in die Nahrungskette, sicherlich eingehen kann, so was. Und ich meine unbedingt da, und die ziehen ja da auch Fische groß, da in Großlappen. Das sind sicher alles Dinge, die man bedenken muss und die man sich überlegen muss. Andererseits, wenn ich mir überlege, dass ich halt rauche und Alkohol trinke, und dass

ich tausend andere Sachen mache, die genauso also meiner Gesundheit
nicht unbedingt zuträglich sind. Also ich, ich meine, ich wehre mich halt
dagegen, dass man da zu hysterisch ist dann irgendwo, verstehen Sie?

Hermeneutische Textinterpretation:
„Angesichts der doch erheblichen Sachkenntnis wirken die Worte, mit
denen das mögliche Tun beschrieben wird, recht naiv: Die Schwermetalle
sollen „rausgenommen" werden und nicht auf den „Feldern" abgelegt"
werden, während ansonsten Termini wie „Cadmium", „Faulschlamm",
„Nahrungskette" verwendet werden [*Deutungsmuster*]. Es spiegelt sich
hier die Ambivalenz des technischen Umweltschutzes wider, der zwar
einerseits durch Wissenschaftlichkeit gekennzeichnet ist, andererseits
aber dort, wo sich das wissenschaftliche System mit der gesellschaftlichen Wirklichkeit berührt, blass, nichtssagend – weil ratlos – oder gar
beschönigend („Entsorgungspark") wird. In unserem Fall kann man Cadmium aus dem Klärschlamm wohl kaum wie ein Buch aus dem Regal
nehmen. Schon zum Extrahieren von Milch aus einem Teig wird man
nicht mehr herausnehmen sagen.

Auf den Einwurf, dass ein Widerspruch zwischen den Eigenschaften
der Negativeinrichtungen und der Lebensqualität bestehen könnte, wird
in der Antwort überraschend deutlich eingegangen. [*Intention*]. Der
Widerspruch ist nicht zu leugnen, aber wird dadurch sehr relativ, dass die
Gefahren der Cadmiumablagerung zu denen in Beziehung gesetzt werden müssen, denen man schon durch den alltäglichen Lebenswandel ausgesetzt ist. Man sieht dann rasch, dass sie nur noch untergeordnet sind,
und es ohnehin wenig nützt, sich allzu sehr zu sorgen.

[*Sinnstrukturen*] Dieses „allgemeine Lebensrisiko" wird nun nicht
direkt angesprochen, sondern sehr geschickt vom konkreten Fall aus
angesteuert. Vom verhandelten Thema aus wird der konkrete Beitrag zu
diesem Risiko durch den Hinweis auf die ökologische Vernetzung verallgemeinert („Kreislauf", „Nahrungskette"). Gleichzeitig wird damit das
Problem vom Ort abgelöst und das allgemeine Gefahrenpotenzial
beschworen. Die Frage nach der Lebensqualität vor Ort wird zum ubi-
quitären Problem. Das Ganze ist kein lokales Problem, sondern prinzipiell räumlich unbegrenzt.

Im zweiten Schritt wird das allgemeine, ortsunabhängige Lebensrisiko
so dargestellt, als sei es von persönlichen Entscheidungen abhängig. Das
Problem „Gefahren durch Anreicherung von Schwermetallen im Körper"
wird auf die gleiche Stufe gestellt wie „Gefahren durch Anreicherung von
Teerstoffen aus Zigaretten im Körper". Die Verankerung der Gleichset-
zung wird wiederum deutlich, wenn man sich Antwortalternativen zur
Darstellung des Risikos (Krebs, DDT, Atomkrieg) vor Augen hält.

[Theoretische Ebene] „Life is risky", so heißt das dazugehörige Motto. Es ist ein bekanntes Zitat von einem führenden Propagandisten der Atomforschung, deren Strategie ja ist, das Einmalige der Kernenergie herunterzuspielen.

Umgekehrt wird in unserem Fall aus diesem Argumentationsmuster ein Schuh: Weil kein Unterschied zwischen selbstverantwortlichem Handeln und fremdbestimmten Sachzwängen gemacht wird, kann auch nicht ernsthaft gegen die Platzierung von solchen Einrichtungen Stellung bezogen werden."

Aus diesem Beispiel wird deutlich, wie subjektiv Interpretationen sind. Die hier gelieferte Interpretation ist eng mit der Person des Interpreten und seinen Fähigkeiten zur Interpretation verknüpft. Viele Leser werden die Interpretation nachvollziehen können – und zugleich ist uns bewusst, dass eine eigene Interpretation sehr wahrscheinlich anders ausgesehen hätte, dass wir manche Aspekte vielleicht gar nicht gesehen hätten und dafür andere Aspekte in den Vordergrund gerückt hätten.

Ein weiteres Beispiel kann diesen Punkt noch stärker verdeutlichen. In einer Klausur sollten Geographie-Studierende eine Interpretation zu einer vorgegebenen Interview-Sequenz liefern. Die Interpretationen waren ausgesprochen kreativ, sehr unterschiedlich und in der unten zusammengestellten Summe der besonders gelungenen Darstellungen stellen sie ein schönes Beispiel dafür dar, welche – zum großen Teil zweifelsohne plausiblen – Interpretationen zu der ausgewählten Äußerung möglich sind.

Beispiel einer Textinterpretation

Interviewte:
20jährige Studentin, Lehramt an Gymnasien Wirtschaft und Geographie, 2. Semester, aus der Nähe von Frankfurt/Main

Interviewtext:
Frage: Warum studierst Du gerade in Bayreuth?
„Nun, das hat mehrere Gründe. Einerseits, weil die Uni sehr schön ist und der Campus ist echt klasse. Und für die Wirtschaftswissenschaften hat sie einen guten Ruf. Dann hat mein Onkel auch hier studiert und hat somit Connections zum Marketing Lehrstuhl. Dann hab ich hier zwei Freundinnen gehabt, die ich im Urlaub kennen gelernt habe, da hatte ich schon mal Ansprechpartner gehabt, und das war ganz cool, ja."

Interpretationen:

„Die Befragte baut eine strukturierte Antwort auf: Nach kurzer Einleitung beantwortet sie die Frage und endet mit einer kurzen Abschlussbewertung. …

Die Sprache ist Jugendjargon („echt klasse", „ganz cool"). Dass sie sich so ausdrückt, deutet auf eine entspannte, angenehme Gesprächsatmosphäre. …

Sie gibt mehrere Gründe für die Wahl von Bayreuth als Studienort an. Als ersten Grund gibt sie an, die Uni schön zu finden. Der ästhetische Eindruck ist offenbar das ausschlaggebende Argument, weil sie dies als erstes erwähnt. Sie möchte sich wohl fühlen an dem Ort, an dem sie studiert. Es bleibt unklar, ob sie die Ausstattung der Uni schön findet oder die landschaftliche Lage (Campus). Die Stadt Bayreuth wird jedoch nicht erwähnt. …

Als zweites Argument verweist sie auf den guten Ruf der Wirtschaftswissenschaften. Sie hat sich offenbar gut informiert und legt Wert auf die Qualität ihrer Ausbildung. Sie scheint auch mehr an Wirtschaft als an Geographie interessiert zu sein. Geographie war für ihre Standortentscheidung offenbar nebensächlich, da sie es nicht erwähnt. Der Verweis auf den Ruf des Studienfaches weist außerdem darauf hin, dass sie sehr zielstrebig und zukunftsorientiert ist, da sie sich vor dem Studium schon Gedanken um den Ruf der Uni und damit um ihre späteren Chancen gemacht hat. Allerdings ist es auch ungewöhnlich, dass jemand aus Frankfurt in Bayreuth auf Lehramt studiert, da Lehramt fast überall möglich ist und der Ruf der Universität im Lehrberuf weniger wichtig ist als in anderen Bereichen. …

Das dritte Argument für den Studienort Bayreuth sind „Connections" zum Marketing-Lehrstuhl durch ihren Onkel. Die Erfahrungen des Onkels scheinen ebenso wie der gute Ruf ein wichtiger Grund für die Standortwahl gewesen zu sein. Offenbar erhofft sie sich durch diese „Connections" Vorteile oder Erleichterungen im Studium. …

Als vierter und letzter Grund werden bereits bestehende soziale Kontakte thematisiert. Ihre zwei Freundinnen sind Ansprechpartner in einer neuen fremden Umgebung und nahmen ihr vermutlich die Angst vor allzu neuen Lebensumständen. Da sie relativ weit entfernt von weiteren Verwandten studiert und erst 20 Jahre alt ist, ist anzunehmen, dass es sich um ihr erstes Studium handelt. Die Verbindung zu den zwei Freundinnen bietet ihr Sicherheit. Sie hatte bereits Freunde vor Ort und hatte leichter Kontakt und Hilfe bei Problemen (z. B. Wohnungssuche). …

Ihre Begründung zur Entscheidung für Bayreuth als Studienort beinhaltet ausschließlich Vorteile des Standortes und des Umfeldes. Sie macht keine Angaben über eventuelle Nachteile oder über die Situation an alternativen Standorten (z. B. in Frankfurt)."*

Die im Beispiel gegebenen Interpretationen spiegeln zugleich die Sichtweisen und Biographien der Interpreten wider. Sie zeigen, wie die interpretierenden Studierenden, die alle selbst aus Studiengründen nach Bayreuth zugezogen sind, diese Entscheidung bewerten und mit ihrer eigenen Entscheidung vergleichen.

Einen sehr umfassenden Interpretationsansatz hat STEGMANN (1997, S. 34) bei seiner Untersuchung über das Image von Köln in Printmedien angewandt. Bei vielen anderen Fragestellungen werden nur einige dieser Ansätze relevant sein (vgl. Abb. 27).

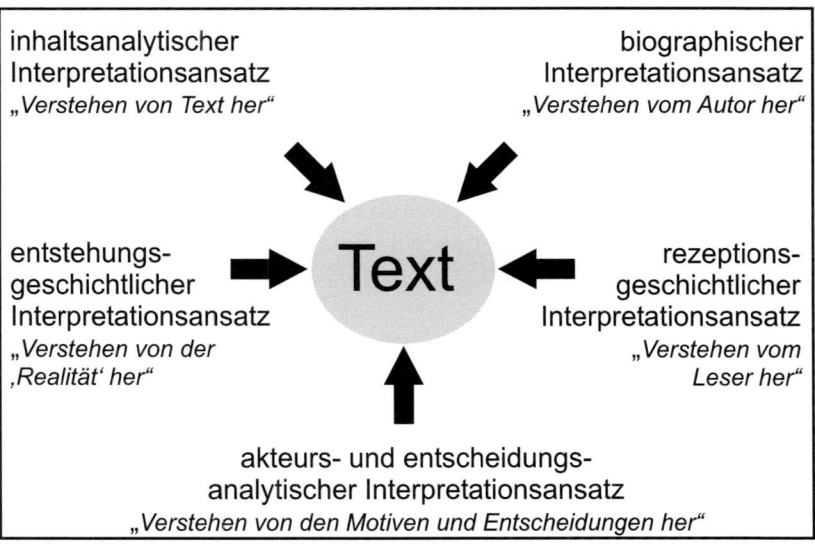

Abb. 27: Verschiedene Interpretationsansätze
Quelle: verändert nach STEGMANN 1997, S. 34

Wie eine Interpretation ausfällt, ist damit sehr subjekt- und kontextabhängig. Sie hängt von der Biographie und der Befindlichkeit des Interpreten ab. Interpretation wird auch als „Kunst" bezeichnet: *„Der Begriff Kunst steht hier für den Umgang mit Mehrdeutigkeiten, das Erfassen von Begrenztheiten und das Mischen von Getrenntem"* (BUDE 2000, S. 570).

4.3.2.5 Bildinterpretation

Bilder können in empirischen Arbeiten unterschiedliche Funktionen aufweisen. Sie können zu Visualisierungszwecken eingesetzt werden – um diese Funktion soll es hier allerdings nicht gehen – oder sie können Grundlage von Interpretationen sein. Dabei macht es keinen Unterschied, ob sie vom Forscher selbst oder von anderen Personen angefertigt wurden. Allerdings weist die *Bildinterpretation* in den Sozialwissenschaften nicht eine mit der Textinterpretation vergleichbare Tradition auf, und Anleitungen dafür sind rar (auf die Methodik der Bildinterpretation in der Kunstgeschichte kann hier nicht eingegangen werden).

Die Geschichte der Verwendung von Bildmaterial in der sozialwissenschaftlichen Forschung geht auf eine ethnologische Arbeit zurück. MARGARET MEAD und GREGORY BATESON haben in den 1940er Jahren in ihrem Buch über den *„Balinesischen Charakter"* Fotografien angefertigt und ihrer ethnographischen Analyse zugrunde gelegt. Allerdings hatten sie zuvor schon mehrere Jahre Feldarbeit absolviert und mit teilnehmender Beobachtung gearbeitet, bevor sie zur Fotographie übergingen (HARPER 2000, S. 404 u. S. 414). Die Beschreibungen und Interpretationen, die sie damit lieferte, gingen nicht allein auf die Bilder zurück, sondern bezogen sich auf die reiche Erfahrung der Autoren.

Während MEAD und BATESON der Auffassung waren, mit ihren Bildern und Interpretationen die Wirklichkeit des Balinesischen Charakters abzubilden und erfassen zu können, sieht man heute Bilder nicht mehr als Abbildungen der Wirklichkeit, als „objektive Dokumente", sondern als *„subjektiv gefärbte Repräsentationen"* (HARPER 2000, S. 406). Filme und Bilder sind in hohem Maße sozial konstruiert und lassen viel eher Aussagen über die Beziehungen des Fotografen zum Fotografierten zu als über die „Wirklichkeit" (ebd., S. 406 f.).

Ein Beispiel: Wenn man selbst Fotos anfertigt, wird die Forschungsfrage sowohl die Wahl der Motive bestimmen als auch die Wahl der Objektive. Ein strukturanalytischer Ansatz wird mitunter eher zu Überblicksfotographien/Luftbildern greifen lassen und ein lebensweltlicher, handlungstheoretischer Ansatz eher Nahaufnahmen mit dem Teleobjektiv erfordern (HARPER 2000, S. 410).

Für die Arbeit mit „fertigen" Bildern eignen sich alle Arten von Fotografien, Anzeigen, aber auch Filme wie Werbespots im Fernsehen, Fernsehsendungen, Reportagen, Dokumentationsfilme wie auch Spielfilme. Vor allem im Bereich der *Cultural Studies* bedient man sich jeglicher Art Bilder und Filme, um die bildlichen Repräsentationen einer kritischen Interpretation zugänglich zu machen. Dabei ist davon auszugehen, dass diese Repräsentationen von *„Ideologie, Klasse, Nation, Geschlecht und Rasse beeinflusst und verzerrt"* sind (DENZIN 2000, S. 417). Diese Repräsentationen gilt es zu entschlüsseln, zu „lesen" und zu analysieren.

Zur Veranschaulichung soll eine Bildinterpretation von FLITNER (1999) dienen, in der er eine Anzeige der „Waldkampagne" des *World-Wildlife Fund for Nature* analysiert. Er bezieht sich dabei methodisch auf das Konzept von MÜLLER-DOOHM (1997), das daher zuerst kurz erläutert werden soll:

Ähnlich wie bei der Textinterpretation geht MÜLLER-DOOHM davon aus, dass auch bei der Bildinterpretation unterschieden werden sollte zwischen

Botschaft, Botschaftsproduzenten und *Botschaftsrezipienten.* Die Forschungsperspektiven können entsprechend in eine *Bildinhaltsforschung,* eine *Analyse der Bildproduzenten* oder Produktionsbedingungen und eine *Bildrezeptionsforschung* unterschieden werden, sollen aber letztlich in Zusammenhang gebracht und aufeinander bezogen werden, wenn das Forschungsinteresse der *„Symbolik der Bilder als Träger sozialer Bedeutungs- und Sinngehalte"* (MÜLLER-DOOHM 1997, S. 90) gilt. Die Bedeutung eines Bildes setzt sich dabei zusammen aus dem *„mit einer Bilddarstellung Gemeinten"* (Was will der Bildproduzent mit den verwendeten visuellen Mitteln offenbar zum Ausdruck bringen?), dem *„tatsächlich ikonisch Dargestellten"* (Welche kommunikativen Mittel und Abbildungsformen wurden verwendet?) und der *„Bezugnahme auf die kulturell eingespielte Sichtweise"* (Welche Wahrnehmung gilt als gewohnt, welche als Abweichung?). Die Bedeutung von Bildern bildet demnach analog zur Bedeutung von Texten eine *„Einheit intendierter, wörtlicher und intersubjektiv verbindlicher Bedeutungen"* (MÜLLER-DOOHM 1997, S. 92 f.). Unterhalb dieser manifesten Bedeutungsebene wird eine *latente Sinnebene* vermutet, die das Ergebnis des gesellschaftlichen Diskurses darstellt und den *„subjektiven Bedeutungssetzungen den semantischen und symbolischen Rahmen* [gibt], *von dem her die Subjekte sich und ihre Welt in ein Deutungsverhältnis setzen können"* (MÜLLER-DOOHM 1997, S. 93). MÜLLER-DOOHM definiert Bilder zugleich als *„Symbolisation oder symbolische Repräsentation",* weshalb er Bildanalyse in den Kontext der *Symbolanalyse* stellt (1997, S. 93 f.).

Für sein Interpretationskonzept nimmt MÜLLER-DOOHM Anleihen bei der *Ikonologie.* Dabei wird – wohlgemerkt aus der subjektiven Sicht des Interpreten – analysiert, *„was das Bildmaterial faktisch darstellt, normativ beinhaltet und expressiv ausdrückt"* (MÜLLER-DOOHM 1997, S. 95) und es werden zudem die thematischen Bezüge der Bildmotive und die spezifischen Bedeutungsgehalte zu interpretieren versucht. Erweitert wurde dieser Ansatz durch einen Blick auf Perspektive, Choreographie und Ganzheitsstruktur der Bildkomposition.

In einem ersten Schritt wird zunächst deskriptiv vorgegangen und es werden die einzelnen Bildelemente genau beschrieben sowie die Farben, Perspektiven, ästhetischen Elemente, etc. als auch das Verhältnis von Text und Bild zueinander. Es geht allerdings in einem weiteren Schritt wesentlich nicht nur um die Darstellung und Komposition sondern um die symbolische Botschaft des Bildes und – sofern vorhanden – um die Textbotschaft. Text- und Bildbotschaft stehen dabei in einem engen Abhängigkeitsverhältnis, die jeweiligen Analysen können zwar zunächst getrennt, sollen dann aber wieder zusammengeführt werden (MÜLLER-DOOHM 1997, S. 103 f.). Im folgenden Kasten sind die Aspekte, die bei einer *Bild-Text-Interpretation* von Interesse sein können, in einer Art Leitfaden zusammengefasst.

Leitfaden für die Bild-Text-Interpretation
(MÜLLER-DOOHM 1997, S. 105)

1. Bildelemente:
- Objektbeschreibung (das jeweils Dargestellte)
- Konfiguration der dargestellten Objekte (Personen wie Dinge)
- szenische Relationen/Situationen
- aktionale Relationen
- zusätzliche Bildelemente im Gesamtbild (z. B. Logos oder Detailaufnahmen bei Gesamtanzeige)

2. Bildräumliche Komponenten:
- Bildformat (Gesamtbild als auch Bilder darin)
- allgemeinperspektivische Bedingungen: Vordergrund/Hintergrund, Fluchtlinien, partielle Raumperspektive etc., planimetrische Bedingungen (Linien, Zentralität etc.)
- einzelperspektivische Anordnung der Objekte

3. Bildästhetische Elemente:
- Licht-Schattenverhältnisse
- Stilmomente/-arten
- Stilgegensätze/Stilbrüche
- grafische/fotografische Praktiken
- Druckart, Druckträger
- Farbgebungen/Farbnuancen

4. Textelemente:
- signifikantes Vokabular
- morphologische Besonderheiten (Akronyma, Rechtschreibänderungen, Assonanzen)
- Phraseologismen (stilistische Mittel, Anspielungen)
- Isotopiemerkmale, -verhältnisse
- syntaktische Besonderheiten (Satztyp, Satzgefüge, grammatikalische Funktionen wie Modus, Tempus, Interpunktion, etc.)
- maßgeblicher Textstil (narrativ, informativ, rhetorisch)
- funktionale Satztypen (z. B. perlokutionäre Akte)
- Schriftarten, Ästhethik des Schriftbildes
- Sekundärinformation (Preise, Katalognummer, u. a.)

5. Bild-Textverhältnis:
- emblematische Verhältnisse (Überschrift, Bildtext [subscript])
- Größenverhältnis von Text und Bild
- quantitatives Verhältnis von Text in der Anzeige
- Lokalisierung der Schrift

6. Bildtotalitätseindruck:
- Gesamteindruck im Sinne „Stimmungseindruck"

Beispielhaft soll nun FLITNERS Interpretation der „Waldkampagne" des WWF dargestellt werden. Die Interpretation ist im Original sehr umfangreich und wird hier – obwohl noch immer mehrseitig – in einer Kurzversion wiedergegeben.

Beschreibung und Rekonstruktion: Das Gesicht des Waldes (FLITNER 1999, S. 173 ff.)

WWF-Kampagnemotiv Leonard Usongo 1999 © WWF Deutschland

Bildinterpretation WWF

„Das zu analysierende Bild zeigt ein dunkles Gesicht bzw. das Foto eines dunklen Gesichts. Dieses Gesicht füllt das Bild ganz aus, die Ohren sind nicht mehr zu sehen, der Haaransatz, die äußeren Augenhöhlen und das Kinn sind leicht angeschnitten. (…) Unter dem rechten, vom Betrachter aus linken Auge zieht sich eine feuchte Spur (…) bis zu einer einzelnen Träne, die mittig wenige Zentimeter unter dem Auge zum Stillstand gekommen scheint. In diesen scharfen Bereichen hat das Bild sehr viel Struktur, man sieht die Poren und Närbchen auf der Haut. Die etwas gröbere Auflösung des Bildes im Nasenbereich, der deutlich nicht mehr im Bereich der Tiefenschärfe liegt, und darunter der geschlossene Mund mit einem kaum erahnbaren schütteren Oberlippenbärtchen unterstreichen den strukturreichen Eindruck, der mit seinen Rauhheiten für ein Illustriertenfoto oder Poster unüblich ist. Das Bild vermittelt dadurch einen körperlichen, hautigen Eindruck. Der substanzhafte, materielle Touch wird noch dadurch verstärkt, dass das Bild im normalen Reklameumfeld sehr dunkel ausfällt, zugleich aber nicht schwarzweiß ist, wie hier abgebildet, sondern einen dunklen Sepia-Ton hat, der nur im Vergleich mit anderen S/W-Bildern erkennbar wird.

(...) Zunächst verweist das Bild auf ‚Afrika', es stellt einen Menschen dar, der vielleicht aus Afrika stammt oder dort seine Vorfahren hatte. Jedenfalls wird die dunkle Hautfarbe und der Gesichtsschnitt das den meisten Betrachtern bei uns nahe legen, auch wenn keines dieser Merkmale zwingend ist. Ein zweiter Verweis ergibt sich aus der scharfen, glasigen Träne. Die Träne verweist auf Kummer, auf Seelenschmerz. Sie könnte auch auf physischen Schmerz oder eine Augenreizung verweisen, doch ist fraglos die Konnotation ‚seelisches Leid' stärker. Dies lässt sich am Gesamtausdruck des Gesichts überprüfen. Deutungen verschiedener Betrachter hierzu lauteten ‚entrückt', ‚verschleiert', ‚introvertiert', auch ‚stumpf'. Die Präsenz, die durch die Nähe erzeugt wird, setzt sich in diesem Ausdruck nicht in Dynamik um, dieser passt insgesamt eher zu still erduldetem Kummer als zu schreiendem Schmerz. Schließlich fällt noch eine Gruppe von Verweisen durch Abwesenheit auf, nämlich die sozialer Zeichen. Der Mensch, dessen Gesicht uns so haut-nah präsentiert wird, ist gerade durch diese Wahl des Ausschnitts aller sozialen Attribute entkleidet. Es bleibt unklar, wie er gekleidet ist, in welchem Umfeld er sich befindet, ob vor einem Haus, bei einem Auto, in einem Büro, ob in Uniform oder Strickjacke, ob chic oder leger. Er wird durch diese Abwesenheit jeglicher sozialer und kultureller Distinktionsmerkmale natürlicher, mehr Körper.

Weitere Verweise [ergeben sich] durch ikonographische Bezüge: Nahaufnahmen des Gesichts werden typischerweise für ‚Betroffene' verwendet, während kompetente Experten regelmäßig mit mehr Abstand zu sehen sind; die einseitige Träne ist in erster Linie aus Kitschmotiven bekannt (weinender Harlekin); in kunstgeschichtlicher Betrachtung ergibt sich ein Bezug zu Christus-Darstellungen (Schweißtuch der Hl. Veronika). Alle drei Verweise betonen die emotionale Seite der Darstellung (...).

(...) S/W-Bilder werden nach empirischen Untersuchungen häufig als ‚echter' und ‚dokumentarischer' gewertet als Farbfotographien. Der Sepiaton erzeugt dabei einen historisierenden Eindruck, der an die Frühzeiten der Fotographie und damit an das koloniale Zeitalter erinnert. Die realen Entstehungsbedingungen andererseits stehen zu diesen Hinweisen auf Authentizität in klarem Kontrast. Das Bild ist kein Dokument im engeren Sinne, die Träne natürlich ‚unecht'. Das Foto wurde von Werbefotographen im Frankfurter Palmengarten aufgenommen, wo in identischer Pose zudem zwei weitere Personen fotographiert wurden.

Ehe der Text das soweit noch rätselhafte Bild weiter entschlüsseln kann, gibt es noch ein optisch herausgehobenes Zwischending zwischen Bild und Text, nämlich das weithin bekannte Logo unten in der rechten Ecke, mit dem schematisierten Pandabären und den drei Buchstaben WWF.

(...) Zwei Schriftelemente sind deutlich herausgehoben, am stärksten, weil innerhalb des Bildes, genau neben der Träne der Satz: ‚Mein Wald wird vernichtet'. Die Platzierung lässt nun keinen Zweifel mehr an dem Kummer: Die Text-Bild-Kombination ist fast schon comicartig direkt, es fehlt allein das ‚Schluchz' (...). ‚Mein Wald wird vernichtet' scheint aber doch ein Sprechakt und damit auf ein Subjekt zu verweisen, das ‚mein' könnte besitzanzeigend sein. Andererseits steht es eben nicht in einer Sprechblase, nicht in Anführungszeichen, und vor allem nicht in der Nähe des Mundes oder als Gedankenblase über der Stirn. Vielmehr spricht es aus der Wange heraus, der Satz quillt förmlich mit der Träne hervor. Die Stellung untergräbt die Position des aktiven Subjekts und bestätigt den Status der abgebildeten Person als vor allem emotional betroffen und leidend. Etwas größer als der übrige Text steht der Slogan der WWF Waldkampagne: ‚Give Trees a Chance.' Ein Appell, auf Englisch, also international, die Erklärung darunter: ‚Die Initiative für den Wald'. Damit ist nun ein Teil der Botschaft ganz explizit: Dieses dunkle Gesicht wirbt in seiner Trauer für den Wald bzw. für Bäume (...).

Der letzte Textblock schließlich: ‚Leonard Usango aus Kamerun ist einer der WWF-Ranger, die weltweit für die Erhaltung der Wälder kämpfen. Manchmal verlässt ihn der Mut, weil seine Arbeit mit Füßen getreten wird. Seine Bitte: Helfen Sie uns dem Wald helfen. Mit Ihrer Spende.' Der erste Satz ist im Lichte der bisherigen Betrachtung fast überraschend. Das anonyme Gesicht bekommt einen Namen, wird eine konkrete Person, ein ‚Ranger', der kämpft. Doch schon im zweiten Satz wird wieder Kongruenz mit dem Bild hergestellt, die Handlung umgehend dementiert: Der Mut hat ihn verlassen, seine Arbeit wird mit Füßen getreten. Offensichtlich ist ja genau das die Situation, in der wir ihn sehen, nicht die andere, in der er kämpft, in seiner Rangeruniform. Mit Füßen getreten, mutlos, Trauer. Die Täter, die den Wald ‚vernichten', werden nicht genannt, er ist ein Opfer, und für dieses Opfer wird nun um Hilfe gebeten: ‚Seine Bitte: Helfen Sie uns, dem Wald zu helfen.' Dieser Satz verdreht in gewisser Weise die Kommunikationssituation, die die Reklame herstellt. ‚Seine Bitte', heißt es, doch hier bittet ja der WWF für Spenden, wie die Kontonummer darunter unmißverständlich zeigt. Die Anzeige sagt also eigentlich: Unsere Bitte. Und für diese Bitte des WWF ist er in doppeltem Sinne das Medium. Er signalisiert die Hilfebedürftigkeit, die erklärtermaßen tatsächlich dem Wald gilt. Den Wald, um den es geht, sieht man andererseits gar nicht. Wir könnten also ebenso treffend herauslesen: ‚Unsere Bitte: Helfen Sie uns, dem Wald zu helfen, für den er steht.' So verschmilzt in der Bitte des WWF der traurige Mensch mit dem Wald. Er verkörpert den Wald, er ist Opfer, gemeinsam mit dem Wald (...) dabei bleibt der Mund geschlossen, der

WWF spricht für ihn, zugunsten des Waldes, mit ihm als Träger der Botschaft. (…)

Dass solch stummes Leiden, gerade wenn es um die Natur geht, von einem Afrikaner verkörpert wird, fügt sich in tief verankerte Repräsentationsmuster ein. (…) Schon in seinen hauseigenen Medien zeigt der WWF fast nur den Kameruner und nur ihn auf Titelblättern und der Internet-Seite; die ganz gleich gestalteten Portraits anderer Mitarbeiter, einer Russin und eines Indonesiers, wurden als Plakat erst gar nicht gedruckt; als Anzeige wurde nur die weiße Frau einige Male gewählt – von Frauenzeitschriften. (…) Der asiatische Mann bedient das Opferschema anscheinend am Schlechtesten. So bleibt Afrika einmal mehr das Paradigma geschichtsloser Natur, in der Menschen nur in naturalisierter Form oder als Hilfsbedürftige vorkommen."

Ähnlich wie bei den vorgestellten Text-Interpretationen wird hier die Subjektivität und die Individualität der gelieferten Interpretation deutlich. So plausibel die Deutungen erscheinen – andere Interpreten wären vermutlich zu anderen Interpretationen gelangt.

Bildinterpretation und Textinterpretation weisen starke Parallelen auf, weil es sich bei beiden um Verfahren des hermeneutischen, subjektiven Verstehens handelt. Beide Methoden beschäftigen sich zumeist mit einzelnen oder wenigen Fällen. Größere Datenmengen, seien es Bilderserien oder Filme, sind in dieser Tiefe kaum bearbeitbar. Zur Auswertung solchen Materials werden daher vorgeschaltet zumeist andere Auswertungsmethoden (Kodierung, Typisierung, Inhaltsanalyse) verwendet. Filme – auf die hier nicht vertieft eingegangen werden konnte – werden dabei sowohl textlich als auch bildlich verarbeitet – und da es sich um große Mengen an Bildern und Texten handelt bzw. handeln kann, werden hierfür neben qualitativen auch häufig quasi-quantitative Methoden wie die Inhaltsanalyse gewählt. Allerdings ist der Methodeneinsatz auch in diesem Fall stark vom Forschungsinteresse abhängig. Mehr Informationen dazu können z. B. bei DENZIN (2000) gefunden werden.

4.3.2.6 Die Darstellung der Ergebnisse

Bei der Darstellung der Forschungsergebnisse tritt die subjektive Komponente ebenso deutlich hervor wie beim Führen von Interviews und ihrer Interpretation. Der Forscher gibt vor, welche Geschichte er erzählt und wie er dies tut: *„Die Darstellung der Wirklichkeit ist immer zugleich eine Konstruktion von Wirklichkeit. Die Art und Weise der Anordnung der Daten, Aussagen und Ergebnisse erzeugt eine entsprechende Deutung der Welt"* (MATT 2000, S. 581). Dabei ist vieles möglich, aber nicht alles, denn gewisse Standards wird jeder Autor einzuhalten versuchen. Dazu gehören u. a. die eingangs dieses Kapitels vorgestellten Gütekriterien wie Plausibilität, weitgehende Offenheit, Nachvollziehbarkeit, exemplarische Veranschaulichung etc.

MATT (2000, S. 583 f.) stellt drei verschiedene Formen der Textpräsentation dar und bezieht sich dabei auf den Ethnologen VAN MAANEN (1995). Ergänzt wurden seine Aussagen durch Ausführungen von FLICK (1995, S. 263 f.):

Drei Formen der Textpräsentation

„Die *realistische Darstellung* ist sachlich, in der dritten Person geschrieben, es herrscht ein dokumentarischer Stil vor, die Sprache der Fakten" (MATT 2000, S. 583), „die anhand von Zitaten aus Aussagen bzw. Interviews dokumentiert" werden (FLICK 1995, S. 263). „Die Erfahrungsebene wird ausgeblendet. Das Typische steht bei der Beschreibung im Vordergrund, die Herstellung einer objektiven Realität. Der Forscher als Autor kommt nicht vor, er fungiert als unparteilicher Beobachter. Es wird eine eindeutige Beschreibung seitens des Forschers produziert" (MATT 2000, S. 583 f.). „Weiterhin wird den Sichtweisen der Beteiligten in der Darstellung großer Spielraum eingeräumt (…) Die Interpretation bleibt nicht bei der subjektiven Sichtweise stehen, sondern geht durch vielfältige und weitreichende Interpretationen darüber hinaus, [aber] die Interpretationen werden nicht als subjektive Interpretationen formuliert" (FLICK 1995, S. 263).

„Bei der *selbst-bekennenden (confessional) Beschreibung* handelt es sich um einen sehr persönlichen Stil, der Forscher erzählt aus dem Feld, seine praktischen Felderfahrungen über Zugang, Erlebnisse, seine Empfindungen, und darüber, wie ihn das Feld verändert hat. Es wird in der ersten Person geschrieben, die eigenen Annahmen und Vorurteile [werden] offen gelegt und eine mögliche Version, die des Forschers, [wird] erstellt" (MATT 2000, S. 584). „Trotzdem wird versucht, die eigenen Ergebnisse als begründet im untersuchten Gegenstand darzustellen. Das Ergebnis ist eine Mischung aus Beschreibung des untersuchten Gegenstandes und der dabei gewonnenen Erfahrungen" (FLICK 1995, S. 263 f.)

„Ebenso ist die *impressionistische Beschreibung* hochgradig persönlich. Hier versucht der Forscher, sein Publikum in die Welt des Erforschten zu versetzen, eine ergreifende, außergewöhnliche Geschichte aus dem Feld zu erzählen. Das Erinnernswerte der Tätigkeit des Forschers steht im Fordergrund. Das Wiedererleben der Geschichte, nicht die Interpretation der Analyse steht an. Es wird nur ein kleiner Teil des Forschungsgegenstandes präsentiert. Die bevorzugte Textform ist hier der Essay. Die Grenzziehung zur Literatur wird aufgebrochen" (MATT 2000, S. 584).

> „Andere Formen sind *die kritische Geschichte*, die vor allem auf Miss-
> stände aufmerksam machen will und *formale Geschichten*, die eher auf
> theoretische Zusammenhänge in der Darstellung abzielen" (FLICK 1995,
> S. 264).

In der humangeographischen Forschungsdarstellung überwiegt bislang die
so genannte *„realistische Darstellung"*. Auch wenn sich die Autoren selbst
eher als Konstruktivisten sehen, wird die Distanz selten aufgegeben und die
Person des Forschers bleibt eine Randfigur. Die anderen Darstellungsformen
sind bislang stärker in der Soziologie und Ethnologie anzutreffen. Dennoch
wird auch das Schreiben in der Humangeographie immer wichtiger und stärker reflektiert. Qualitative Forschung umfasst damit auch in unserem Fach
nicht nur die *„Interaktion zwischen dem Forscher und dem Gegenstand, sondern auch die Interaktion zwischen dem Forscher und seinen potentiellen
Lesern, für die er schließlich die Darstellung verfasst"* (FLICK 1995, S. 270).
Ein – für die Geographie äußerst seltenes – Beispiel für die selbstbeken-
nende und impressionistische Beschreibung ist die Arbeit von CHRISTINA
REINHARDT (1999) über die Richardstraße. Sie hat darin Beobachtungen auf
drei verschiedenen Ebenen geliefert. Die Ausführungen „erster Ordnung"
stellen eine weitgehend unkommentierte Aneinanderreihung verschiedener
Interview- und Beobachtungsprotokolle dar. Das Kapitel über „Beobachtungen zweiter Ordnung" entspricht am meisten einer realistischen Darstel-
lungsweise. Hier werden distanziert und reflektiert empirische Ergebnisse in
den bestehenden Forschungskontext zu Ortsbindung, räumlicher Bindung
und Sozialbindung integriert. Die „Beobachtungen dritter Ordnung" enthalten eine kritische Auseinandersetzung mit dem konkreten Forschungsprozess
und seinen Problemen. Ausschnitte aus allen drei Kapiteln finden sich zur
Verdeutlichung im folgenden Kasten.

Die Richardstraße gibt es nicht (REINHARDT 1999)

Beobachtungen erster Ordnung (S. 57 f.):
„Hakan am 15.08.1996
Was soll ich dazu sagen? Ich bin in der Türkei aufgewachsen. Das war
eine schöne Zeit. Ich bin erst 7 oder 8 Jahre hier.
(*Bist Du eigentlich Türke oder Kurde?*)
Türke. Ich bin richtiger Türke. Ich liebe mein Land.
Hier gibt es keine Sonne, keine Luft zum Atmen. Hier sterben so viele an
Krebs. Das gibt es bei uns gar nicht, nur ganz wenige haben das.
(*Was denkst Du, woran das liegt?*)
An der schweren Arbeit hier, aber man bekommt auch schweres Geld.
Bei uns arbeitet man höchstens 25 Jahre, dann gibt es Rente.

Aber schau mal, in den letzten 3 Jahren hatte ich 7 verschiedene Autos.
So was geht in der Türkei nicht.
(*Du bist also eher wegen der Arbeit hierher gekommen, nicht wegen politischer Sachen?*)
Mit Politik habe ich nichts zu tun, nein. Hier arbeitest Du viel,
verdienst viel Geld und gibst alles schnell wieder aus."

Beobachtungen zweiter Ordnung (S. 72):
„Hakan ist ebenfalls sehr unzufrieden damit, in der Richardstraße zu
wohnen. Seinen Nachbarn bringt er hauptsächlich Verachtung entgegen. Trotz dieser negativen Gefühle ist seine Haltung gegenüber seinem Wohnort insgesamt von Gleichgültigkeit gekennzeichnet. Es interessiert ihn im Grunde nicht, wo er in Deutschland lebt, da es hier im
Vergleich zu seiner türkischen Heimat überall grau und trist ist. Daher
äußert er auch nicht den Wunsch nach einem Umzug innerhalb
Bochums."

Beobachtungen dritter Ordnung (S. 188):
„Das Gespräch mit Hakan war nicht nur das kürzeste, sondern auch das
zäheste Interview, das ich in der Richardstraße geführt habe. Ich hatte
bereits eine Bekannte von ihm interviewt, die mir den Kontakt zu ihm
vermittelt hatte, und er war seiner eigenen Aussage zufolge – „klar, kein
Problem" – bereit, ebenfalls mit mir zu sprechen. Bedenken hatte er nur,
dass seine Deutschkenntnisse nicht ausreichen könnten für ein Interview. Vorsichtshalber wurde die Bekannte dazu gebeten, damit sie, falls
nötig, übersetzen könnte. Wir setzten uns in seine Küche, er nahm den
Stadtspiegel zur Hand, um nach Autos zu suchen und bedeutete mir
zugleich, ich solle mit dem Interview anfangen. Einsilbig, unwillig und
so kurz wie möglich begann er auf meine Fragen zu antworten.
Währenddessen steckte er seinen Kopf hinter die Zeitung und telefonierte dazwischen verschiedene Leute an, die im Stadtspiegel Autos
inseriert hatten, für die er sich interessierte. Meiner Wahrnehmung nach
signalisierte er mir auf jeder nur denkbaren Ebene, dass er eigentlich
keine Lust hatte, von mir interviewt zu werden. Daraufhin unterbrach
ich das Gespräch zweimal und fragte nach, ob wir nicht lieber aufhören
sollten. Er aber sagte, das ginge schon in Ordnung, ich solle ruhig fortfahren. Ich konnte mir die Situation nicht recht erklären, und stellte
noch einige Fragen, die aber von ihm nur sehr einsilbig oder ironisch
beantwortet wurden [...]. Nach zwanzig Minuten gab ich vor, dass das
Interview beendet sei. Das heißt, auch hier war die sichtbarste Auswirkung des schleppenden Gesprächsverlaufs der Abbruch des Interviews
– wodurch ich all die Informationen, die ich mir erhofft hatte und mit
dem Leitfaden angesteuert hatte, nicht oder nur zu einem kleinen Teil
bekommen hatte."

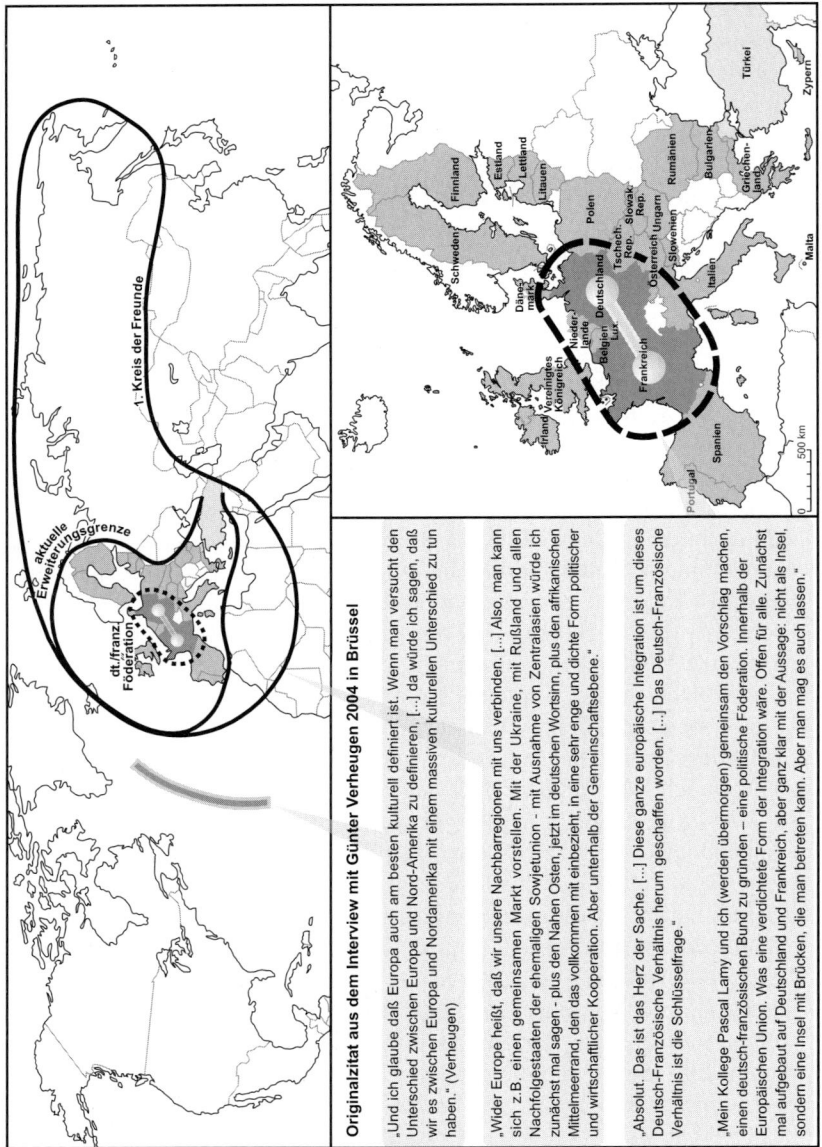

Abb. 28: Beispiel einer aspektbezogenen Darstellung eines Einzelfalls
Quelle: REUBER 2003, S. 11, Graphik: M. SCHOTT, C. SCHROER

Eine weitere Frage besteht darin, wie man – jenseits ausführlicher Trans-
kriptions-Anhänge – zur Veranschaulichung mit den zugrunde liegenden

Primärdaten umgeht. Die Dokumentation findet dabei überwiegend in Form von ausgewählten Textauszügen statt. Im Sinne eines pragmatischen Vorschlages lassen sich hier verschiedene Formen der exemplarischen Datenmaterialauswahl und -reduktion denken, die jeweils spezifische Stärken und Schwächen aufweisen: Die Methode der *kompletten Darstellung eines Einzelfalls* (z. B. in Form eines grafisch aufbereiteten *Zitatenetzes* nach dem Vorbild von *Mind Maps*), die Methode der *aspektbezogenen Darstellung eines Einzelfalls* (es wird nur ein Teilaspekt aus einem Interview dargestellt; Abb. 28) und die *Methode der themenzentrierten Zitatesammlung* aus mehreren Interviews, wobei alle Methoden jeweils bestimmte Stärken und Schwächen aufweisen.

Sehr häufig wird bei Darstellungen die zweite Variante der aspektbezogene Darstellung eines Einzelfalls herangezogen. Hier sind zum Vergleich jedoch auch Darstellungen mehrerer Interviews möglich, wie im folgenden Beispiel aus dem Projekt *„Heimat in der Großstadt"* (REUBER 1993). Dargestellt wird in dem Beispiel die Intensität der gesamtstädtischen Bindung bei Menschen mit urban orientiertem Lebensstil. Obwohl die Menschen individuell sehr unterschiedliche Bindungen an die Gesamtstadt und bestimmte Teilräume besitzen, ließen sich so Gemeinsamkeiten zwischen Befragten mit ähnlichen Interessenlagen feststellen und darstellen.

Beispiel einer aspektbezogenen Darstellung von zwei Einzelfällen (REUBER 1993, S. 45 f.)

Hier handelt es sich zunächst um die Gruppe der alleinstehenden jungen Erwachsenen, die in hohem Maße gesamtstädtisch orientiert sind. Sie befriedigen fast ihre gesamten Grunddaseinsfunktionen, vor allem die Sozialkontakte („in Gemeinschaft leben" und „Kommunikation") und die Freizeitgestaltung „in der Stadt", d. h. außerhalb ihres Viertels.

Frau M. (aus Kalk): Ja ich gehe so einmal, manchmal zweimal die Woche, raus. Wo, das ist gar keine Frage. Das ist meistens so Kyffhäuser Straße, Studentenviertel und so (Anm.: in der Nähe der Universität im Universitätsviertel auf der anderen Rheinseite).

Dementsprechend häufig finden sich bei Artikulation der Ortbindung Aussagen wie „Ich fühle mich als Kölner, nicht als Südstädter" (Interview G., Südstadt) oder „Für Köln habe ich mich freiwillig entschieden. Und in Kalk hab' ich halt 'ne Wohnung gekriegt (Interview K., Kalk). Mit Enthusiasmus bezeichnet sich die oben zitierte Studentin M. als „Wahlkölnerin", „Wahlkalkerin" will sie sich dagegen nicht nennen, da würde sie schon „n Unterschied machen" (Interview M., Kalk).

Eine ebenfalls eher gesamtstädtische als viertels- oder subviertelsorientierte Bindung ist bei Probanden aus der oberen Mittel- und Oberschicht zu erkennen, die eine entsprechende Ausrichtung bezüglich ihrer aktions- und sozialräumlichen Aktivitäten haben.

Frau C. (Sürth): „Ja. Also (ich kenne) die Nachbarn hier in der Reihe (Anm.: Reihenhaussiedlung) und auch in anderen Reihen zum Teil noch. Da kommt's mir auch gar nicht drauf an, daß man da Unterschiede macht oder so (Anm.: gemeint sind soziale und/oder Bildungs-Unterschiede; Herr C. ist in einem gehobenen akademischen Beruf tätig). Aber gut: Man hat seinen speziellen Freundeskreis, wo man seine Interessen mit teilt, das ist dann etwas anderes. Aber der ist nicht hier in Sürth. "

Herr und Frau C. haben innerhalb des Stadtteils Sürth zwar oberflächliche Bekannte, „aber es sind keine Freundschaften", während der „spezielle Freundeskreis, wo man seine Interessen mit teilt" vielmehr in der gesamten Stadt und zum Teil im Umland lokalisiert ist (Philharmonie-Besuche im Abonnement, Theater etc., „...das ist dann etwas anderes"). Dementsprechend wird von der Probandin die gesamtstädtische Bindung deutlich artikuliert, indem sie von Köln als „meine Heimatstadt, wo ich mich eingewurzelt habe" spricht. Dagegen weist sich die Bedeutung der Viertelsbindung schon durch die Formulierung „in Sürth fühle ich mich eigentlich (!) wohl" als wesentlich schwächer aus.

4.4   Zur Stellung der subjektiv-konstruktivistischen Methodologie in der universitären und außeruniversitären Praxis

Die qualitativen Methoden der Sozialforschung sind inzwischen lange etabliert, auch wenn *„Kritik, Vorbehalte und Vorurteile gegenüber qualitativer Forschung nicht verstummt sind"* (FLICK, KARDORFF & STEINKE 2000, S. 13). Die Prognosen über eine künftige Entwicklung der Stellung der qualitativen Forschung schwanken in den methodischen Kompendien je nach normativer Orientierung des Autors bis heute zwischen Verdrängen der quantitativen Ansätze und Verschwinden der qualitativen Methoden. Die Annahme des erneuten Verschwindens der qualitativen Methoden beruht dabei auf der Annahme, es handle sich bei den qualitativen Methoden und ihrem derzeitigen verstärkten Einsatz in der sozialwissenschaftlichen Forschung letztlich nur um eine Modewelle (KNOBLAUCH 2000, S. 623). Das gegenteilige Argument der Zurückdrängung quantitativer Methoden wird mit der Entwicklung einer zunehmend pluralisierten und individualisierten Gesellschaft begründet, die durch standardisierte Methoden kaum mehr angemessen erfassbar zu sein scheint (KNOBLAUCH 2000, S. 624). Beide Extrem-Szenarien – sowohl das Verdrängen der einen als auch das Verschwinden der anderen methodischen Forschungsrichtung – sind heute wenig wahrscheinlich, vielmehr ist anzunehmen, dass beide weiterhin und auch in kombinierten Verfahren ihre Anwendung finden werden.

In der außeruniversitären Praxis haben sich *subjektiv-konstruktivistische* Methoden bislang noch nicht in dem Maße durchgesetzt wie *quantitativ-szientistische*. Die Ergebnisse werden nicht als Analysen wahrgenommen und daher teilweise weniger ernst genommen, *„weil sie den Laienvorstellungen von Wissenschaft und ihren gewohnten Darstellungsformen in Tabellen und Zahlenkolonnen widersprechen"* (KARDOFF 2000, S. 619). Die „Öffentlichkeit" glaubt immer noch mehr an die Repräsentationsformen von Zahlen und Statistiken, hinter denen vermeintlich „die Wirklichkeit" vermutet wird. Subjektiv-konstruktivistische Methoden erscheinen im Vergleich dazu individueller und subjektiver und zu wenig als Entscheidungsgrundlage für Politik und Verwaltung geeignet. Hinzu kommt, dass die sehr umfangreichen Forschungsberichte nur selten vollständig gelesen werden (ebd.). Deshalb wird man im außeruniversitären Bereich mit qualitativen Untersuchungen und ihren Ergebnissen immer noch *„auf erhebliche Widerstände"* (LÜDERS 2000, S. 635) stoßen. Qualitativen Forschung ist damit immer noch in erster Linie eine *„universitäre, um nicht zu sagen: akademische Angelegenheit"* (LÜDERS 2000, S. 638). Mit Gutachten, die sich ausschließlich qualitativer Methodologie bedienen, dürfte man aus den angeführten Gründen in absehbarer Zeit noch immer Probleme haben. Leichter zu begründen und damit auch zu verkaufen ist der *kombinierte Einsatz* in Verbindung mit quantitativen Methoden, wodurch einerseits die Erwartungen bedient und andererseits neue Perspektiven eröffnet werden können.

5 Die Diskursanalyse im Spannungsfeld zwischen textinterpretativen und poststrukturalistischen Ansätzen in der empirischen Humangeographie

5.1 Sprache, Diskurs und Raum – Chancen und Probleme einer diskursanalytischen Perspektive in der Humangeographie[4)]

Die Sprache ist es, die *„den Raum"* erst zum Leuchten bringt. Unser raumbezogenes Denken und Handeln beruht in vielfältiger Weise auf Vorstellungen, auf *„geographical imaginations"* (GREGORY 1994), d. h. auf sprachlichen oder bildlichen Images über Räume. Von der lokalen Identitätsbildung bis zu den Krisen und Kriegen der globalen Politik sind kollektive Stereotypen über Orte, Städte, Regionen, Nationen, Kulturen, etc. maßgeblich beteiligt an der Art und Weise, wie die Menschen ihre Welt wahrnehmen und handeln.

Diese fallen jedoch nicht „beliebig" aus, sondern sind eingebettet in und geleitet durch gesellschaftliche Regeln, Konventionen und Bedeutungszuweisungen. Die Gesamtheit solcher sprachlichen Konventionen einschließlich des gesellschaftlichen Kontextes, der sie rahmt und beeinflusst, wird aus der Sicht einer poststrukturalistischen Theoriebildung als *Diskurs* bezeichnet. In dieser Form entfalten Diskurse (über Raum) eine gewaltige Kraft, die das alltägliche Denken und Handeln der Menschen beeinflusst und auf diese Weise auch die gesellschaftliche Praxis und ihre räumlichen Repräsentationen und Strukturen mitgestaltet. Ihre diesbezügliche Macht dokumentiert sich auf allen Maßstabsebenen geographischen Denkens, was einige Beispiele aus jüngeren Forschungsfeldern der Humangeographie verdeutlichen sollen:

● Für die *lokale Ebene* zeigt sich etwa die Rolle sprachlicher Praxis und ihrer Auswirkungen auf die alltägliche Inanspruchnahme von Räumen bei der laufenden Diskussion um den selektiven Zugang bzw. Ausschluss bestimmter Personengruppen (BELINA 2002). Sie werden zu einem großen Teil auf sprachlichem Wege verhandelt und vermittelt. In der Sprache werden durch vielfältige und zum Teil ausgesprochen subtile Weise symboli-

4) Die Autoren bedanken sich sehr herzlich für die vielen Anregungen und die kreative Mithilfe von ANNIKA MATTISSEK im Kapitel 5 dieses Buches (vgl. auch MATTISSEK & REUBER 2004).

sche Bedeutungen für Räume produziert. Solche sprachlichen Konstruktion finden dann ihre sehr realen Entsprechungen in den alltäglichen Praktiken räumlicher Ein- und Ausgrenzung, in den Shopping Malls und Freizeitparks der Postmoderne ebenso wie in den Hausordnungen der neuen bundesdeutschen Spaßbahnhöfe (MATTISSEK 2002).

● Auf der *regionalen Ebene* zeigt sich die praktische Bedeutung raumbezogener Diskurse etwa in der Diskussion um *Stadt-* und *Regionalmarketing.* Vor dem Hintergrund der Bedeutung weicher Standortfaktoren bei der erfolgreichen Standortkonkurrenz arbeiten heute Wirtschaftsförderung und Standortmarketing nicht nur Hand in Hand, sie sind organisatorisch oft deckungsgleich. Ihr Kerngeschäft besteht in der Akzentuierung und/oder Erschaffung raumbezogener Diskurse mit dem Ziel, positive *Stadt-* oder *Regionalimages* zu erzeugen. Dies ist das ureigene Terrain der Sprache und der Bilder, die mit der ihnen eigenen symbolischen Kraft räumliche „Imaginationen" und Identifikationsangebote schaffen, die sich im günstigen Falle in Form konkreter Standortentscheidungen, Einkaufspräferenzen, etc. auswirken.

● Noch entscheidender zeigt sich die Rolle sprachlicher Konstruktionen auf der *globalen Ebene.* Die angloamerikanische Politische Geographie hat mit ihrer Forschungsrichtung *Critical Geopolitics* gezeigt, dass Diskurse wie „globaler Klimawandel", „Globalisierung" oder die neuen geopolitischen Leitbilder vom „Kampf der Kulturen" als *„geographical imaginations"* (GREGORY 1994) das wirtschaftliche, politische aber auch militärische Handeln von Akteuren ebenso „rahmen", wie die Wahrnehmung der Betroffenen. Das Frappierende an solchen sprachlichen Deutungsmustern ist, dass sie fallweise eine so mächtige Position einnehmen können, dass sie – wie etwa der Kalte Krieg – in der Vorstellung einer gesamten Epoche einen *„quasirealistischen" Charakter* erhalten können.

Die genannten Beispiele machen gemeinsam deutlich, dass Raum nicht „an sich" Bedeutung trägt, sondern in vielfältiger Weise Bedeutung zugeschrieben bekommt. Der Begriff des *„writing space"* trägt dieser Beobachtung Rechnung. Er macht klar, dass bei der Entstehung solcher Vorstellungsbilder, Images oder Leitbilder die Sprache das entscheidende Medium der Konstruktion bildet. Die Beispiele zeigen aber genauso klar, dass mit Diskursen nicht allein sprachliche Konstrukte gemeint sein können, die sozusagen isoliert von der sozialen und materiellen Welt existieren. Letztere sind vielmehr als *„Kon"-Text* ein untrennbarer Bestandteil des Diskurses: Die Wirkung sprachlicher Konstruktionen, hier in Form geographischer Repräsentationen, entfaltet sich erst vor (und in) ihrem jeweiligen zeitlichen, räumlichen und sozialen Kontext: Nicht jede sprachliche Zuschreibung funktioniert an jedem Ort, raumbezogene Images und Bilder sind nicht von den alltagspraktischen sozialen und materiellen Bedingungen zu trennen. Dennoch erhält in diesem Konzept die Sprache eine entscheidende Rolle für die Entstehung der *„Geographien des Alltags"*. Vor diesem Hintergrund ist es für die geographische Forschung in solchen Segmenten zentral, sich mit dem Wirken der Sprache auseinanderzusetzen. Indem man die Rolle der Sprache (bzw. der zu Zeichen und Bildern verdichteten Sprache) offen legt, kann man nicht nur mehr Transparenz über deren Rolle bei der sozialen Konstruktion „des Raumes" erzielen, sondern gleichzeitig die Gesellschaft sensibel machen für das (subtile) Wirken der Sprache als Grundlage jeglicher Wahrnehmung, Bewertung und Erfahrung.

Möglichkeiten einer diskursanalytisch orientierten Forschung in der Humangeographie und derzeitige Probleme

Forschungsprojekte, die sich diesem Ziel widmen wollen, benötigen ein methodisches Instrumentarium, das in der Lage ist, die Wirksamkeit der Sprache nicht nur grob zu belegen, sondern differenzierte Aussagen über das Zustandekommen und Wirken sprachlicher Konstruktionen über Orte und Regionen zu machen. Hier versagen die klassischen Instrumente der empirisch-analytischen Sozialforschung, aber auch die auf die Rekonstruktion von Akteurshandeln ausgerichteten Formen einer hermeneutisch-interpretativen Forschung helfen hier nur teilweise weiter. Gefordert sind vielmehr Konzepte, die direkter an der Sprache ansetzen und deren Formen der Konstruktion von Raum und Region deutlich machen können.

Solche Methoden lassen sich teilweise aus den Kommunikations- und Medienwissenschaften entlehnen und für den Zweck einer *geographischen Diskursforschung* reformulieren. Die Basiskonzepte eines solchen Denkens entstammen der Sprachphilosophie des 20. Jahrhunderts. Die Darstellung der konkreten Methoden, mit denen die *Diskursanalyse* arbeitet, wird, wie bereits in den beiden anderen Hauptteilen des Buches, auch hier nicht verständlich ohne eine kurze, didaktisch sehr stark zugeschärfte (und entsprechend teilweise überpointierte) Einführung in die konzeptionellen Grundlagen eines solchen Denkens.

Problematisch bleibt beim derzeitigen Stand der methodischen Entwicklung, dass sich die diskursanalytischen Verfahren in der Geographie (aber auch in den Kommunikations- und Medienwissenschaften) im Vergleich mit den etablierten Techniken und Arbeitsweisen in diesen Fächern noch im Entwicklungs- und Erprobungsstadium befinden. Entsprechend scheinen derzeit *„Diskurs, Diskurstheorie bzw. Diskursanalyse weniger ein abgestecktes Terrain interdisziplinärer Forschung als ein theoretisches Begehren zu bezeichnen, das einstweilen mit einigen tastenden, vorläufigen Entwürfen Vorlieb nehmen muss"* (ANGERMÜLLER 2001, S. 7).

Konnte in den anderen Hauptteilen des Buches auf ein eingeführtes, an zahlreichen empirischen Beispielen auch aus dem Bereich der Geographie gut erprobtes Methodenwissen zurückgegriffen werden, so ist der Bereich der *Diskursanalyse* empirisch noch eher dünn bestückt (für den deutschsprachigen Kontext vgl. z. B. REDEPENNING 2001, LOSSAU 2002, MEYER ZU SCHWABEDISSEN 2001, MATTISSEK 2002). Aus diesen Gründen trägt der folgende Teil des Buches stärker explorativen Charakter. Die Autoren haben sich trotzdem dafür entschieden, die *diskursanalytischen Methoden* bereits in dieser konzeptionell offenen Phase in einem Lehrbuch vorzustellen, um Studierenden die Gelegenheit zu geben, sich frühzeitig mit der Methodik auseinanderzusetzen und vielleicht sogar mit eigenen Arbeiten an der Verfeinerung und Verfestigung dieser Arbeitsweise innerhalb der deutschsprachigen Geographie mitzuwirken. Die Leserinnen und Leser lassen sich dabei aber zweifellos auf ein Abenteuer ein, in dem die Gräben und Untiefen längst nicht so klar markiert und ausgelotet sind wie bei den traditionell in unserer Disziplin verwendeten Methoden. Der Nutzen liegt jedoch in diesem Falle in einem inhaltlich reizvollen, aktuellen und teilweise brisanten Forschungsfeld im Dreieck von Sprache, Macht und Raum.

Eine wesentliche Konsequenz des noch in der Entwicklung begriffenen Methodenfeldes besteht darin, dass unter der gemeinsamen Flagge eine Reihe auf den ersten Blick ähnlicher, bei näherem Hinsehen aber doch grundlegend unterschiedlicher Sicht- und Arbeitsweisen segeln: *„Discourse analysis has come to mean many different things in as many different places"* (HAJER 1997, S. 43). Deren *konzeptionelle Heterogenität* (und fallweise oft zusätzlich auch noch deren *innere Inhomogenität*) lassen es problematisch erscheinen, bereits jetzt klarer umrissene Varianten der Diskursanalyse als Grundlage entsprechender empirischer Analysen bilden zu können. Es ist jedoch möglich, einige Gemeinsamkeiten des Denkens zu umreißen, die vielleicht als eine Art *„minima moralia"* diskursanalytischen Arbeitens angesehen werden können. Jenseits solcher Gemeinsamkeiten gehen unterschiedliche Formen von Diskursanalyse jedoch teilweise von sehr unterschiedlichen konzeptionellen Grundannahmen aus, die sich auch methodisch auswirken. Versucht man, die existierenden Formen in einer zugeschärften Weise zu ordnen, so kann man *zwei Strömungen* unterscheiden, die sich in der Praxis jedoch sowohl konzeptionell als auch in der konkreten Empirie überlappen und vermischen:

● die stärker im *interpretativ-hermeneutischen Ansatz* wurzelnden Formen von Diskursanalyse sowie
● die stärker dem *strukturalistischen oder poststrukturalistischen Denken* verpflichteten Formen von Diskursanalyse.

Diese grobe Klassifikation vernachlässigt zunächst die vielen Übergangsformen und inneren Brüche zugunsten einer stärker dichotomisierenden Gegenüberstellung (vgl. z. B. für eine nähere Unterscheidung strukturalistischer und poststrukturalistischer Verfahren: MATTISSEK & REUBER 2004).

Sie ist zwar didaktisch hilfreich, weil sie grundlegende und für die Analyse folgenschwere Unterschiede in den Vordergrund treten lässt, sie darf aber nicht darüber hinwegtäuschen, dass die beiden ausgewiesenen Kategorien sich gemessen an den derzeit vorliegenden praktischen Beispielen im konkreten Einzelfall zu vielfältigen *Übergangsformen* vermischen. Somit lassen sich für die genauere Darstellung folgende *drei Leitfragen* formulieren:

- Was versteht man unter „Diskurs" aus Sicht diskursanalytischer Ansätze (Kapitel 5.2)?
- Was versteht man unter Diskursanalyse (Kapitel 5.3)?
- Wie arbeiten die eher textinterpretativ und die eher (post-)strukturalistisch orientierten Verfahren, was sind ihre Merkmale, Stärken und Schwächen (Kapitel 5.4)?

5.2   Was ist „Diskurs"? – Bedeutungsfacetten eines schillernden Begriffs

In der derzeitigen Debatte kursieren sehr unterschiedliche Bedeutungen des Begriffes „Diskurs" (z. B. KELLER, HIRSELAND, SCHNEIDER & VIEHÖVER 2001; JÄGER 2001; DIAZ-BONE 2002; u. v. a.). Gemeinsam ist ihnen zunächst lediglich, dass es sich um Formen des Sprachgebrauchs handelt, um mündliche oder schriftliche Arten sprachlicher Kommunikation. Jenseits dessen klaffen die Auffassungen jedoch weit auseinander, wobei für den Kontext der *Diskursanalyse* nur ein Teil der Begriffsvarianten als Referenz in Frage kommt. Von vorn herein nicht relevant sind alltagssprachliche Bedeutungen von „Diskurs" im Sinne von „Diskussion" oder *„a ‚mode of talking'"* (HAJER 1997, S. 44). Für den konkreten Rahmen der Diskursanalyse sind auch nicht die Begriffsdefinitionen im Sinne von HABERMAS' *Diskursethik* gemeint, die den Diskurs als normatives Regelwerk argumentativer Auseinandersetzungen mit dem Ziel größtmöglicher Verfahrensgerechtigkeit auffassen (KELLER et al. 2001, S. 11).

Es geht hier vielmehr um ein Verständnis von Diskursen als *Formen sprachlicher (und gesellschaftlicher) Praxis*, die sich zumeist im Verlaufe einer längeren historischen Entwicklung herausgebildet haben (z. B. die Trennung von Kultur und Natur, die Herausbildung des naturwissenschaftlichen Denkens, die gesellschaftliche Bedeutung von Bildung und Wissen, etc.). Aus dieser Perspektive erhält die Sprache selbst als zentrale Konstruktionsinstanz gesellschaftlicher Wirklichkeit eine herausgehobene Position. Entsprechend tritt diese dann in den Mittelpunkt wissenschaftlicher Analysen.

Konzeptionell gesehen sind mit Diskursen in dieser Lesart die Formen und Regeln öffentlichen Denkens, Argumentierens und Handelns als Grundprinzip von Gesellschaftlichkeit gemeint. *„Discourse is here defined as a specific ensem-*

ble of ideas, concepts, and categorizations that are produced, reproduced and transformed in a particular set of practises and through which meaning is given to physical and social realities" (HAJER 1997, S. 44, vgl. als Beispiel die Grundschemata politischer Diskurse in der Bundesrepublik, in JÄGER 2001). KENDALL & WICKAM (1999, S. 34) definieren folgende Merkmale eines Diskurses:

- Ein Korpus von Aussagen mit einer gewissen Regelhaftigkeit und Systematik der inneren Organisation,
- Regeln zur Produktion solcher Aussagen,
- Regeln, die das „Sagbare" innerhalb des Diskurses festlegen und auch limitieren (z. B. Tabus; was gilt nach den herrschenden Regeln als „wahr", was als „falsch"?),
- Regeln für Institutionen, die Aussagen innerhalb des Diskurses produzieren (derzeit z. B. Politik, Medien, Wissenschaften).

Aus den oben genannten Aspekten wird deutlich, wo einer der entscheidenden Unterschiede zwischen der klassischen Bedeutung von „Text" und der Bedeutung von „Diskurs" liegt: Der *Text* stellt ein Bündel von Sätzen und Aussagen dar, das seine Bedeutung erst aus dem so genannten *Kon-Text* heraus erhält. Texte sind *„die aufgezeichneten Spuren einer diskursiven Aktivität, die sich nie vollständig auf Text reduzieren lassen"* (ANGERMÜLLER 2001, S. 8), sondern immer über ihn hinaus auf seinen Entstehungs- und Wirkungskontext verweisen. Folglich bleibt die Diskursanalyse nicht auf die Betrachtung von Texten beschränkt, sondern versucht die diskursiven Aktivitäten und Wirkungsweisen einzelner Themenkreise oder gesellschaftlicher Gruppen, Akteure und Institutionen in den Blick zu nehmen. Der Satz „Es gibt keinen Gott" wäre beispielsweise im Kon-Text des mittelalterlichen Diskurses mit völlig anderen Restriktionen und Folgen verbunden als im Diskurs einer säkularen, „natur"-wissenschaftlichen Moderne. Ähnliches gilt auch für Planungsdiskurse aus Raumplanung und Geographie: Konnte man in den sechziger Jahren mit dem Leitbild der autogerechten Stadt noch Fördergelder akquirieren und Bürgermeister von Landstädten zur Unterstützung vierspuriger Autoschneisen durch ihre mittelalterlichen Stadtkerne animieren, so wäre derselbe Text mit demselben Bebauungsplan im planungsdiskursiven Kontext der Jahrtausendwende weder finanziell noch politisch Erfolg versprechend. Was sagbar ist und was nicht, welche Bedeutung das Gesagte hat und zu welchen Konsequenzen es führt, wird nicht allein bestimmt durch die Aussage an sich, sondern durch den (sich verändernden) *Diskurs* (als *Regelwerk kommunikativer, insbesondere sprachlicher Praxis*), in den es an einer bestimmten Stelle im diskursiven Zeit-Raum eingebunden ist.

Diskurse sind auf diese Weise dem jeweiligen gesellschaftlichen Kontext unterworfen, aber sie wirken gleichzeitig auch selbstregelnd und reglementierend. Der Diskurs über die Notwendigkeit und die Ziele der raumbezogenen Planung beispielsweise hat in der bundesrepublikanischen Nachkriegsgesellschaft zu einer Vielzahl von sprachlichen Regelungen (in Form von Gesetzen, Raumordnungsanalysen und -plänen), zur Herausbildung eigener Institutionen und Verfahrensabläufe (Planungsbehörden auf unterschiedlichen Maßstabsebenen von der kommunalen Ebene bis zur Bundesebene, Verfahren der Bauleitplanung, etc.) sowie zu vielfältigen räumlichen Auswirkungen geführt. Diskurse definieren auf diese Weise ein *„Feld strategischer Möglichkeiten“* (FOUCAULT 1973/1988, S. 56) des Auftretens, der Akzeptanz und Relevanz von Aussagen. Die Gesamtheit all dieser Aspekte bezeichnet FOUCAULT als *diskursive Formation*, in der der *„Gegenstand des in Frage stehenden Diskurses [...] seinen Platz und das Gesetz seines Erscheinens findet“* (FOUCAULT 1973/1988, S. 67).

Vor diesem Hintergrund wird auch deutlich, in welchem Maße *„Diskurse unmittelbar mit Ermöglichungs- und Ausschlusskriterien (*des Sag- und Denkbaren, d. V.*) verkoppelt (sind). Sie sind das Medium, mit dessen Hilfe soziale Beziehungen und Verhältnisse sinnvoll gemacht werden: sie schaffen Ordnung“* (HARK 2001, S. 362). Für FOUCAULT ist deshalb die Frage der Macht unmittelbar mit der *„Ordnung des Diskurses“* (1971) verknüpft: Die *diskursive Formation* regelt, welche Gegenstände wie auftreten und miteinander in Beziehung treten. Gleichzeitig schließt die Ordnung des Diskurses das Erscheinen anderer Gegenstände im diskursiven Feld aus, zumindest erschwert sie diese. *„Der Diskurs befördert und produziert Macht. [...] Es handelt sich um ein komplexes und wechselhaftes Spiel, in dem der Diskurs gleichzeitig Machtinstrument und -effekt sein kann, aber auch Hindernis, Gegenlager, Widerstandspunkt und Ausgangspunkt für eine entgegen gesetzte Strategie“* (FOUCAULT 1977, S. 122).

Diskurse formen die soziale Welt auch insofern, als sie bestimmen, was in welchem Zusammenhang als *wahr* anerkannt und als falsch verworfen wird. Gesellschaftlich dominierende Diskurse, z. B. über bestimmte Formen von „Wahrheit“, können sich dabei im Laufe von Jahrhunderten so weit verfestigen, dass ihnen ein quasirealistischer Charakter zugeschrieben wird (vgl. Abb. 29). Die diskurstheoretische Sichtweise macht in diesem Zusammenhang darauf aufmerksam, dass ein Konzept wie „Wahrheit“ als Teil des derzeit dominierenden Diskurses, als Teil unseres, z. B. im Geiste der Aufklärung und der wissenschaftlichen Moderne geprägten Weltbildes, betrachtet werden muss. Was als „wahr“ angesehen wird, ist damit – auch bezogen auf wissenschaftliche Aussagen – nichts objektiv Feststehendes, sondern *kontextabhängig.*

Eine diskursanalytische Sicht verändert damit den Begriff der „Wahrheit“ von einem *absoluten* zu einem *relativen* Konzept. Folglich ist die Setzung einer „Wahrheit“ gleichbedeutend mit einer diskursiven Form der Machtausübung, und entsprechend produziert *„jede Gesellschaft [...] ihre*

*eigene Ordnung der Wahrheit, ihre ,allgemeine Politik' der Wahrheit: d. h.
sie akzeptiert bestimmte Diskurse, die sie als wahre Diskurse funktionieren
lässt."* (FOUCAULT 1991, S. 74). Diskursanalytische Methoden ermöglichen
in dieser Hinsicht einen radikalen Perspektivenwechsel, mit dem man hinter
solche scheinbaren Wahrheiten (*„Essentialismen"*) zu blicken vermag, um
sie stattdessen als *„große Erzählungen"* oder *„Metanarrative"* der Moderne
(LYOTARD 1999) zu entlarven.

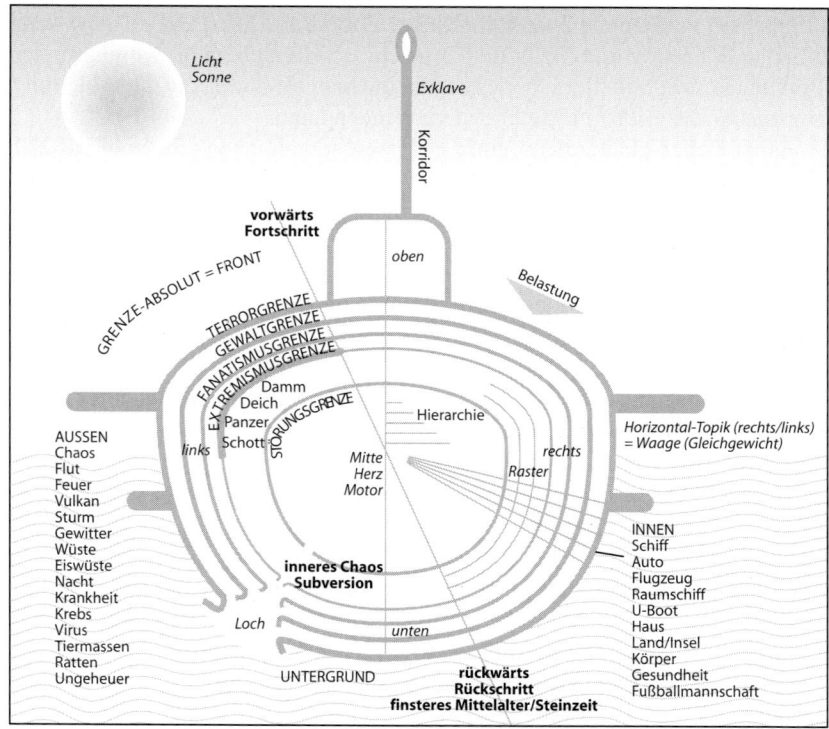

*Abb. 29: Grundschemata und kollektive Symbole im Diskurs in der Bundesrepublik
Deutschland*
Quelle: nach LINK 1984, verändert; Grafik: C. SCHROER

5.3 Was ist Diskursanalyse?

Die *Diskursanalyse* ist die derzeit prominenteste Methode, um empirische
Forschungen im Sinne der o.a. erkenntnistheoretischen Position zu betreiben.
FOUCAULT selbst hat seine Form der wissenschaftlichen Analyse von Diskursen als eine Art von „Archäologie" verstanden, die Diskursstränge nach-
zeichnet, Diskursformationen aufzeigt und dabei gleichzeitig auch – im

Sinne eines politisch motivierten Projekts – die ausgeschlossenen, unterdrückten und verschütteten Diskurse aufzudecken versucht. In seinen zahlreichen Rekonstruktionen über *„Wahnsinn und Gesellschaft"* (1969), *„Überwachen und Strafen"* (1976), *„Die Ordnung der Dinge"* (1971), *„Die Geburt der Klinik"* (1973/1988) u. a. hat FOUCAULT am Beispiel der Geschichte der Psychopathologie, des Strafvollzugs oder der Sexualität ein Instrument der Dekonstruktion diskursiver Formationen als gesellschaftliche Formen von Macht und Herrschaft entwickelt, das er in der *„Archäologie des Wissens"* (1993/1997) zusammenfassend ordnet. FOUCAULT hat jedoch *keine* klar umrissene Theorie und Methodik vorgelegt, sondern eher eine lose Form der Reihung konzeptioneller Überlegungen, die man als Anregung zur Ableitung empirisch verwendbarer Methoden verwenden kann.

Es ist sicher nicht zuletzt einer gewissen sprachlichen „Sperrigkeit" der *„Archäologie des Wissens"* zuzuschreiben, dass sich von dieser Plattform aus keine methodologisch konsequente Form der Diskursanalyse im Sinne FOUCAULTS weiterentwickeln konnte. Stattdessen haben sich konzeptionell unterschiedliche Diskurstheorien in verschiedenen wissenschaftlichen Strömungen entwickelt, insbesondere im Postmarxismus, Poststrukturalismus, Postkolonialismus und Postfeminismus (z. B. HARK 2001, HOWARTH ET AL. 2000, LACLAU & MOUFFE 1991).

Konkret liegen inzwischen auch im deutschen Sprachraum bei einer Reihe von Autoren Überlegungen zu Verfahren und Techniken diskursanalytischen Arbeitens vor (JÄGER 2001; KELLER; HIRSELAND; SCHNEIDER & VIEHÖVER 2001 und 2003; BUBLITZ; BÜHRMANN; HANKE & SEIER 1999; GERHARD & LINK 1991; LINK 1997; DIAZ–BONE 2002; ANGERMÜLLER; BUNZMANN & NONHOFF 2001; u. v. a.). Sie alle verbindet die gemeinsame Erkenntnis, dass die Diskursanalyse wichtige sprachliche Formationen in der Gesellschaft untersucht und aufzeigt, wie in Diskursen Themen konstituiert, definiert und verändert werden. Gemeinsam ist solchen Diskursanalysen entsprechend auch ein Set von Merkmalen, das sie von der klassischen Textanalyse unterscheidet.

Unterschiede zwischen *Textanalyse* und *Diskursanalyse*
(nach ANGERMÜLLER 2001, S. 8):

Einen zentralen Stellenwert bei der methodischen Umsetzung von Diskursanalysen hat die Auswertung von Texten. Das Textverständnis unterscheidet sich hierbei grundlegend von sozial- und literaturwissenschaftlichen Textanalysen:
Sozialwissenschaftliche Textanalysen verstehen Texte häufig als Ausdruck gesellschaftlicher Verhältnisse. In den Literaturwissenschaften wird hingegen die Autonomie von literarischen Formen und Texten

gegenüber der Außenwelt betont – d. h. der „Sinn" eines Textes erschließt sich aus diesem selbst heraus unabhängig vom Kontext seiner Entstehung oder Rezeption. Beiden Ansätzen ist gemeinsam, dass sie „soziale Realität" und „Text" als zwei unabhängig voneinander bestehende Ebenen ansehen (vgl. ANGERMÜLLER 2004).

Diskursanalytische Zugänge heben hingegen die spezifische Verbindung von Text und Kontext hervor. Sie zielen *„weniger auf den Inhalt, das letztlich Intendierte oder die ‚Sinnsubstanz', die sich im Diskurs ausdrückt, als auf die Formen, Mechanismen und Regeln, durch die Text und Kontext diskursiv verknüpft werden (was die Abgrenzung von ‚hermeneutischen' Zugängen begründet)"* (ANGERMÜLLER 2001, S. 8). D. h. die Bedeutung eines Textes, einer Aussage, eines diskursiven Ereignisses kann nie unabhängig von ihrem Kontext bestimmt werden. *„Die Bedeutung eines Textes erschließt sich nie allein aus diesem selbst heraus. Texte sind vielmehr die aufgezeichneten Spuren einer diskursiven Aktivität, die sich nie vollständig auf Text reduzieren lassen"* (ANGERMÜLLER 2001, S. 8), sondern immer über ihn hinaus auf seinen Entstehungs- und Wirkungskontext verweisen. Folglich bleibt die Diskursanalyse nicht auf die Betrachtung von Texten beschränkt, sondern versucht die diskursiven Aktivitäten und Wirkungsweisen einzelner Themenkreise oder gesellschaftlicher Gruppen, Akteure und Institutionen in den Blick zu nehmen.

Quelle: A. MATTISSEK, Heidelberg

Die etwas polarisierende Darstellung im Kasten verdeutlicht zwar die zentralen konzeptionellen Achsen diskursanalytischen Denkens. Dahinter verbirgt sich aber ein breites Feld sozialwissenschaftlicher Analysemethoden, die sich nach MATTISSEK (2004) in *interpretative, strukturelle* und *poststrukturalistische* (struktural-pragmatische) Formen gliedern lassen (vgl. Tab. 1 sowie ANGERMÜLLER 2001).

Diese Gliederung macht erneut deutlich, dass eine entscheidende Trennlinie zwischen den stärker handlungsorientierten, interpretativen Formen einerseits sowie den strukturalistischen bzw. poststrukturalistischen Ansätzen andererseits verläuft. Ein zentraler Aspekt ist dabei die Frage, welche strukturierende Kraft dem Diskurs zukommt, oder, umgekehrt formuliert, welche Rolle und vor allem Eigenständigkeit jeweils dem handelnden Individuum, dem Subjekt, zugeschrieben wird. Diese Unterscheidung mag zunächst akademisch klingen, ist jedoch auch für humangeographische Fragestellungen von zentraler Bedeutung.

● Bei den stärker handlungsorientiert (und interpretativ) ausgerichteten Formen der Diskursanalyse ist die Position des handelnden Individuums vergleichsweise bedeutend. Auch wenn hier betont wird, *„dass das Individuum*

Tab 1: Unterscheidung diskursanalytischer Ansätze

	Handlungsorientiert (interpretativ)	Strukturalistisch	Poststrukturalistisch (struktural-pragmatisch)
Diskursverständnis	Diskurs als (intentionales) Sprachspiegel von Akteuren	Diskurs als artikulierte Struktur	Diskurs als konstitutiv offene Struktur bzw. als Gesamtheit kontingenter diskursiver Ereignisse
Stärken/ Erklärungsanspruch	Entspricht dem alltagsweltlichen Verständnis; konzeptionelle Nähe zu handlungstheoretischen Ansätzen	Abbildung allgemeiner Denk- und Sozialstrukturen, (oft wird davon ausgegangen, dass Diskurse soziale Strukturen widerspiegeln)	Erklärung, wie es zu Veränderungen kommt; Diskursstruktur kommt; Betonung der Kontingenz und Heterogenität von Bedeutungen
Analyse von ...	sprachlichen Strategien von Akteuren	Texten und ihren strukturalen Merkmalen	Brüchen im Diskurs, konkreten Aussagen
Wurzeln	Hermeneutik	Strukturalismus	Poststrukturalismus, Sprachpragmatik
Ausgangspunkt	International handelnder Akteur	Text	Text und Kontext (Situation)
Gibt es ein Subjekt?	Ja	Nein	Nein
Autoren/Vertreter	JÄGER (1997, 2001), KELLER (2003), Critical Geopolitics: O'TUATHAIL 1996	FOUCAULT's Frühwerk (z. B. Ordnung der Dinge 1971), BUBLITZ (2003); DIAZ-BONE (2002)	FOUCAULT's Spätwerk (z. B. Archäologie des Wissens 1973), LACLAU/MOUFFE (1985), LACLAU (1990)

Quelle: nach MATTISSEK & REUBER *2005*

im Diskurs tätig ist, in den sozialen Diskurs verstrickt ist [...]" (JÄGER 2001, S. 148), erscheint der Diskurs doch in den konkreten Argumentationen recht häufig als eine Art Wirkungsfeld, mit dessen Hilfe Akteure durch (sprachliche) Handlungen ihre spezifischen Interessen verfolgen. Aus dieser Sicht würden beispielsweise in einem Raumnutzungskonflikt vorhandene Planungsdiskurse von Akteuren gezielt instrumentalisiert, um deren jeweilige raumbezogene Interessen durchzusetzen. Die Diskurse wären aus einer solchen Perspektive eher das Mittel, um dahinter liegenden Motiven zu dienen, sie könnten in einem solchen Kontext entsprechend als *„strategische Raumbilder"* (REUBER 1999) bezeichnet werden.

● Strukturalistische Ansätze hingegen gehen davon aus, dass die in einer Gesellschaft kursierenden Diskurse stärker ihren „inneren Gesetzmäßigkeiten" als den Intentionen von Akteuren folgen. Die einzelnen Subjekte fungieren dann eher wie „Sprachrohre", die Diskurse hörbar machen, weil ihr Sprechen und Handeln diesen Strukturen entspricht. Subjekte handeln dieser Auffassung nach nicht autonom, sondern sind – etwas despektierlich formuliert – Sprech- und Handlungsknoten im Netz der Diskurse, die diesen Ausdruck verleihen. Aus einer solchen Sicht wäre auch die Vorstellung der Subjekte über sich selbst, ein „(teil-)autonomes Individuum" zu sein, nichts „wirklich existierendes" (d. h. kein essentialistisches Konzept), sondern eine der großen Narrative der Moderne, eine Konvention des Sprechens, Denkens und Handelns, die sich im Fluss der Diskurse über die Zeit herausgebildet hat.

Jenseits dieser wichtigen Unterscheidung soll auf die Binnendifferenzierung zwischen den strukturalistischen und poststrukturalistischen Verfahren im Rahmen dieses Methodbuchs nicht weiter eingegangen werden, obwohl auch hier konzeptionell teilweise bedeutende Unterschiede existieren (vgl. dazu MATTISSEK & REUBER 2005).

5.4   Konkrete Verfahren der Diskursanalyse

Die nachfolgende Darstellung *konkreter Verfahren* der Diskursanalyse greift die Differenzierung zwischen den stärker handlungsorientierten, hermeneutisch-interpretativ arbeitenden Verfahren auf der einen Seite und den stärker (post-)strukturalistisch orientierten Verfahren auf der anderen Seite auf, denn diese findet sich auch in den im deutschsprachigen Raum vorliegenden Ansätzen zur Diskursanalyse wieder. Entsprechend soll im Folgenden grob unterschieden werden zwischen

● Ansätzen, die sich aus der verstehend-interpretativen Textinterpretation heraus entwickelt haben (deren Wurzeln sich bis heute in den konkreten Vorgehensweisen erkennen lassen) und die dabei von einem strategisch handelnden Subjekt ausgehen sowie

● Ansätzen, die sich enger an die sprachphilosophische Konzeption von FOU-
CAULT, DERRIDA, u. a. anlehnen, die die strukturell dominierende Rolle des
Diskurses in den Mittelpunkt ihrer Ansätze stellen.

5.4.1   Stärker verstehend-interpretative Formen der Diskursanalyse

Die stärker auf Anleihen bei der klassisch-hermeneutischen Textinterpretation zurückgreifenden Verfahren der Diskursanalyse haben sich vor allem in
den Sprach- und Kommunikationswissenschaften entwickelt, d. h. in einem
methodischen Umfeld, das selbst auf eine lange und eigenständige Tradition
der interpretativ-verstehenden Textanalyse im Sinne der hermeneutischen
Methodik zurückblicken kann (KELLER 2004; JÄGER 2001). Sie zeichnen sich
dadurch aus, dass sie meist Teile einer poststrukturalistischen Diskursanalyse
à la FOUCAULT mit Teilen klassisch-textinterpretativer Verfahren kombinieren. Ein solcher Mix erweist sich in der textanalytischen Praxis durchaus als
brauchbares „Kochbuch" für den wissenschaftlichen Zugriff auf gesprochene
und geschriebene Quellen. Die Praktikabilität darf aber nicht den Blick dafür
verstellen, dass dabei – wie häufiger in der sozialwissenschaftlichen Metho-
denentwicklung bei „dritten Wegen" oder „Methodenmixen" anzutreffen –
teilweise erkenntnistheoretisch nicht kompatible Perspektiven miteinander
vermengt werden.

Einer der prominentesten Vertreter dieser Richtung ist SIEGFRIED JÄGER.
Er entwickelte am DISS (Duisburger Institut für Sprach- und Sozialforschung) gemeinsam mit seinen Mitarbeitern und Mitarbeiterinnen eine
sozial- und sprachwissenschaftliche Variante der Diskursanalyse. Sie orientiert sich zunächst theoretisch-konzeptionell an der Diskurstheorie FOU-
CAULTS, bringt aber bei der Ableitung einer *„Kritischen Diskursanalyse"*
(JÄGER 2001) auch Elemente aus der marxistischen Theorie und der Sozio-
linguistik mit ein. Dieses Konzept überschreitet traditionelle Disziplingren-
zen und bezieht auch in die empirische Analyse Kriterien aus z. B. Psychologie und Sozialwissenschaften ein. Aus diesem Grund sprechen Diskurs-
analytiker von ihrem Metier oft nicht als einer Hilfswissenschaft, sondern
von einer transdisziplinären *„Querschnittsdisziplin"* (KELLER 1997,
S. 310).

Was JÄGER analysieren will, sind Diskurse, verstanden als *„ Verläufe oder
Flüsse von sozialem Wissensvorräten durch die Zeit [...], die die Applikati-
onsvorgaben für die Gestaltung der gesellschaftlichen Wirklichkeit enthalten"* (JÄGER 2001, S. 158). Mit KELLER (2004) lassen sich die Kernfragen
einer solchen Diskursanalyse wie folgt formulieren:

Fragestellungen sozialwissenschaftlicher Diskursforschung
(KELLER 2004, S. 66, teilweise verändert)

- Wann taucht ein spezifischer Diskurs auf oder verschwindet wieder?
- Wie, wo, mit welchen Praktiken und Ressourcen wird ein Diskurs (re-)produziert?
- Welche sprachlichen und symbolischen Mittel und Strategien werden eingesetzt?
- Welche Phänomenbereiche werden dadurch wie konstituiert?
- Welche Formation der Gegenstände, der Äußerungsmodalitäten, der Begriffe, der Strategien enthält ein Diskurs?
- Was sind seine Formationsregeln, Strukturierungsprozesse und -modalitäten?
- Was sind die entscheidenden Ereignisse im Verlauf eines Diskurses und wie verändert er sich mit der Zeit?
- Wie schlägt sich ein Diskurs in Dispositiven nieder?
- Welche Aneignungsweisen lassen sich nachzeichnen?
- Welche Bezüge enthält der Diskurs zu anderen Diskursen?
- Wie lässt sich ein Diskurs auf raum-zeitlich mehr oder weniger weit ausgreifende soziale Kontexte beziehen?
- Welche (Macht-)Effekte gehen von einem Diskurs aus und wie verhalten sich diese zu gesellschaftlichen Praxisfeldern und „Alltagsrepräsentationen"?
- Welche Erklärungen gibt es für die Merkmale eines Diskurses?

Vergleicht man jedoch auf konzeptioneller Ebene den Diskursbegriff von JÄGER und FOUCAULT, wird schnell deutlich, wie sehr sich die Perspektiven unterscheiden und wie stark insbesondere JÄGERS Verständnis von Diskurs sich als *Mischform* zwischen einer hermeneutisch-interpretativen und einer poststrukturalistischen Perspektive offenbart.

Unterschiede zwischen dem Diskursbegriff von JÄGER und FOUCAULT

In JÄGERS Konzeption stehen Diskurse gewissermaßen zwischen Individuum und Gesellschaft, in dem sie ein Produkt sowohl *individueller* als auch *überindividueller* Komponenten sind. Sie haben also zum einen strukturierende Wirkung auf das Handeln von Menschen, bieten aber gleichzeitig auch individuelle Entscheidungs- und Handlungsspielräume für Akteure (vgl. JÄGER 2001, S. 116 f.).[5]

---

5) Hier findet sich – in etwas gewandelte Terminologie eingebettet – die alte Dichotomie von Struktur und Handeln als den zwei Polen von Gesellschaftlichkeit wieder.

Wichtig ist hier die Idee der eigenen *Entscheidungsspielräume*, die Individuen auf der Basis subjektiver Vorstellungen und Ziele nutzen können – diese Idee wird von FOUCAULT explizit kritisiert, der die Vorstellung vom frei handelnden, fühlenden und denkenden Subjekt als eine der Metaerzählungen der Moderne betrachtet. Für FOUCAULT stehen Subjekte nicht außerhalb des Diskurses, sondern werden erst im Diskurs *konstruiert*, Subjektivität ist für ihn keine Voraussetzung, sondern ein *Effekt des Diskurses* (vgl. FOUCAULT 1973/1988).

Konzeptionell betrachtet stellt die Diskursanalyse nach JÄGER eine *Mischform* aus Handlungstheorie und Diskurstheorie dar. Der Erfolg dieses Ansatzes erklärt sich aus der vordergründigen Plausibilität, da sich der Rückgriff auf strukturelle Handlungszwänge, Handlungsrationalitäten und Nutzenkalkulationen mit den Alltagsnarrativen deckt, die nicht nur in den Medien das Sprechen und Handeln der Akteure erklären, sondern auch in den vielen kleinen täglichen Reflexionen und Kommunikationen der Menschen über ihren Alltag, im Beruf, am Stammtisch, zuhause und in den Katakomben des „eigenen" Denkens. Allerdings wird diese Plausibilität mit dem klassischen *blinden Fleck* subjektbezogener Zugriffe erkauft: wie auch die Handlungstheorie bleibt diese Form der Diskursanalyse bei ihren Analysen der Sprache und des Diskurses immer in Teilen auch auf die *Blackbox* der Begründung des Sprechens mit Blick auf die Motive und Ziele handelnder Individuen angewiesen, in die „wirklich" hineinzuschauen ihnen erkenntnistheoretisch nie möglich sein wird.

5.4.1.1 Schritte zur Binnendifferenzierung von Diskursen

Die Vorstellungen von JÄGER und FOUCAULT nähern sich dort wieder an, wo beide versuchen, den *Gesamtdiskurs der Gesellschaft* analytisch noch einmal in unterschiedliche Diskursstränge, Diskursebenen, etc. zu unterteilen. Diesen Gesamtdiskurs kann man sich zunächst „*als ein großes wucherndes diskursives Gewimmel"* vorstellen (ebd. S. 117). Ähnlich wie FOUCAULT geht es JÄGER bei der Diskursanalyse darum, den Gesamtdiskurs zu strukturieren. Hierbei entwickelt JÄGER jedoch eine eigene, eher in Analogie zu FOUCAULTS Begrifflichkeiten stehende *Binnensystematik des Diskurses*. Sie arbeitet mit folgenden *Kategorien* (vgl. JÄGER 2001, S. 159 ff.), die sich auch in einer Reihe empirischer Arbeiten zur Diskursanalyse wiederfinden lassen:

a) Unterscheidung von *Spezialdiskursen* und *Interdiskursen*

JÄGER trifft hier eine durchaus nicht unkritisch zu sehende Unterscheidung, indem er im Fluss der Sprache der Gesellschaft eine Trennung zwischen den fachlich spezialisierten Sprachformen der Wissenschaften und dem allgemeinen, alltäglichen Interdiskurs zieht, zu dem „*alle nicht-wissenschaftlichen Diskurse"* (ebd.) gehören.

b) *Diskursfragmente* und *Diskursstränge*

Die kleinste Einheit des Diskurses nach JÄGER ist ein *Diskursfragment*, mit dem er einen thematisch in sich geschlossenen Teil des Diskurses bezeichnet. Diskursfragmente gleichen Themas bündeln sich dann zu Diskurssträngen, die gewissermaßen als hintereinander geschaltete Themen spezifische Diskursfragmente in eine historische Ordnung bringen (JÄGER 2001, S. 160). Die *Diskursstränge* sind natürlich nicht voneinander getrennt, sondern treten in vielfache Wechselwirkung miteinander; um in der Diktion JÄGERS zu bleiben: Sie *„verschränken"* sich, *„wodurch besondere diskursive Effekte zustande kommen"* (ebd., vgl. auch Abb. 30).

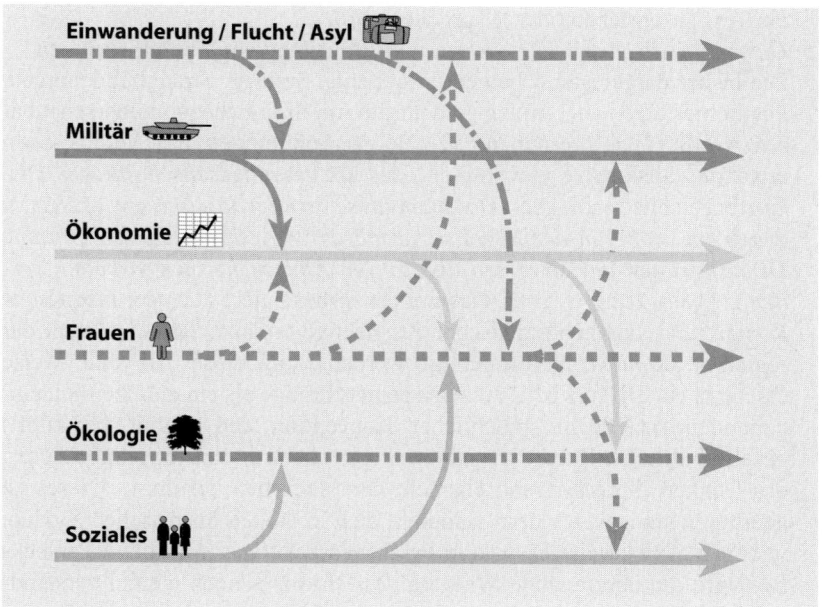

Abb. 30: Diskursstränge und Verschränkungen
Quelle: JÄGER 2001, S. 161, verändert, Grafik: C. SCHROER

c) *Diskursive Ereignisse*

Brüche oder Veränderungen im Sprechen, im Sagbaren, in dem was gesagt und nicht gesagt werden kann, werden laut JÄGER durch *„diskursive Ereignisse hervorgerufen. Ob ein Ereignis [...] zu einem diskursiven Ereignis wird oder nicht, das hängt von jeweiligen politischen Dominanzen und Konjunkturen ab. [...] Die Ermittlung diskursiver Ereignisse kann für die Analyse von Diskurssträngen auch deshalb sehr wichtig sein, weil ihre Nachzeichnung den diskursiven Kontext markiert bzw. konturiert, auf den sich ein aktueller Diskursstrang bezieht"* (ebd., S. 162).

d) *Diskursebenen*

Als *Diskursebene* bezeichnet JÄGER *„die sozialen Orte, von denen aus jeweils gesprochen wird"* (ebd.). Verschiedene Diskursebenen wirken dabei aufeinander ein, beziehen sich aufeinander, nutzen einander, etc. So können etwa von den Medien (*„Medien-Ebene"*) Fragmente eines wissenschaftlichen Spezialdiskurses oder auch des politischen Diskurses aufgenommen, verbreitet, verändert werden, etc. Dies zeigt bereits, wie stark die einzelnen Diskursebenen miteinander verflochten sind. (ebd., S. 163; vgl. auch Abb. 30). Mit der Lokalisierung des Sprechers befasst sich auch der Begriff der Diskursposition, wobei damit insbesondere noch einmal die normative Stellung bzw. der politische Standort gemeint ist, von dem aus ein Text geschrieben oder gesprochen wird.

e) *Gesamtgesellschaftlicher Diskurs* und *Bündelung von Diskurssträngen*

Die bisher dargelegten Themen, Fragmente, Stränge, Strangbündelungen, Positionierungen, etc. bilden gemeinsam mit ihrer nahezu unüberschaubaren Vielfalt von Vernetzungen und Verkopplungen das bereits oben erwähnte „diskursive Gewimmel", das als *gesamtgesellschaftlicher Diskurs* bezeichnet wird. Die *„Diskursanalyse verfolgt das Ziel, dieses Netz zu entwirren, wobei in der Regel so verfahren wird, dass zunächst einzelne Diskursstränge auf einzelnen diskursiven Ebenen herausgearbeitet werden"* (JÄGER 2001, S. 166). Dabei muss insbesondere auch der *historische Kontext* und, aus geographischer Perspektive ergänzt, fallweise auch der *regionale Kontext* berücksichtigt werden. Auf diese Art und Weise erscheint der Diskurs bzw. einzelne seiner Stränge als ein raumzeitlich eingebundenes Geflecht sprachlicher Konvention und (damit verknüpft) gesellschaftlicher Praxis, das an jeweiligen Orten und zu jeweiligen Zeiten das Denken, Sprechen und Handeln der Menschen bestimmt. Dieses ist aber nicht statisch, sondern verändert sich in langen historischen Zyklen, wie sie beispielsweise FOUCAULT herausgearbeitet hat. Aus dieser Perspektive wird die überragende Wirkung des Diskurses noch einmal verständlich, die für empirisch orientierte Wissenschaftler wie JÄGER das Fundament bildet.

5.4.1.2 Die Analyse von Diskursfragmenten

In der von JÄGER (2001) vorgeschlagenen *Feinanalyse* einzelner Diskursfragmente offenbart sich deutlich die konzeptionelle Lücke zwischen der von ihm bevorzugten Diskurstheorie und der konkreten methodischen Umsetzung. Wie JÄGER selbst betont, greift die Analyse von Diskursfragmenten sehr stark auf Strategien, Formen und Perspektiven der klassisch-interpretativen Textanalyse zurück, wie sie in den Literaturwissenschaften entwickelt und auch in der qualitativen Sozialforschung mannigfaltig verwendet worden sind.

Diese *vermischte Perspektive*, die einerseits das Individuum als eigenständige Größe einbezieht, andererseits aber auch die strukturelle Kraft vorhandener Diskurse berücksichtigt, zeigt sich, wenn JÄGER den Sinn der methodischen Arbeit darin sieht, *„einen Text zu analysieren und zu interpretieren, zum Zwecke, ihn zu verstehen, seine Wirkung und die damit verbundenen mehr oder minder eigennützigen Interessen einschätzen zu können"*. Gleichzeitig will er den Text *„als Bestandteil eines gesellschaftlichen und historisch verankerten Gesamtdiskurses [...] begreifen. [...] Erst dann wird Textanalyse zur Diskursanalyse. Sprachliche Formanalyse (gleich traditionelle Textanalyse) erweist sich als ihr notwendiger Bestandteil, der, für sich allein betrachtet, kaum mehr als spekulative intellektuelle Spielerei ist. Solche Textanalyse verlangt, dass Texte von vornherein als Bestandteile von Diskursen aufgefasst werden"* (ebd., S. 119).

Unterhalb all dieser Diskursrhetorik schimmert die starke Anlehnung an klassische Formen der hermeneutischen Textanalyse dort besonders durch, wo die Leitfragen einer solchen Form von Diskursanalyse formuliert werden, und wo JÄGER seine konkreten Analyseschritte benennt. Er organisiert sie in *fünf Stufen der Auswertung* (vgl. JÄGER 2001, S. 175 ff.), die nachfolgend etwas gestrafft und umsortiert dargestellt werden:

Konkrete Schritte einer Diskursanalyse
in Anlehnung an JÄGER 2001 (gestrafft und verändert)

1. „Institutioneller Rahmen" (Betrachtung des Diskursfragmentes („Artikels") im institutionellen Kontext):
   - Charakterisierung der Publikation (nach Art, z. B. Zeitung, Zeitschrift, nach Zielgruppe, nach Aufmachung, nach Merkmalen der Redaktion bzw. Organisation, die das Organ herausgibt, etc.),
   - Einbindung des Textes (Kontext, Vergleich mit anderen Artikeln der Publikation),
   - Art des Textes (z. B. Bericht, Reportage) und *„inhaltliche Funktion der Textsorte"* (ebd., S. 176), z. B. Belehrung, Aufklärung, Beweisführung,
   - historische Einbettung des Textes/Artikels (z. B. Bezug auf frühere Publikationen, auf historische Kontexte, auf bestimmte Formen des Wissens),
   - Biographischer und struktureller Hintergrund des Autors/der Co-Autoren als Hinweise auf die *„vertretene Diskursposition"* (ebd., S. 177, gemeint sind hier Aspekte wie Biographie, Publikationsgeschichte, inhaltliche Zugehörigkeit zu Schulen oder Strömungen, Einbindung in „bestimmte Diskursstränge", Ideologien, etc.).

2. Analyse der „Text-Oberfläche" (Grobanalyse):
- Abschnittsweise Inhaltsangabe des gesamten Textes und Bestimmung der Gesamtaussage,
- Inhaltliches Ziel der Verfasser (Wirkungsabsicht),
- Argumentationsstrategien des Textes herausarbeiten (Hauptziele, Zwischenziele, Haupt- und Seitenlinien der Argumentation, etc.),
- Erfassung von Hauptthema, Unterthemen, thematischen Verknüpfungslinien dazwischen:
  - Bezüge und Verstrickungen zu anderen Diskurssträngen, Rückgriff auf kollektive Symboliken und Diskurse,
  - Reflexion über die Funktion eingebundener Grafiken/Abbildungen/Fotos (Bezug zum Text: Eigenständiger Inhalt, Ergänzung zum Text, schmückendes Beiwerk, etc.).
3. Analyse der sprachlich-rhetorischen Mittel:
- Ordnung des Textes mit Hilfe der zuvor ausgearbeiteten Gliederungsschritte zu thematischen Blöcken,
- Zuordnung des formalen Gliederungsschemas zu bekannten Schemata des Diskursverlaufs (z. B. literarische Gattungen, narrative Schemata),
- Analyse der Erzähl- und Sprachroutinen des Diskursfragmentes, insbesondere der begrifflichen Struktur und des Aufbaus des Textes (Verwendung, Wiederholung, Häufung von Substantiven oder Pronomen, Verbindungen von Begriffen, Nähe, Distanz, etc.).
  Dazu ist eine Analyse der folgenden Elemente hilfreich:
  - Erkennbarkeit von Kollektivsymbolen und *Katachresen* (= sprachliche Konventionen zur Überwindung von Widersprüchen und logischen Brüchen ebd., S. 180),
  - Rückgriff auf diskursübliche Metaphern und Jargonelemente, Nachweis von Aussagen, die eine bestimmte *Diskursposition* erkennen lassen; Herausarbeitung von Begriffen mit „Fährtenfunktion" (Begriffe, die auf ein bestimmtes Hintergrundwissen oder auf bestimmte Einstellungen anspielen und somit Assoziationen mit dem Text auslösen, die nicht explizit hergestellt werden (vgl. JÄGER 2001, S. 181),
  - Herausarbeitung von Auffälligkeiten und Besonderheiten bei der Benutzung von Substantiven, Verbformen, Pronomen, Adjektiven und Adverbien (Bedeutungsfelder, Dominanzen, etc.),
  - Beschreibung der im Text verwendeten Mittel der Argumentationsstrategien (wie Verallgemeinerung, Relativierung, Verleugnung, etc.),
  - Untersuchung syntaktisch auffälliger Mittel (Länge, Unterordnung, Nebenordnung der Sätze, Vergleichs-, Folgesätze),

– weitere sprachlichen Besonderheiten (z. B. Hervorhebungen, Ausrufe, Fragesätze, direkte und indirekte Rede) und Fehler, Ungeschicklichkeiten, Täuschungen.

4. Inhaltlich-ideologische Aussagen
● verdienen aus JÄGERS Perspektive eine besondere Beachtung (mögliche Beispiele: Gesellschaftsverständnis, Fragen zur Ökologie, Positionen zu neuen Technologien, Menschenbild, erwartbare Zukunftsentwicklungen).

5. Interpretation (eigentliche Diskursanalyse von Diskursfragmenten):
● Erstellung eines Zusammenhanges zwischen allen in den vorherigen Schritten zusammengestellten Fakten:
  – *„Botschaft"* (ebd., S. 185) des Diskursfragmentes (Motiv, Ziel, Verbindung zur *„Grundhaltung"* (ebd.) des Autors, politische Absicht des Autors, z. B. bzgl. des Einflusses auf dominante oder subalterne Diskurse,
  – Zielgruppenanalyse.
● Text/Diskurs-Verhältnis: Entscheidend ist nicht der einzelne Text/Diskursstrang, sondern dessen Wirkung im Gesamtzusammenhang durch die Zeit und in seiner kontinuierlichen Wirkung auf Individuum und Gesellschaft. Es muss daher die Einbettung in den diskursiven Kontext und die Stellung des einzelnen Diskusfragments als Teil des gesamten Diskurses betrachtet werden:
  – *„Rahmenskizze des gesamten Diskursstranges"* (JÄGER 2001, S. 185),
  – Reflexion über das *„Verhältnis zum hegemonialen Diskurs"* (ebd., S. 185),
  – Bezug auf diskursprägende Ereignisse und Gegebenheiten.

Es kann hier nicht darum gehen, die einzelnen Kategorien noch einmal im Detail auszuführen, dafür sei entweder auf die entsprechenden (allerdings recht kurz dargestellten) Ausführungen von JÄGER selbst oder auf die einschlägigen methodischen Handbücher in den Literaturwissenschaften oder den qualitativen Sozialwissenschaften verwiesen. JÄGER betont, dass diese Schritte nicht eine Art vollständigen Kanon, sondern allenfalls eine grobe Leitlinie für die Diskursanalyse darstellen, die je nach Textart, Herkunft bzw. Form des Textes usw. differenziert werden kann und muss.

In einem weiterführenden Schritt können die einzelnen Analyseergebnisse verschiedener *Diskursfragmente* gebündelt und zu Aussagen über den *Diskursstrang* zusammengeführt werden. Von dort aus führt prinzipiell ein nächster Generalisierungsschritt zum *gesamtgesellschaftlichen Diskurs*. Ein solches Vorhaben, das zwangsläufig die ausführliche Analyse eines sehr langen Zeitraums der *Diskursentwicklung und Textproduktion* umfassen würde, hält JÄGER schon auf Grund der Fülle des anfallenden Materials aus den Diskursfragment-Analysen für nahezu unmöglich. Er spricht sich deshalb dafür aus, in konkreten empirischen Projekten eher eine Art *Synchronschnitt* durch diskursive Stränge durchzuführen. Dabei wird der relevante Teil des gesellschaftlichen Diskurses über einen Zeitraum von einigen Monaten bis wenigen Jahren beobachtet. Dieses Vorgehen garantiere – so JÄGER – die Überschaubarkeit des Materials und behalte die konkrete empirische Machbarkeit des Vorhabens im Auge.

An diesem Punkt wird ein weiteres Mal der Unterschied zu FOUCAULTS Diskursanalysen deutlich, der, gewissermaßen „ohne mit der Wimper zu zucken", die Diskursstränge und hegemonialen Diskurse bezüglich bestimmter Themen gleich über Jahrhunderte hindurch in den Focus seiner Betrachtung nimmt. Bei JÄGER dagegen wird auch hier wieder (ähnlich wie bei der Analyse von Diskurssträngen) die Nähe zur traditionellen Methodik in den Literaturwissenschaften deutlich. Wenn er beispielsweise die „*Diskursanalyse eines Themas*" synonym mit der „*Diskursanalyse eines Diskursstrangs*" setzt (2001, S. 190), dann legen solche semantischen Verschiebung im begrifflichen Apparat den Schluss nahe, dass hier zumindest teilweise alter (textinterpretativer) Wein in neue (diskursanalytische) Schläuche gefüllt wird. Damit soll nicht gesagt werden, dass eine solche Form von Diskursanalyse nicht in konkreten Forschungskontexten ein leistungsfähiges empirisches Instrument sein kann. Es soll nur noch einmal auf ihre konzeptionelle Nähe zur bewährten traditionellen Textinterpretation hingewiesen und deutlich gemacht werden, welche Implikationen konzeptioneller Art damit verbunden sind (vgl. KELLER 2004).

5.4.2   *Prinzipien einer stärker poststrukturalistischen Diskursanalyse*

5.4.2.1   *Poststrukturalismus und die „Wende zur Sprache" als theoretische Basis*

Diskursanalysen im Sinne von FOUCAULT gehen von einer anderen theoretischen Basis aus, die man als „*Poststrukturalismus*" bezeichnet (vgl. Kasten). Sie bringt – wie in der Einführung zu diesem Kapitel kurz angerissen – gegenüber dem bisherigen Weltbild eine „*einschneidende Verschiebung des Verhältnisses von Repräsentation und Realität. Entgegen der Auffassung, dass es dem Menschen möglich sei, seine ihn umgebende Realität bzw. Natur unverfälscht wiederzugeben, wurde durch die Fokussierung auf die Vermittlungsebenen Sprache (als linguistic turn) und Zeichen (als semiotic turn) die Bedeutung dieser Instanzen in den Vordergrund gestellt*" (GEBHARDT, REUBER & WOLKERSDORFER 2003, S. 11). Sprache und Zeichen – so die sehr verkürzte Kernthese dieser erkenntnistheoretischen Perspektive – sind keine neutrale Vermittlungsinstanz, die gewissermaßen eine direkte, unverfälschte Abbildung der äußeren Realität im Denken der Menschen erzeugt. Sie beinhalten mehr. Sie selbst sind diejenige Struktur, die die Sichtweise und Wahrnehmung der Welt im Denken der Menschen erzeugt und deren spezifische Seinsweise und Bedeutung auf diese Art erst produziert (vgl. Kasten, sowie auch SAHR 2003). Eine solche Perspektive ist in der erkenntnistheoretischen Diskussion der Wissenschaften keineswegs unumstritten. Sobald man in diese Auseinandersetzungen genauer einsteigt, zeigt sich schnell, dass es hier nicht allein um die Relevanz einer sprachphilosophischen Sichtweise an sich geht, sondern tiefer liegend um den normativen Wettstreit zwischen den großen unterschiedlichen Welt- und Wissenschaftsbildern unserer Tage. Die berühmte Kontroverse zwischen HABERMAS und FOUCAULT sei hier nur als Beispiel dafür erwähnt, dass sich entlang des Disputes um die Rolle und Funktion des Diskurses und die damit zwangsläufig verbundene Frage nach der Konstitution und Autonomie des Subjekts einer der entscheidenden Gräben zwischen der „Moderne" und der „Postmoderne" offenbart.

Die große Bedeutung von Sprache und Zeichen gilt auch für die Entstehung räumlicher Konstruktionen und Repräsentationen, für *„geographical imaginations"* (GREGORY 1994). Sie entstehen beispielsweise in den Diskursen von Politik und Planung, von Medien und Alltagskommunikation, aber insbesondere auch in Wissenschaften wie der Geographie, die die Welt in ihren Analysen regionalisieren.

Strukturalismus – Poststrukturalismus: (A. MATTISSEK)

Eine der wichtigsten erkenntnistheoretischen Postulate des Poststrukturalismus – die „Wende zur Sprache" oder der *linguistic turn* (RORTY 1967) – ist bereits im Strukturalismus angelegt: *„Die allgemeinen Strukturen, die den Strukturalisten zufolge allen Bereichen des menschlichen Denkens und Handelns zugrunde liegen, sind die Strukturen der Sprache, deren Beschreibung sie der linguistischen Theorie von* FERDINAND DE SAUSSURE *entnehmen"* (MÜNKER & ROESLER 2000, S. 28). Der Konzeption liegt die Annahme zugrunde, dass Sprache jedem individuellen Akt der Sinngebung vorangeht, unser Denken und Handeln somit durch die Sprache strukturiert wird. Das Erkenntnisinteresse des Strukturalismus liegt folglich darin, diese Strukturen wissenschaftlich zu analysieren. Die Anwendung der strukturalistischen Methode führt zum *linguistic turn* im weiteren Bereich der Humanwissenschaften und hat auch die Kulturgeographie mittlerweile erfasst (GEBHARDT, REUBER & WOLKERSDORFER 2003).

Diese Sicht der *„prinzipiellen Unhintergehbarkeit der Sprache und ihrer Struktur"* (MÜNKER & ROESLER 2000, S. 29) teilt auch der Poststrukturalismus, jedoch lehnt dieser die von strukturalistischen Theorien angenommene Invarianz und Geschlossenheit ebenso ab wie deren daraus abgeleiteter Allgemeingültigkeitsanspruch. Im Vergleich von Strukturalismus und Poststrukturalismus ergeben sich die folgenden Gemeinsamkeiten und Unterschiede:

Gemeinsamkeiten:

● Es gibt keine Bedeutung außerhalb von Sprache – Sinn entsteht durch ein relationales Spiel von Differenzen innerhalb einer (sprachlichen) Struktur.

● Dieses Prinzip des Fehlens absoluter (essentialistischer) Bedeutungen und die Sinngenerierung durch Differenz lassen sich auf alle Sinnsysteme anwenden, die in ihrer Struktur der der Sprache gleichen (vgl. Anwendungen auf verschiedene Zeichensysteme z. B. durch BARTHES 2002).

Kritik des Poststrukturalismus und *Unterschiede*:

● Der Poststrukturalismus kritisiert die Invarianz, Geschlossenheit, Allgemeingültigkeit der von den Strukturalisten postulierten Regelwerke und die Annahme, dass diese Systeme rekonstruiert werden könnten. Sie betonen vielmehr die Offenheit sprachlicher Strukturen.

● Das Erkenntnisinteresse richtete sich folglich nicht mehr auf die Rekonstruktion allgemeingültiger Strukturen, sondern vielmehr auf die Entstehung und Wirkung von Brüchen und Diskontinuitäten, von Veränderungen und Mehrdeutigkeit von Sinn.

Diese Aspekte haben vielfältige Implikationen für das wissenschaftliche, speziell auch methodische Arbeiten in den Humanwissenschaften. Obwohl sich hinter dem Etikett des Poststrukturalismus keineswegs immer ein einheitliches Konzept verbirgt, gibt es doch einige Punkte, über die Einigkeit herrscht:

● in der generellen Kritik an absoluten Wahrheiten und der Möglichkeit, diese durch wissenschaftliches Arbeiten abzubilden, die sich auch *„gegen den Zwang eines einheitlichen formalen und theoretischen Wissenschaftsdiskurses"* (FOUCAULT 2001, S. 25) wendet, insbesondere

● in der Kritik an der wissenschaftlichen Moderne und ihrem Universalismus- bzw. Totalitätsanspruch,

● in ihrem darauf aufbauenden *„Plädoyer für die Differenz"* (MÜNKER & ROESLER 2000, X) und wechselseitige Toleranz wissenschaftlicher Theorien und Perspektiven.

● Dieses Plädoyer für Differenz ist allerdings keinesfalls mit fehlendem politischen Anspruch im Sinne eines *Werterelativismus* oder *„anything goes"* zu verwechseln. Vielmehr haben poststrukturalistische Ansätze häufig einen dezidiert politischen Anspruch, der beispielsweise in der Rehabilitation und Sichtbarmachung marginalisierter Diskurse und Formen des Wissens bestehen kann.

Aus einer solchen Perspektive heraus wird FOUCAULTS Folgerung verständlich, dass selbst unsere Vorstellungen von autonomen Subjekten keine quasi-natürlichen, unhinterfragbaren (essentiellen) Kategorien des Seins darstellen. Er behandelt solche Vorstellung vielmehr als Produkte der Sprache, genauer: Als eine bestimmte Form des Sprechens (und Denkens) über das menschliche Sein und die Gesellschaft, als eine der großen Metanarrative der Moderne. Für den Poststrukturalisten FOUCAULT ist das Individuum nichts weiter als eine „Figur" im Diskurs, entsprechend verschwindet das subjektive Konzept *„Mensch [...] wie am Meeresufer ein Gesicht im Sand"* (FOUCAULT 1971, S. 462).

FOUCAULTS Diskursanalyse ist diejenige, die wohl am radikalsten mit hermeneutischen und kritisch-rationalistischen Konzeptionen von Wissenschaft bricht, die sich andererseits aber auch der im gesellschaftlichen Alltag und in der medialen Kommunikation verbreiteten Form des Sinnverstehens am weitesten entzieht. Sie orientiert sich am klarsten an der durch die Sprachphilosophie grundgelegten Erkenntnis, dass sich die soziale Welt nicht nur durch die Sprache abbildet, sondern in und mit der Sprache erst entsteht. Damit ergibt sich aber das Problem, dass sich auch die wissenschaftliche Analyse selbst, FOUCAULTS Diskursanalyse eingeschlossen, nicht aus diesem Feld der Sprache herausbewegen kann. Die Diskursanalyse findet keinen neutralen Ort außerhalb ihres Bebachtungsgegenstandes, sie ist selbst Teil der Sprache und bedient sich ihrer Mittel, indem sie durch ihre diskursanalytischen Reflexionen über die Welt selbst wieder neue Formen der Welt in der Sprache erschafft. Es gibt von dieser Perspektive aus gesehen entsprechend keine „neutrale" Analyse raumbezogener Diskurse, die sozusagen von außen auf die Art und Weise blickt, wie in Sprache, Zeichen und Bildern z. B. die „Geographien der Gesellschaft", d. h. die raumbezogenen Vorstellungs- und Leitbilder erschaffen werden. Eine Untersuchung raumplanerischer Leitbilder beispielsweise kann zwar einerseits die Leitlinien, die zeitgeschichtlichen Rahmenbedingungen und Konventionen solcher Konstruktionen offen legen, sie ist jedoch andererseits selbst in ihrem eigenen diskursiven Umfeld „verortet", erstellt also keine „neutrale", sondern immer eine *perspektivische* Re-Konstruktion.

Eine zweite Eigenschaft der FOUCAULTschen Diskursanalyse liegt in ihrer Orientierung auf die Untersuchung sehr langer Zeiträume. Wenn *Foucault* untersuchen will, wie sich die Welt in der Sprache, in den Regeln des Diskurses und in der Einbettung in den sozialen *Kon-Text* konstituiert, dann sind gerade die Verschiebungen und Brüche in solchen Systemen nicht in kurzen Untersuchungszeiträumen auszumachen, sondern sie vollziehen und stabilisieren sich im Verlaufe von mehreren Jahrzehnten, oft sogar Jahrhunderten (z. B. die von FOUCAULT herausgearbeiteten Phänomene wie die Definition von Sinn und Wahnsinn, die Entstehung einer modernen Sichtweise des medizinischen Blicks auf die Welt, die Entstehung moderner Disziplinar- und Kontrollgesellschaften einschließlich ihrer Strafvollzugs-Formen). Eine solche Perspektive lässt sich in der Geographie mit Gewinn für Forschungsaspekte nutzen, die länger orientierte historische Entwicklungen der Kons-truktion raumbezogener Denk- und Argumentationsmuster analysieren, z. B. Strategien der räumlichen Differenzierung der Gesellschaft, der Entstehung symbolischer Codes und Repräsentationen im Raum, die Entwicklung geopolitischer Leitbilder in der Politischen Geographie, die Entstehung und Veränderung normativer Vorgaben in Raum- und Regionalplanung, Städtebau, etc.

In Analysen, die sich auf kürzere Zeiträume beziehen, findet sich diese Art des Denkens in der *„Dekonstruktion"* wieder, indem man eingefahrene Praktiken des Sprechens und Denkens über die Welt offen legt (*„dekonstruiert"*) und so deren Konstruktionscharakter sichtbar macht. Aus dieser Sicht ist erkennbar, dass auch die scheinbar essentiellen Grundlagen gesellschaftlicher Strukturen, Normen und Sichtweisen nichts anderes darstellen als (lange eingeschliffene) Konventionen, die sich zu hegemonialen Diskursen entwickelt haben. Dekonstruktionen bieten auf dieser Basis die Möglichkeit, auch die ausgeschlossenen, marginalisierten Meinungen und Perspektiven, die in einer Gesellschaft existieren, ans Licht zu bringen. Ihnen *„geht es darum, lokale, disqualifizierte, nicht legitimierte Wissen gegen die theoretische Einheitsinstanz ins Spiel zu bringen, die den Anspruch erhebt, sie im Namen wahrer Erkenntnis [...] zu filtern, zu hierarchisieren und zu ordnen"* (FOUCAULT 2001, S. 23).

Ein Problem besteht darin, dass eine Analyse, die sich über lange Zeiträume richtet und die Rekonstruktion von Diskursentwicklungen als Evolution sprachlicher Repräsentations- und Aussagesysteme ins Auge fasst, kaum mit einem ausgefeilten, fein gegliederten, leicht nachvollziehbaren und einfach anwendbaren methodischen Instrumentarium betrieben werden kann. Es gibt – im Unterschied zu vielen anderen Methoden der empirischen Sozialwissenschaften – (noch) keine ausgearbeitete Methodik im Sinne eines fest umrissenen Verfahrens, nach dem sich solche komplexen Formen der Rekonstruktion von Diskursverläufen einfach durchführen ließen.

Dennoch lassen sich aus FOUCAULTS Schriften zumindest eine Reihe untersuchungsleitender Fragen formulieren. Sie sind aber auch in der vorliegenden Zusammenstellung nicht als trennscharfe Teilaspekte zu verstehen, sondern lediglich als Orientierungspunkte einer insgesamt sehr stark vernetzten und „ganzheitlichen" Form von Diskursanalyse. Die im Folgenden sehr allgemein formulierten Fragen bzw. Erkenntnisdimensionen müssen bezogen auf spezifische Forschungskontexte jeweils *angepasst, präzisiert und erweitert* werden.

a) Untersuchung der „Episteme" als grundlegende Wissens- und Deutungs-schemata von Diskursen

Als *Episteme* bezeichnet FOUCAULT die *„vorreflexive Geordnetheit von Wissen. Die Epistemai sind die grundlegenden integrativen Schemata, die das Wissen einer Epoche auf ‚tieferem Niveau' mit einheitlichen Kategorien und Schemata ausstatten"* (DIAZ-BONE 2002, S. 72). Gemeint sind damit die *„kognitiven Grundmuster der kulturellen Ordnung einer Gesellschaft"* (ebd., S. 73). Als Episteme gelten nicht nur die klassischen, reflexiv bewussten, sondern auch die unbewussten, tieferliegenden Ordnungen des wissenschaftlichen Blicks, die für Wissenschaft und Alltagswelt gleichermaßen relevant sind und die Deutung der in Sprache gefassten gesellschaftlichen Regeln und Rahmenbedingungen in vielfacher Weise vorstrukturieren, zum Beispiel:

- ein *latenter Biologismus* als „quasi-natürliche" Erklärungskategorie von Phänomenen,
- ein im Alltag weit verbreiteter und selbst in wissenschaftlichen Analysen aufscheinender *latenter Geodeterminismus*,
- ein *latenter Realismus*,
- ein *latent naturwissenschaftlicher Blick* in zahlreichen Segmenten selbst der geisteswissenschaftlichen Forschung, etc.

Solche Episteme, *„den Worten vorangehend, vor den Perzeptionen und den Gesten liegend"* (FOUCAULT 1971, S. 23), bestimmen oft die grundlegende Wahrnehmung der Welt. *„Die fundamentalen Codes einer Kultur, die ihre Sprache, ihre Wahrnehmungsschemata, ihren Austausch, ihre Techniken, ihre Werte [...] beherrschen, fixieren gleich zu Anfang für jeden Menschen die empirischen Ordnungen, mit denen er es zu tun haben und in denen er sich wiederfinden wird"* (FOUCAULT 1971, S. 22). Diese Ordnung gilt es, in einer Analyse des Diskurses ans Licht zu bringen. FOUCAULT bezeichnet diese Vorgehensweise als *„Archäologie"*, gerade weil die Ordnungen unterhalb des vordergründig wahrnehmbaren Wissens liegen und von hier aus in subtiler, oft unbemerkter Form ihre Wirkung entfalten. Sie enthalten die grundsätzlichen Kategorien der Strukturierung der Welt, nehmen Trennungen vor, die von den Menschen als „quasi-natürlich" angesehen werden, sodass diese in der jeweiligen Epoche und in bestimmten regionalisierten Kontexten als essentielle Kategorien des Seins wahrgenommen werden (vgl. dazu auch LATOUR 1998 u. v. a.).

Es lassen sich die folgenden Fragestellungen ableiten:
- Welche sozio-kulturellen *Episteme* erscheinen im Diskurs?
- Welche *Denksysteme* strukturieren das zu untersuchende Forschungsfeld?
- Inwieweit und in welcher Form werden *gesellschaftliche Institutionen* und/oder das *Handeln von Akteuren* durch sie strukturiert?
- Auf welche konkreten, grundlegenden *Leitlinien* greifen die Denk-, Deutungs- und Argumentationsmuster zurück?
- Welche *Ideologien* (im neutralen Sinne gemeint als normative Konventionen und Überzeugungen) strukturieren das Argumentieren und Denken im jeweiligen Diskurs?

b) Rekonstruktion der inneren Struktur von Diskursen
(diskursive Formationen)

In Fortführung und Erweiterung des Gedankens zur Rolle der (wissenschaftlichen) Episteme im Diskurs rücken bei der Rekonstruktion der inneren Struktur von Diskursen die Strukturprinzipien des alltäglichen Diskurses insgesamt in den Mittelpunkt. Die auftretenden Ordnungsprinzipien (z. B. territoriale Konzepte wie „Kulturerdteile", soziale Konzepte wie „Rassen", die Disziplinaufteilung der Wissenschaften, die generelle Trennung der gesellschaftlichen Teilsysteme in Politik, Wirtschaft, etc.) können erneut nicht als natürliche Kategorien der Ordnung der Welt verstanden werden. Sie gelten vielmehr als diskursive Konstruktionen. In der wissenschaftlichen Analyse geht es darum, deren Entstehung zu klären und/oder deren Wirkungskraft bezogen auf ein konkretes Untersuchungsthema offen zu legen. Dieses Anliegen lässt sich in Form von zwei Fragen formulieren:
- Welche *„diskursiven Formationen"* als Binnenstrukturen lassen sich innerhalb des Diskurses finden?
- Welchen Regeln, Kategorien und Ordnungsprinzipien folgt der Diskurs in seinen unterschiedlichen *diskursiven Formationen*?

Zum Begriff der *diskursiven Formation* hat FOUCAULT ein ganzes Kapitel in seiner *Archäologie des Wissens* geschrieben. Sie repräsentieren für ihn Untereinheiten des gesamten Diskurses, die eine gewisse innere Kohärenz aufweisen: *„In dem Fall, wo man in einer bestimmten Zahl von Aussagen ein ähnliches System der Streuung beschreiben könnte, in dem Fall, in dem man bei den Objekten, den Typen der Äußerungen, den Begriffen, den thematischen Entscheidungen eine Regelmäßigkeit (eine Ordnung, Korrelation, Position und Abläufe, Transformationen) definieren könnte, wird man übereinstimmend sagen, dass man es mit einer diskursiven Formation zu tun hat"* (FOUCAULT 1973/1988, S. 58). *„Ein Formationssystem in seiner besonderen Individualität zu definieren, heißt also, einen Diskurs oder eine Gruppe von Aussagen durch* *die Regelmäßigkeit ihrer Praxis zu charakterisieren*" (ebd., S. 108). Die Begriffe und Hierarchien, die in diskursiven Formationen zusammenkommen, werden durch ein System von Regeln, die FOUCAULT als „Formationsregeln" bezeichnet, zusammengehalten. *„Man wird Formationsregeln die Bedingungen nennen, denen die Elemente dieser Verteilung unterworfen sind. [...] Die Formationsregeln sind Existenzbedingungen (aber auch Bedingungen der Koexistenz, der Aufrechterhaltung, der Modifizierung und des Verschwindens) in einer gegebenen diskursiven Verteilung"* (ebd., S. 58).

Im Einzelnen lassen sich eine Reihe von konkreten Detailfragen zur Binnenstrukturierung der Diskurse ableiten und als untersuchungsleitende Kategorien verwenden:

● Wie sind bestimmte Aussagen und Begründungszusammenhänge im historischen und geographischen (regional spezifischen) Kontext des sich beständig fortentwickelnden Gesamtdiskurses entstanden? Wann wurden sie eingeführt, welche Rahmenbedingungen haben ihre Konsolidierung begünstigt?

● Nach welchen Mustern reproduzieren sie sich? Welche Institutionen sind an ihrer Reproduktion beteiligt?

● Welche Beziehungen, Einflüsse und Abhängigkeiten bestehen zwischen diskursiven Formationen und ihrem Kontext, d. h. gesellschaftlichen Institutionen, ökonomischen und sozialen Prozessen, Normensystemen, Techniken, etc.?

● Nach welchen (inhaltlichen, nicht grammatikalischen) Regeln (FOUCAULT: „*Formationsregeln*") werden im Rückgriff auf solche allgemeinen strukturbildenden Kategorien Aussagen produziert? Beispiele:

  – Durch welche Regeln und Abfolgen werden Aussagen miteinander verknüpft (z. B. Implikation, Verallgemeinerung, Spezifizierung, Verifizierung, Kritik)?

  – Welche rhetorischen Schemata (als im Diskurs angelegte Konventionen des Argumentierens) kommen hierbei zum Tragen?

  – Welche Erzähl- oder Konfigurationsformen für Texte haben sich in verschiedenen Kontexten und Institutionen herausgebildet (unterschiedlich z. B. in Belletristik, Wissenschaft, Unterhaltungsmedien)?

  – Welche Regeln für Beziehungen zwischen unterschiedlichen Textkörpern haben sich herausgebildet (z. B. Zitierweisen, Verweise, etc.)?

  – Welche Regeln des „Sagbaren" entstehen in einem bestimmten Diskurs? Welche Formen der Verknüpfung sind innerhalb eines Diskurse „zugelassen"?

  – Welche Dinge sind „unsagbar", d. h. nicht miteinander verknüpfbar, und sind auf diese Weise in einem entsprechenden Diskurs einer bestimmten raumzeitlich konstituierten Gesellschaft „nicht existent", verborgen, ausgeschlossen?

– Nach welchen Regeln werden solche Einschlüsse und Ausschlüsse produziert?

– Welche Bruchstellen lassen sich innerhalb einer diskursiven Formation finden: An welchen Stellen werden Entscheidungen zwischen alternativen (von der Stellung her äquivalenten) Begründungsmustern getroffen und wie wirken sich diese Entscheidungen auf die Herausbildung davon abhängiger Diskursstränge aus?

– Welche konkrete Rolle spielen all diese Strukturierungsprinzipien des Diskurses im Sinne einer im Alltag oft als gleichsam „natürlich" wahrgenommenen Ordnung zum Verständnis der sozialräumlichen Strukturierung der Gesellschaft?

c) Die Rolle von „Sprechern" in einem diskursiven Feld

Sprecher sind, wie oben bereits ausgeführt, im Kontext von Diskurstheorie und Diskursanalyse nicht als selbständige, interessengeleitete Akteure zu begreifen. Sie werden vielmehr als *Rollen* oder *Positionen* begriffen, die innerhalb des Diskurses festgelegt sind. Aus diesem Blickwinkel können folgende Leitfragen für eine *Sprecheranalyse* formuliert werden.

● Wer spricht? Welche institutionelle, gesellschaftliche Stellung muss ein Individuum haben, um eine bestimmte Aussage legitimer Weise treffen zu können?

● Welchen gesellschaftlichen und institutionellen Status haben die Sprecher inne? Welche Hierarchie, welcher Grad an Autonomie, welcher Grad an Einfluss ist mit dieser institutionellen Stellung in der Konstruktion des jeweiligen Diskurses verbunden?

● Von welchen „institutionellen Plätzen" (ebd. S. 76) aus wird gesprochen (z. B. Schule, Medien, Regierung, Universität)?

● Wie wird im entsprechenden Diskurs und am jeweiligen institutionellen Platz innerhalb dieses Diskurses die Position des sprechenden Subjektes definiert (z. B. Lehrer und Schüler als Vermittler bzw. Empfänger von Wissen?

● Welche Möglichkeiten der Themenwahl, der Aktivierung, der Strategien sind für die Sprecher seitens der *diskursiven Ordnung* vorgegeben?

d) Die Veränderung diskursiver Ordnungen

Dieser Aspekt versucht die Bedingungen festzumachen, unter denen es in einer für längere Zeit stabilen *diskursiven Formation* zu Brüchen und Wechseln in der *Ordnung des Diskurses* kommt. Das Interesse richtet sich hier in zwei Alternativen auf

- *„schleichende"* und eher *sukzessive Veränderungen,* die sich im Kleinen an vielen Stellen der diskursiven Praxis zu vollziehen beginnen und dann zu einer sukzessiven Auf- und Ablösung hegemonialer Muster im Diskurs führen,
- *sprunghafte Veränderungen,* die an bestimmten Stellen einen radikalen Bruch des Diskurses bewirken (vgl. die „diskursiven Ereignisse" bei JÄGER 2001, s. o.).

Die obigen Kategorien haben noch einmal deutlich gemacht, dass die Diskursanalyse weniger eine Form der Einzelfallanalyse darstellt, sondern zumeist übergreifend angelegt ist. *„Man wählt zum Gegenstand der Analyse nicht die begriffliche Architektur eines isolierten Textes, eines Einzelwerkes oder einer Wissenschaft zu einem bestimmten gegebenen Zeitpunkt"* (FOU-CAULT 1973, S. 88). Die angegebenen Leitfragen dienen dabei vor allem der inhaltlichen Gestaltung der Diskursanalyse, indem sie mögliche Dimensionen des Verstehens und der Rekonstruktion offen legen und von dort aus auch eigene, themenbezogene Differenzierungen und Teilfragestellungen anregen (vgl. die Parallelen, v. a. aber auch die Unterschiede zu der Diskursanalyse nach JÄGER 2001 oder KELLER 2004).

DIAZ-BONE (2002) bietet vor diesem Hintergrund eine ergänzende, stärker technisch orientierte Differenzierung an, die bei der Planung der konkreten organisatorischen Schritte zur Durchführung einer Diskursanalyse hilfreich ist.

Zeitliche und methodische Phasierung einer Diskursanalyse in FOU-CAULTscher Tradition
(nach DIAZ-BONE 2002, S. 202 ff., leicht verändert)

1. Auswahl der Quellen und Bestimmung des Textkorpus
- *Quellenauswahl:* Festlegung, aus welchen *Quellen-Typen* die für die Diskursanalyse verwendeten Texte stammen sollen (z. B. Rundfunktexte, Zeitungsberichte aus bestimmten Veröffentlichungsorganen, Reden, Interviewtexte); Reflexion über die Positionierung bzw. den Kontext, in dem die gewählten Quellen stehen,
- *Bestimmung des Textkorpus:* Eingrenzung der in die engere Analyse eingehenden Texte anhand der Überlegung, in welchen Teilen der gewählten Quellen sich die zu untersuchenden Diskurspraxis am stärksten entfaltet.

2. Oberflächenanalyse / Phase der Kodierung
- *Oberflächenanalyse:* Bestimmung relevanter Objekte, Begriffe, etc., die Segmente der entsprechenden *Diskurspraxis* repräsentieren (Gefahr der *Vorab-Konstruktion!*); Bestimmung relevanter Begriffe

für einzelne thematische Komplexe des zu analysierenden Gegen-
standes,
- *Entwicklung eines Codesystems/Codeschlüssels* zur quantitativen
  Identifikation der Häufung und Verteilung bestimmter sprachlicher
  Codes in den Texten,
- *Kodierung* der Texte anhand des vorgegebenen Kodierschlüssels
  (kann unter Umständen teilweise mit Verfahren der computergestütz-
  ten Textanalyse durchgeführt werden).

3. *Tiefenanalyse*
- *Beginn der Rekonstruktion* diskursiver Beziehungen:
- *Betrachtung* der kodierten Textstellen allein als Manifestation der
  diskursiven Praxis,
- Suche nach *Regelhaftigkeiten*, mit denen verschiedene Etiketten,
  Codes, Themen, Objekte, etc. im Diskurs miteinander verknüpft
  werden:
- *Rekonstruktion* der Art und Weise ihres Auftretens: Welche Kon-
  stellationen treten immer wieder gemeinsam in Erscheinung? Wel-
  che treten in Opposition zueinander?
- *Fertigstellung der Rekonstruktion*
- Ausarbeitung eines komplexeren Beziehungssystems zwischen den
  in den vorhergehenden Schritten gefunden Regelmäßigkeiten im
  Diskurs. Allgemeine *Beispiele für Leitfragen*:
- Was ist der hegemoniale Diskurs? Welche Elemente kennzeichnen
  ihn? Welche Strukturen werden genutzt, um ihn normativ als „den
  richtigen" zu legitimieren?
- Was sind marginalisierte, unterdrückte Diskurse? Wie werden sie in
  Relation zum hegemonialen Diskurs verhandelt? Werden sie
  sprachlich ausgeschlossen, nicht gesagt? Werden sie argumentativ
  ausgeschlossen, unterdrückt?
- Ist es möglich, die Gesamtstruktur des untersuchten Diskurses in
  schematischer oder modellhafter Form zu repräsentieren?

4. *Zusammenfassende Integration und ggf. Vergleich der Befunde*

5.4.2.2 Rahmenanalyse von Diskursen

Auch die so genannte „Rahmenanalyse" von Diskursen (nach BRAND,
EDER & POFERL 1997; DONATI 2001) folgt den konzeptionellen Überlegungen FOUCAULTS und geht davon aus, dass Texte gemeinhin nicht aus
sich selbst analysiert werden können, sondern dass sie als Fragmente

größerer Stränge des gesellschaftlichen Diskurses immer auf übergeordnete sprachliche Deutungsmuster rekurrieren und zurückgreifen. Diese
werden hier als *Frames* (Synonyme: *Rahmungen, scripts, scenarios*)
bezeichnet. Dabei handelt es sich nach MINSKY 1981 (zit. n. DONATI 2001)
um eingefahrene Formen des Sprechens (und Denkens) über die Gesellschaft und ihre soziale und räumliche Strukturierung. Diese haben sich als
„hegemoniale Diskurse" (s. o.) eingebürgert und bestimmen die Sicht des
Einzelnen auf seine Welt und seinen Alltag. *Frames* sind Kategorien, *„mittels derer Akteure die Welt wahrnehmen, [...] die bereits in der Kultur oder
dem Gedächtnis der Akteure präsent sind. [...] Entsprechend ist Kultur als
ein ‚Reservoir' von Schemata oder frames zu betrachten"* (DONATI 2001,
S. 150). Konzeptionell gesehen bestehen solche Frames aus Sprache,
genauer: Aus der sprachlichen Konvention, bestimmte Dinge immer wieder in einer ähnlicher Weise sprachlich zu konstruieren, miteinander zu
verknüpfen etc. Diese Sichtweise ist kompatibel mit FOUCAULTs Ideen,
weil sie der Sprache selbst die entscheidende Rolle zuschreibt: *„Die Auffassung von Sprache wechselt hier von der eines Instrumentes zur
Beschreibung der Realität zu der eines Instrumentes zur Definition der
Realität. [...] Diskurse sind der soziale Ort, an dem diese Bemühungen um
die Definition sozialer Wirklichkeit stattfinden, so dass diese überhaupt
kollektive Geltung erlangen können. Frames sind also gleichsam die
grundlegenden Werkzeuge oder gar Waffen, die in diesen Deutungskämp-
fen genutzt werden"* (DONATI 2001, S. 151 f.).

Daraus entstanden eine Reihe von Ansätzen, die die Rolle solcher überge-
ordneter Rahmungen konzeptionell und analytisch zu erfassen suchten. Eine
Diskursanalyse dieser Art versteht sich *„als Instrument zur Analyse der Art
und Weise, wie die [...] Realität durch Diskurse ‚definiert' (framed) wird"*
(ebd., S. 152). Eine eigenständige, differenzierte Methodik, wie sie JÄGER im
Rückgriff auf klassische Verfahren der Textanalyse entwickelt hat, hat die
Rahmenanalyse derzeit noch nicht zu bieten, *„was zur Folge hat, dass Rahmenanalyse als ein auf Intuition beruhendes Unterfangen angesehen wurde"*
(ebd., S. 156). Immerhin lassen sich mittlerweile zumindest grobe Kategorien
des Vorgehens identifizieren, die den Sinn und Zweck einer diskursorientier-
ten Rahmenanalyse besser erkennen lassen.

a) Identifikation von topic und frame

Zunächst müssen konzeptionell und methodisch die Begriffe „Thema" und
„Rahmen" getrennt werden. Sie bilden nach diesem Ansatz die beiden entscheidenden Elemente eines Textes. Während man unter dem *Thema* den
eigentlichen Gegenstand des Textes versteht, bildet der Deutungsrahmen,
d. h. der *Frame* des Textes, die übergeordnete diskursive Struktur, in die das

Thema nicht nur sprachlich eingebettet ist, sondern durch die es sich inhaltlich erschließt, seinen Bedeutungsgehalt bezieht, symbolisch aufgeladen und
kontextualisiert wird. Diese Unterscheidung mag auf den ersten Blick trivial
erscheinen, wird aber von den Vertretern dieser Richtung der Diskursanalyse
immer wieder als problematischer Punkt angesprochen. Eine besondere
Gefahr bestehe darin, Frame und Thema zu verwechseln oder zu nah beiein-
ander anzusiedeln, was die Gefahr von *Tautologien* oder Trugschlüssen in
sich berge (DONATI 2001, S. 156).

b) Analyse der Rolle der übergeordneten Diskurse in drei Schritten

Zur näheren Differenzierung der Rahmen- oder Referenzdiskurse, in die ein
spezieller Text eingebunden ist, schlagen BRAND, EDER & POFERL (1997) ein
dreischrittiges Verfahren vor, das im folgenden tabellarisch kurz umrissen
werden soll:

Schritte der Diskursanalyse
angelehnt an BRAND, EDER & POFERL (1997, S. 56)

1. Analyse der Rahmungen (*Frames*), mit denen Akteure das für sie relevante Problemfeld konstruieren (z. B. ökonomischer Diskurs, ökologi-
   scher Diskurs, Demokratiediskurs, Diskurs über „Nachhaltige Entwicklung", etc.)
   ● Mit welchen allgemeinen Diskursen (großen Erzählungen, an-
     schlussfähigen Kommunikationsroutinen) arbeitet die Argumenta-
     tion (z. B. gesellschaftlich hoch bewertete Aspekte wie Objektivität,
     Legalität, moralische Verantwortung, ästhetisches Urteil)?
   ● Wie bezieht sich das zu untersuchende Ereignis und die nachfolgenden
     Reaktionen auf diese Diskurse (z. B. Moralisierung des Diskurses,
     Ökonomisierung des Diskurses, Ästhetisierung des Diskurses etc.)?
2. Offenlegung von *story lines* und symbolischen Formen („*symbolic
   packaging*"), in Anlehnung an im *Common Sense* verankerte
   „*Metanarrative*" („Fortschrittsgedanke" als Erzählform wissenschaftlicher Analytik und entsprechender Handlungsempfehlungen in der
   Moderne, Narrative vom funktionalen Ausgleich zwischen städtischen
   und ländlichen Räumen etc.)
   ● Mit welchen symbolischen Formen werden in der konkreten Argu-
     mentation die Rahmungen organisiert (Zweck: Rahmungen kommu-
     nizierbar machen, ihnen einen anschlussfähigen Bedeutungskontext
     zuweisen). Eine besonders wichtige Form der symbolischen Organi-
     sation sind Erzählungen, die eine kollektiv vertraute, d. h. im *Com-
     mon Sense* verankerte „*story line*" enthalten (z. B. Anbindung an

mythische Traditionen, an ideologische Narrationen, an allgemeine Welt- und Leitbilder etc.).
3. Identifikation des dominierenden Rahmens, des „*master frame*" (des hegemonialen gesellschaftlichen Diskurses), der dem gesellschaftlichen Kontext zugrunde liegt (z. B. Freiheit, Demokratie, Marktwirtschaft, etc.)

- Offenlegung der Leitdiskurse,
- Analyse der sprachlichen Trennungen im Textkorpus und ihrer argumentativen Absicherung in den „*master frames*",
- Wie kommt es zur Entstehung einer dominanten Rahmung, bzw. eines hegemonialen Diskurses, „*der die kollektive Geltung von Akteursrahmungen und story lines bestimmt*" (BRAND, EDER & POFERL 1997, S. 57)?
- Wie funktioniert (sprachliche) Kontrolle im jeweiligen *diskursiven Feld*, welche unterschiedlichen, teilweise konkurrierenden Rahmungen treten dabei in Wechselwirkung?

5.5   Ausblick

Es soll zum Abschluss dieses Kapitels noch einmal darauf hingewiesen werden, dass die gesamten Ausführungen zur Diskursanalyse derzeit in der wachsenden Primär- und Sekundärliteratur noch gekennzeichnet sind von einem hohen Grad an Allgemeinheit und einer großen begrifflichen Sperrigkeit. Dieser Stand der Dinge schlägt sich unweigerlich auch in einem Lehrbuchkapitel nieder, in dem man eigentlich eine transparentere Durchdringung, Segmentierung und Instrumentalisierung des Wissens erwarten würde, mit dem Ziel, den Studierenden konkrete Anleitungen für die Anwendung der Methode der Diskursanalyse in einzelnen empirischen Studien zu geben. Es wurde versucht, wo möglich, zumindest Hinweise auf operationalisierbare Kategorien und Leitlinien des Arbeitens herauszuarbeiten. Dieses Anliegen lässt sich bei der stärker an der klassischen Textinterpretation orientierten Diskursanalyse à la JÄGER leichter realisieren als bei der erkenntnistheoretisch konsequenteren, gleichzeitig jedoch von ihrem Ansatz her komplexeren, weniger vertrauten und bedauerlicherweise in der konkreten Methodik kaum ausgearbeiteten Diskursanalyse à la FOUCAULT.

Das Kapitel über Diskursanalyse ist daher – dem Stand der derzeit intensiv laufenden methodischen Diskussion entsprechend und wie eingangs des Kapitels bereits gesagt – eher ein *Werkstattbericht*. Dennoch zeigen die in dieser Form vielfach noch etwas sperrig anmutenden und stärker grundlagenorientierten Ausführungen, dass mit einer solchen Perspektive für die empirische Humangeographie ein *zusätzliches* methodisches Potenzial neben

den vorhandenen Arbeitsweisen erschlossen wird. Mit diesem lassen sich
eine Reihe von Forschungsfragen insbesondere im Dreieck von Sprache,
Raum und Macht untersuchen, die bisher im Fach eher brach gelegen haben,
oder von denen man glaubte, sie seien eher ein alleiniges Forschungsthema
von Literatur- oder Kommunikationswissenschaften. Betrachtet man jedoch
die Inhalte, die dabei verhandelt werden, so wird deutlich, dass solche Diskurse für die Konstruktion unserer *„Geographien des Alltags"* auf allen Ebenen der gesellschaftlichen Strukturierung – von den globalen geopolitischen
Leitbildern bis zu den lokalen Quartiersimages – eine unverzichtbare Bedeutung besitzen. In dieser Form beeinflussen sie in vielfältiger Weise auch das
soziale und raumbezogene Handeln der Menschen und werden damit aus wissenschaftlicher Sicht zu einem zentralen Untersuchungsgegenstand der
Humangeographie.

Literatur

ADM Arbeitskreis Deutscher Markt- und Sozialforschungsinstitute e.V. (1999; Hrsg.): Stichproben-Verfahren in der Umfrageforschung. Opladen.

ALBERT, H. (1972): Theorien in den Sozialwissenschaften. In: ALBERT, H. (Hrsg.): Theorie und Realität. Tübingen.

ALLEN, J. (1999): Open Geographies. In: MASSEY D., ALLEN J. u. P. SARRE (Hrsg.): Human Geography Today. Cambridge. S. 323-329.

ALT, J. A. (1995): Karl R. Popper. Frankfurt/Main, New York.

AMANN, K. u. K. KNORR-CETINA (1991): Qualitative Wissenschaftssoziologie. In: FLICK, U. ET AL. (Hrsg.): Handbuch Qualitative Sozialforschung. Grundlagen, Konzepte, Methoden und Anwendungen. München. S. 419-423.

ANGERMÜLLER, J. (2001): Diskursanalyse: Strömungen, Tendenzen, Perspektiven. Eine Einführung. In: ANGERMÜLLER, J., BUNTMANN, K. u. M. NONHOFF, M. (Hrsg.): Diskursanalyse, Methoden, Anwendungen. Hamburg.

ANGERMÜLLER, J. (2004): Diskurstheorie aus Frankreich: Zwischen Ereignis und Struktur. Vortrag in den „Gedankenräumen" (16.01.2004, Münster). Unveröffentlichtes Manuskript.

Arbeitsgruppe Bielefelder Soziologen (1973): Ethnotheorie und Ethnographie des Sprechens. Reinbek bei Hamburg.

ARNI, J.-L. (1994): Handlungserklärung – Handlungsrationalität. In: NIDA-RÜMELIN, J. (Hrsg.): Praktische Rationalität. Grundlagenprobleme und ethische Anwendungen des rational choice Paradigmas. Perspektiven der Analytischen Philosophie, Bd. 2. Berlin, New York. S. 31-108.

ASANGER, R. (Hrsg.) (1988): Handwörterbuch der Psychologie. München.

ATTESLANDER, P. (2000): Methoden der empirischen Sozialforschung. Berlin, New York.

BAACKE, D. (1991): Pädagogik. In: FLICK, U. et al. (Hrsg.): Handbuch Qualitative Sozialforschung. Grundlagen, Konzepte, Methoden und Anwendungen. München. S. 44-46.

BAHRENBERG, G., GIESE, E. u. J. NIPPER (1990): Statistische Methoden in der Geographie. Bd. 1: Univariate und bivariate Statistik. Stuttgart.

BAHRENBERG, G., GIESE, E. u. J. NIPPER (2003): Statistische Methoden in der Geographie. Bd. 2: Multivariate Statistik. Stuttgart.

BARKER, C u. D. GALASINSKI (2001): Cultural Studies and Discourse Analysis: a dialogue on language and identity. London.

BARTELS, D. (1968): Zur wissenschaftstheoretischen Grundlegung einer Geographie des Menschen. (= Erdkundliches Wissen, H. 19). Wiesbaden.

BARTHES, R. (2002): Mythen des Alltags. Frankfurt/Main.

BECK, H. (1982): Der verhaltens- und entscheidungstheoretische Ansatz. Zur Kritik eines modernen Paradigmas. In: Sedlacek, P. (Hrsg.): Kultur- und Sozialgeographie. Beiträge zu ihrer wissenschaftstheoretischen Grundlegung. Paderborn. S. 55-92.

BECK, U. u. W. BONß (1991): Verwendungsforschung – Umsetzung wissenschaftlichen Wissens. In: FLICK, U. ET AL. (Hrsg.): Handbuch Qualitative Sozialforschung. Grundlagen, Konzepte, Methoden und Anwendungen. München. S. 416-419.

BECKER-SCHMIDT, R. u. H. BILDEN (1991): Impulse für die qualitative Sozialforschung aus der Frauenforschung. In: FLICK, U. et al. (Hrsg.): Handbuch Qualitative Sozialforschung. Grundlagen, Konzepte, Methoden und Anwendungen. München. S. 23-30.

BELINA, B. (2002): Kriminelle Räume. Funktion und ideologische Legitimierung von Betretungsverboten (= Urbs et Regio 71). Kassel.

BERGER, P. L. u. TH. LUCKMANN (1970): Die gesellschaftliche Konstruktion der Wirklichkeit. Eine Theorie der Wissenssoziologie. Frankfurt/M.

BERGMANN, J. R. (1985): Flüchtigkeit und methodische Fixierung sozialer Wirklichkeit: Aufzeichnungen als Daten der interpretativen Soziologie. In: BONß, W. u. H., HARTMANN (Hrsg.): Entzauberte Wissenschaft (= Soziale Welt, Sonderband 3). Göttingen. S. 299-320.

BERGMANN, J. R. (1991): Konversationsanalyse. In: FLICK, U. et al. (Hrsg.): Handbuch Qualitative Sozialforschung. Grundlagen, Konzepte, Methoden und Anwendungen. München. S. 213-218.

BERGMANN, J. R. (2000): Ethnomethodologie. In: FLICK, U., KARDORFF, E. v. u. I. STEINKE (Hrsg): Qualitative Forschung. Ein Handbuch. Reinbek bei Hamburg. S. 118-135.

BETTI, E. (1967): Allgemeine Auslegungslehre als Methodik der Geisteswissenschaften. Tübingen.

BISCHOFF, C. A. (2000): Kreuzfahrt- und Ökotourismus in Dominica. Auswirkungen auf die Nutzungsstruktur der Hauptstadt eines karibischen Mikrostaates (= Münsterische Geographische Arbeiten, 44). Münster.

BLOTEVOGEL, H. H. (1996): Einführung in die Wissenschaftstheorie: Konzepte der Wissenschaft und ihre Bedeutung für die Geographie. Diskussionspapier 2/1996. Duisburg.

BLUMER, H. (1973): Der methodologische Standort des Symbolischen Interaktionismus. In: MATTHES, J. et al. (Hrsg.): Alltagswissen, Interaktion und gesellschaftliche Wirklichkeit. Reinbek bei Hamburg. S. 80-146.

BOHNSACK, R. (1991): Rekonstruktive Sozialforschung. Einführung in Methodologie und Praxis qualitativer Forschung. Opladen.

BOHNSACK, R. (2000): Gruppendiskussion. In: FLICK, U., KARDORFF, E. v. u. I. STEINKE (Hrsg.): Qualitative Forschung. Ein Handbuch. Reinbek bei Hamburg. S. 369-384.

BOMSDORF, E. (1986): Deskriptive Statistik. Bergisch-Gladbach/Köln.

BONß, W. (1991): Soziologie. In: FLICK, U. et al. (Hrsg.): Handbuch Qualitative Sozialforschung. Grundlagen, Konzepte, Methoden und Anwendungen. München. S. 36-39.

BORTZ, J. (1993): Statistik für Sozialwissenschaftler. Berlin, Heidelberg.

BOURDIEU, P. (1982): Die feinen Unterschiede: Kritik der gesellschaftlichen Urteilskraft. Frankfurt/Main.

BRAND, K.-W., EDER, K. u. A. POFERL (1997): Ökologische Kommunikation in Deutschland. Opladen.

BRAUN, G., KOPP, N. u. T. SCHUMANN (1978): Einführung in die qualitative und theoretische Geographie. Berlin.

BUBLITZ, H. (1999): Diskursanalyse als Gesellschafts-‚Theorie‘. ‚Diagnostik‘ historischer Praktiken am Beispiel der ‚Kulturkrisen‘-Semantik und der Geschlechterordnung um die Jahrhundertwende. In: BUBLITZ, H., BÜHRMANN, A. D., HANKE, C. u. A. SEIER (Hrsg.): Das Wuchern der Diskurse. Perspektiven der Diskursanalyse Foucaults. Frankfurt/Main, New York. S. 22-48.

BUBLITZ, H. (2001): Differenz und Integration. Zur diskursanalytischen Rekonstruktion sozialer Wirklichkeit. In: KELLER, R. et al. (Hrsg.): Handbuch Sozialwissenschaftliche Diskursanalyse. Band I: Theorien und Methoden. Opladen. S. 225-260.

BUDE, H. (2000): Die Kunst der Interpretation. In: FLICK, U., KARDORFF, E. V. u. I. STEINKE (Hrsg): Qualitative Forschung. Ein Handbuch. Reinbek bei Hamburg. S. 569-578.

BÜHRMANN, A. D. (1999): Der Diskurs als Diskursgegenstand im Horizont der kritischen Ontologie der Gegenwart. In: BUBLITZ, H. et al. (Hrsg.): Das Wuchern der Diskurse. Perspektiven der Diskursanalyse Foucaults. Frankfurt/Main, New York. S. 49-62.

BÜNGER, I. (2001): Apocalypse Now? Kritische Diskursanalyse der Berichterstattung der BILD-Zeitung vom 12.09.01 bis zum 7.11.01. (= Prokla 125 31 (4)). S. 603-625.

BUSSE, D. (1992): Textinterpretation: Sprachtheoretische Grundlagen einer explikativen Semantik. Opladen.

CARTER, H. (1980): Einführung in die Stadtgeographie. Berlin.

CASSIRER, E. (1956): Wesen und Wirkung des Symbolbegriffs. Darmstadt.

CICOUREL, A. V. (1970): Methode und Messung in der Soziologie. Frankfurt/Main.

CLAUS, G. u. H. EBNER (1985): Statistik für Soziologen, Pädagogen, Psychologen und Mediziner. Bd. 1. Grundlagen. Berlin.

CONVERSE, J. M. u. S. PRESSER (1986): Survey questions: handcrafting the standardized questionnaire. Beverly Hills.

COSTANZO, S. (1999): Migration aus dem Maghreb nach Italien. Soziale und räumliche Aspekte der Handlungsstrategien maghrebinischer Migranten und Migrantinnen in Kampanien, Süditalien (= Münchener Geographischen Hefte 80). Passau.

CRANACH, M. u. H.-G. FRENZ (1969): Systematische Beobachtung. In: GRAUMANN, C. F. (Hrsg.): Handbuch der Psychologie. Bd. 7: Sozialpsychologie. Göttingen. S. 269-330.

DANIELZYK, R., KRÜGER, R. u. B. SCHÄFER (1995): Ostfriesland: Leben in einer „besonderen Welt“: eine Unterscheidung zum Verhältnis von Alltag, Kultur und Politik in regionalen Maßstab. Oldenburg.

DANNER, H. (1998): Methoden geisteswissenschaftlicher Pädagogik. Einführung in Hermeneutik, Phänomenologie und Dialektik. München.

DE LANGE, N. u. W. WITTENBERG (1982; Hrsg.): Einführung in die Statistik für Geographen. Seminarentwurf mit didaktischen Hinweisen, aufbereiteten Beispielen und Aufgaben – diskutiert und erarbeitet vom hochschuldidaktischen Arbeitskreis Statistik des VDHG. Karlsruhe.

DEAR, M. J. (1994): Postmodern human geography: an assessment. Erdkunde 48, S. 2-13.

DENZIN, N. K. (2000): Reading Film – Filme und Videos als sozialwissenschaftliches Erfahrungsmaterial. In: FLICK, U., KARDORFF, E. v. u. I. STEINKE (Hrsg.): Qualitative Forschung. Ein Handbuch. Reinbek bei Hamburg. S. 416 – 428.

DENZIN, N. K. (2000): Symbolischer Interaktionismus. In: FLICK, U., KARDORFF, E. v. u. I. STEINKE (Hrsg.): Qualitative Forschung. Ein Handbuch. Reinbek bei Hamburg. S. 136-150.

DERRIDA, J. (1997): Übersetzung und Dekonstruktion. Frankfurt am Main

DESCARTES, R. (1629/1992): Meditationes de prima philosophia. Hamburg.

DIAZ-BONE, R. (2002): Kulturwelt, Diskurs und Lebensstil. Eine diskurstheoretische Erweiterung der bourdieuschen Disktinktionstheorie. Wiesbaden.

DIECKMANN, J. (1983): Über qualitative und quantitative Ansätze empirischer Sozialforschung. Dortmund.

DILLMAN, D. A. (1978): Mail and Telephone surveys: the total designmethod. New York.

DONATI, P. R. (2001): Die Rahmenanalyse politischer Diskurse. In : KELLER, R. et al. (Hrsg.): Handbuch Sozialwissenschaftliche Diskursanalyse. Band I: Theorien und Methoden. Opladen. S. 145-175.

DREHER, M. u. E. DREHER (1991): Gruppendiskussionsverfahren. In: FLICK, U. et al. (Hrsg.): Handbuch qualitative Sozialforschung. Grundlagen, Konzepte, Methoden und Anwendungen. München, S. 186-188.

EBERSLÖH, E. (1972): Interview. Stuttgart.

ECK, H. (1983): Methoden wissenschaftlichen Arbeitens. Eine Einführung für Geographiestudenten (= Werkhefte der Universität Tübingen, Reihe A, Nr.7). Tübingen.

ESCHER, A. (1991): Sozialgeographische Aspekte raumprägender Entwicklungsprozesse in Berggebieten der Arabischen Republik Syrien (= Erlanger Geographische Arbeiten Sonderband 20). Erlangen.

FISCHER, H. (2002): Einleitung: Über Feldforschungen. In: FISCHER, H. (Hrsg.): Feldforschungen. Erfahrungsberichte zur Einführung. Berlin. S. 9-24.

FISCHER, H. (1979): Feldforschung. Probleme und Tendenzen (= Mitteilungen aus dem Museum für Völkerkunde Hamburg. N.F. 9). Hamburg. S. 121-144.

FISCHER, H. (1985; Hrsg.): Feldforschungen. Berichte zur Einführung in Probleme und Methoden. Berlin.

FISCHER-ROSENTHAL, W. (1991): Biographische Methoden in der Soziologie. In: FLICK, U. et al. (Hrsg.): Handbuch Qualitative Sozialforschung. Grundlagen, Konzepte, Methoden und Anwendungen. München. S. 253-256.

FISCHER-ROSENTHAL, W. (1991): Zum Konzept der subjektiven Aneignung von Gesellschaft. In: FLICK, U. et al. (Hrsg.): Handbuch Qualitative Sozialforschung. Grundlagen, Konzepte, Methoden und Anwendungen. München. S. 78-89.

FLICK, U. (1995/2000): Qualitative Forschung. Theorie, Methoden, Anwendung in Psychologie und Sozialwissenschaften. Reinbek bei Hamburg.

FLICK, U. et al. (1991/1995; Hrsg.): Handbuch qualitative Sozialforschung. Grundlagen, Konzepte, Methoden und Anwendungen. München.

FLICK, U., KARDORFF, E. V. u. I. STEINKE (2000): Was ist qualitative Forschung? Einleitung und Überblick. In: FLICK, U., KARDORFF, E. V. u. I. STEINKE (Hrsg.): Qualitative Forschung. Ein Handbuch. Reinbek bei Hamburg. S. 13-29.

FLICK, U., KARDORFF, E. V. u. I. STEINKE (2000; Hrsg.): Qualitative Forschung. Ein Handbuch. Reinbek bei Hamburg.

FLITNER, M. (1999): Politische Ökologie und die Ordnung des Blicks. Zeitschrift für Wirtschaftsgeographie 43, S. 169-183.

FOUCAULT, M. (1969) Wahnsinn und Gesellschaft. Eine Geschichte des Wahns im Zeitalter der Vernunft. Frankfurt/Main.

FOUCAULT, M. (1971): Die Ordnung der Dinge. Frankfurt/Main.

FOUCAULT, M. (1976/1977): Überwachen und Strafen. Die Geburt des Gefängnisses. Frankfurt/Main.

FOUCAULT, M. (1988): Die Geburt der Klinik. Eine Archäologie des ärztlichen Blicks. Frankfurt/Main.

FOUCAULT, M. (1997): Die Archäologie des Wissens. Frankfurt/Main.

FOUCAULT, M. (1991/2001): Die Ordnung des Diskurses. Inauguralvorlesung am Collège de France, 2. Dezember 1970. Frankfurt/Main.

FOWLER, F. J. (1984): Survey Research Methods. Beverly Hills.

FREY, J. H., KUNZ, G. u. G. LÜSCHEN (1990): Telefonumfragen in der Sozialforschung. Methoden, Techniken, Befragungspraxis. Opladen.

FRIEDRICHS, J. (1973/1990): Methoden empirischer Sozialforschung. Reinbek bei Hamburg.

FUCHS, M. (1994): Umfrageforschung mit Telefon und Computer. Weinheim.

GARZ, D. u. K. KRAIMER (1991; Hrsg.): Qualitativ-empirische Sozialforschung. Konzepte, Methoden, Analysen. Opladen.

GEBHARDT, H. (1993): Forschungsmethoden in der Kulturgeographie (= Kleinere Arbeiten aus dem Geographischen Institut der Universität Tübingen 13). Tübingen.

GEBHARDT, H., REUBER, P. et al. (1995): Ortsbindung im Verdichtungsraum – Theoretische Grundlagen, methodische Ansätze und ausgewählte Ergebnisse. In: GEBHARDT, H. u. G. SCHWEIZER (Hrsg.): Zuhause in der Großstadt. Ortsbindung und räumliche Identifikation im Verdichtungsraum und seinem Umland (= Kölner Geographische Arbeiten 61). Köln. S. 3-58.

GEBHARDT, H., REUBER, P. u. G. WOLKERSDORFER (2003): Kulturgeographie. Leitlinien und Perspektiven. In: GEBHARDT, H. u. H. BATHELT (Hrsg.): Kulturgeographie: Aktuelle Ansätze und Entwicklungen. Heidelberg. S. 1-27.

GERDES, K. (1979, Hrsg.): Explorative Sozialforschung. Stuttgart.

GERHARD, U. (1991): Typenbildung. In: FLICK, U. et al. (Hrsg.): Handbuch Qualitative Sozialforschung. Grundlagen, Konzepte, Methoden und Anwendungen. München. S. 435-439.

GERHARD, U. u. J. LINK (1991): Zum Anteil der Kollektivsymbolik an den Nationalstereotypen. In: LINK, J. u. W. WÜLFING (Hrsg.; 1991): Nationale Mythen und Symbole in zweiten Hälfte des 19. Jahrhunderts. Stuttgart. S. 16-52.

GIDDENS, A. (1988/1997): Die Konstitution der Gesellschaft. Grundzüge einer Theorie der Strukturierung. Frankfurt/Main.

GIDDENS, A. (1989): Sociology. Cambridge.

GIEGLER, H. (1991): Freizeit. In: FLICK, U. et al. (Hrsg.): Handbuch Qualitative Sozialforschung. Grundlagen, Konzepte, Methoden und Anwendungen. München. S. 334-339.

Girtler, R. (1984): Methoden der qualitativen Sozialforschung. Anleitung zur Feldarbeit. Wien.

GIRTLER, R. (2001): Methoden der Feldforschung. Wien.

GLASERSFELD, E. v. (1996): Radikaler Konstruktivismus: Ideen, Ergebnisse, Probleme. Frankfurt.

GOLD, R. L. (1958): Roles in Sociological Field Observations. Social Forces 36, S. 217-223.

GRAESER, A. (1994): Ernst Cassirer (= Becksche Reihe Denker 527). München.

GRAUMANN, C. F., MÉTRAUX, A. u. G. SCHNEIDER (1991): Ansätze des Sinnverstehens. In: FLICK, U. ET AL. (Hrsg.): Handbuch Qualitative Sozialforschung. Grundlagen, Konzepte, Methoden und Anwendungen. München. S. 67 – 77.

GREGORY, D. (1994): Geographical Imaginations. Cambridge.

GROBEL, K. (1934): Formgeschichte und synoptische Quellenanalyse. Göttingen.

GROTHUES, R. u. H. HEINEBERG (2004): Perspektiven der Dorf und Stadtentwicklung im ländlichen Raum des Kreises Steinfurt. Empirische Analyse der Lebensverhältnisse in ausgewählten Ortsteilen. Steinfurt.

GROSS, P. u. A. HONER (1991): Probleme der Dienstleistungsgesellschaft als Herausforderung für die qualitative Forschung. In: FLICK, U. ET AL. (Hrsg.): Handbuch Qualitative Sozialforschung. Grundlagen, Konzepte, Methoden und Anwendungen. München. S. 320-323.

GRÜMER, K.-W. (1974): Beobachtung. Stuttgart.

GRZESIK, J. (1989): Geistige Operationen beim Fremdverstehen im Literaturunterricht. Klassische Hermeneutik und moderne Kognitionspsychologie. In: Deutschunterricht IV. S. 7-18.

HAASBAUER, L u. K. HÜFEL (1994): Forsche Frauen und die Forschung. Einblicke in die feministische Wissenschaft und ihre Beziehung zur Qualitativen Sozialforschung. In: ARBEITSKREIS QUALITATIVE SOZIALFORSCHUNG (Hrsg.): Verführung zum Qualitativen Forschen. Eine Methodenauswahl. Wien. S. 51-60.

HAGGETT, P. (1991): Geographie – eine moderne Synthese. Stuttgart.

HAGMÜLLER, P. (1979): Empirische Forschungsmethoden. Eine Einführung für pädagogische und soziale Berufe. München.

HAJER, M. A. (1997): The Politics of Environmental Discourse. Ecological Modernization and the Policy Process. Oxford.

HANKE, C. (1999): Kohärenz versus Ereignishaftigkeit? Ein Experiment im Spannungsfeld der foucaultschen Konzepte „Diskurs" und „Aussage". In: BUBLITZ, H. ET AL. (Hrsg.): Das Wuchern der Diskurse. Perspektiven der Diskursanalyse Foucaults. Frankfurt/Main, New York. S. 109-118.

HANTSCHEL, R. u. E. THARUN (1980): Anthropogeographische Arbeitsweisen. Braunschweig.

HARD, G. (1973): Die Geographie. Eine wissenschaftstheoretische Einführung. Berlin.

HARK, S. (2001): Feministische Theorie – Diskurs – Dekonstruktion. Produktive Verknüpfungen. In: KELLER, R. et al. (Hrsg.): Handbuch Sozialwissenschaftliche Diskursanalyse. Band I: Theorien und Methoden. Opladen. S. 335-351.

HARPER, D. (2000): Fotographien als sozialwissenschaftliche Daten. In: FLICK, U., KARDORFF, E. v. u. I. STEINKE (Hrsg.): Qualitative Forschung. Ein Handbuch. Reinbek bei Hamburg. S. 402-415.

HARTKE, W. (1956): Die „Sozialbrache" als Phänomen der gesellschaftlichen Differenzierung der Landschaft. Erdkunde 10, S. 426-436.

HAUSCHILD (2000): Feldforschung. In: STRECK, B. (Hrsg.): Wörterbuch der Ethnologie. Wuppertal. S. 63-67.

HEFFERNAN, M. (1998): The meaning of Europe. Geography and Geopolitics. London.

HEINEBERG, H. (2001): Stadtgeographie. Paderborn.

HEINZ, W. R. (1991): Berufliche Sozialisation. In: FLICK, U. et al. (Hrsg.): Handbuch Qualitative Sozialforschung. Grundlagen, Konzepte, Methoden und Anwendungen. München. S. 366-370.

HEINZE, T. (1987): Qualitative Sozialforschung. Erfahrungen, Probleme und Perspektiven. Opladen.

HEINZE, T. (2001): Qualitative Sozialforschung. Einführung, Methodologie und Forschungspraxis. Oldenburg.

HELBRECHT, I. (1991): Das Ende der Gestaltbarkeit? Zu Funktionswandel und Zukunftsperspektiven räumlicher Planung (= Wahrnehmungsgeographische Studien zur Regionalentwicklung 10). Oldenburg.

HELLER, A. (1987): Von einer Hermeneutik der Sozialwissenschaften (= Kölner Zeitschrift für Soziologie und Sozialpsychologie 39). Opladen. S. 427.

HERMANNS, H. (1991): Narratives Interview. In: FLICK, U. et al. (Hrsg.): Handbuch qualitative Sozialforschung. Grundlagen, Konzepte, Methoden und Anwendungen. München. S. 182-185.

HERMANNS, H. (2000): Interviewen als Tätigkeit. In: FLICK, U., KARDORFF, E. v. u. I. STEINKE (Hrsg.): Qualitative Forschung. Ein Handbuch. Reinbek bei Hamburg. S. 360-368.

HIERDEIS, H. u. T. HUG (1994): Pädagogische Alltagstheorien und erziehungswissenschaftliche Theorien. Ein Studienbuch zur Einführung. Bad Heilbrunn.

HILDENBRAND, B. (2000): Anselm Strauss. In: FLICK, U., KARDORFF, E. v. u. I. STEINKE (Hrsg.): Qualitative Forschung. Ein Handbuch. Reinbek bei Hamburg. S. 32-41.

HILDENBRAND, B. (2002): Grounded Theory. In: MEUSBURGER, P. et al. (Hrsg.): Lexikon der Geographie. Bd. 2. Heidelberg. S. 76-77.

HILDENBRAND, B., BERGER, C. u. I. SOMM (2002): Die Stadt der Zukunft: Leben im prekären Wohnquartier. Opladen.

HINTERMEIER, S. (1994): Qualitative und Quantitative Sozialforschung. In: ARBEITSKREIS QUALITATIVE SOZIALFORSCHUNG (Hrsg.): Verführung zum Qualitativen Forschen. Eine Methodenauswahl. Wien. S. 13-23.

HITZLER, R. u. A. HONER (1991): Qualitative Verfahren zur Lebensweltanalyse. In: FLICK, U. et al. (Hrsg.): Handbuch Qualitative Sozialforschung. Grundlagen, Konzepte, Methoden und Anwendungen. München. S. 382-385.

HITZLER, R. u. A. HONER. (1997): Sozialwissenschaftliche Hermeneutik. Opladen.

HOFFMANN-RIEM, C. (1980): Die Sozialforschung einer interpretativen Soziologie – der Datengewinn. Kölner Zeitschrift für Soziologie und Sozialpsychologie 32, S. 339-372.

HOPF, C. (1979): Soziologie und qualitative Sozialforschung. In: HOPF, C. (Hrsg.): Qualitative Sozialforschung. Stuttgart. S. 11-37.

HOPF, C. u. E. WEINGARTEN (1979; Hrsg.): Qualitative Sozialforschung. Stuttgart.

HOPF, C. (2000): Qualitative Interviews – ein Überblick. In: FLICK, U., KARDORFF, E. v. u. I. STEINKE (Hrsg.): Qualitative Forschung. Ein Handbuch. Reinbek bei Hamburg. S. 349-360.

HOVEN, B. v. (2000): Made in the GDR. The Changing Geographies of Women in the Post-Socialist Rural Society in Mecklenburg-Westpommerania (= Netherlands Geographical Studies 267). Utrecht/Groningen.

HOWARTH, D., NORVAL, A., STAVRAKAKIS, Y. (2000, Hrsg.): Discourse theory and political analysis. Identities, hegemonies and social change. Manchester, New York. In: LINK, J. (1997): Versuch über den Normalismus. Wie Normalität produziert wird. Opladen.

HOYT, H. (1939): The structure and growth of residential neighborhoods in American cities. Washington.

JÄGER, S. (2001): Kritische Diskursanalyse. Eine Einführung. Duisburg.

JAHODA, M., DEUTSCH, M. u. ST. W. COOK (1972): Beobachtungsverfahren. In: KÖNIG, R. (Hrsg.): Beobachtung und Experiment in der Sozialforschung (= Praktische Sozialforschung 2). Köln. S. 77-96.

JAHODA, M., LAZARSFELD, P. F. u. H. ZEISEL (1933): Die Arbeitslosen von Marienthal. Ein soziographischer Versuch. Leipzig.

JASPERS, K. (1995): Die großen Philosophen. Bd. 1. München.

JOHNSTON, R. J. (1997): Geography and Geographers: Anglo-American human geography since 1945. London.

JUNG, M. (2001): Diskurshistorische Analyse – eine linguistische Perspektive. In: KELLER, R. ET AL. (Hrsg.): Handbuch Sozialwissenschaftliche Diskursanalyse. Band I: Theorien und Methoden. Opladen. S. 29-51.

KANT, I. u. E. HENSCHEID (1802,1988): Der Neger (Negerl). Zürich.

KARDORFF, E. v. (1991): Qualitative Sozialforschung – Versuch einer Standortbestimmung. In: FLICK, U. ET AL. (Hrsg.): Handbuch Qualitative Sozialforschung. Grundlagen, Konzepte, Methoden und Anwendungen. München. S. 3-8.

KARDORFF, E. v. (1991): Soziale Netzwerke. In: FLICK, U. ET AL. (Hrsg.): Handbuch Qualitative Sozialforschung. Grundlagen, Konzepte, Methoden und Anwendungen. München. S. 402-405.

KARDORFF, E. v. (2000): Zur Verwendung qualitativer Forschung. In: FLICK, U., KARDORFF, E. v. u. I. STEINKE (Hrsg.): Qualitative Forschung. Ein Handbuch. Reinbek bei Hamburg. S. 615-623.

KARMASIN, F. (1977): Einführung in die Methoden und Probleme der Umfrageforschung. Wien, Köln, Graz.

KELLE, U. (2000): Computergestützte Analyse qualitativer Daten. In: FLICK, U., KARDORFF, E. v. u. I. STEINKE (Hrsg.): Qualitative Forschung. Ein Handbuch. Reinbek bei Hamburg. S. 485-502.

KELLER, R. (1997): Diskursanalyse. In: HITZLER, R. u. A. HONER, (Hrsg.): Sozialwissenschaftliche Hermeneutik. Opladen. S.309 – 334.

KELLER, R. (2001): Wissenssoziologische Diskursanalyse. In: KELLER, R. et al. (Hrsg.): Handbuch Sozialwissenschaftliche Diskursanalyse. Band I: Theorien und Methoden. Opladen. S. 113-143.

KELLER, R. (2004): Diskursforschung: eine Einführung für SozialwissenschaftlerInnen. Opladen.

KELLER, R. et al. (2001; Hrsg.): Handbuch Sozialwissenschaftliche Diskursanalyse. Band I: Theorien und Methoden. Opladen.

KELLER, R. et al. (2003; Hrsg.): Handbuch Sozialwissenschaftliche Diskursanalyse. Band II: Forschungspraxis. Opladen.

KENDALL, G. u. G. WICKAM (1999): Using Foucault's Methods. London.

KLEINING, G. (1991): Methodologie und Geschichte qualitativer Sozialforschung. In: FLICK, U. ET AL. (Hrsg.): Handbuch Qualitative Sozialforschung. Grundlagen, Konzepte, Methoden und Anwendungen. München. S. 11-22.

KLEINING, G. (1995): Lehrbuch entdeckende Sozialforschung. Bd 1: Von der Hermeneutik zur qualitativen Heuristik. Weinheim.

KLUGE, S. (1999): Empirisch begründete Typenbildung. Zur Konstruktion von Typen und Typologien in der qualitativen Sozialforschung. Opladen.

KNOBLAUCH, H. (2000): Zukunft und Perspektiven qualitativer Forschung. In: FLICK, U., KARDORFF, E. v. u. I. STEINKE (Hrsg.): Qualitative Forschung. Ein Handbuch. Reinbek bei Hamburg. S. 623-632.

KNOX, P. L. (1995): Urban social geography: an introduction. Harlow.

KÖCK, H. (1982): Induktion oder/und Deduktion im anthropogeographischen Erkenntnisprozeß? In: SEDLACEK, P. (Hrsg.): Kultur- und Sozialgeographie. Beiträge zu ihrer wissenschaftstheoretischen Grundlegung. Paderborn. S. 219-256.

KOHL, K.-H. (1990): Bronislaw Kaspar Malinowski. In: MARSCHALL, W. (Hrsg.): Klassiker der Kulturanthropologie. Von Montaigne bis Margaret Mead. München. S. 227-247.

KÖNIG, R. (1973; Hrsg.): Handbuch der empirischen Sozialforschung. Stuttgart.

KÖNIG, R. (1976; Hrsg.): Das Interview. Formen, Technik, Auswertung. Köln.

KOWALL, S. u. D. C. O'CONNELL (2000): Zur Transkription von Gesprächen. In: FLICK, U., KARDORFF, E. v. u. I. STEINKE (Hrsg): Qualitative Forschung. Ein Handbuch. Reinbek bei Hamburg. S. 437-447.

KRAUS, W. (1991): Qualitative Evaluationsforschung. In: FLICK, U. et al. (Hrsg.): Handbuch Qualitative Sozialforschung. Grundlagen, Konzepte, Methoden und Anwendungen. München. S. 412-416.

KROMREY, H. (1991/1998): Empirische Sozialforschung. Modelle und Methoden der Datenerhebung und Datenauswertung. Opladen.

KRON, F. (1999): Wissenschaftstheorie für Pädagogen. München.

KVALE, S. (1991): Validierung: Von der Beobachtung zu Kommunikation und Handeln. In: FLICK, U. ET AL. (Hrsg.): Handbuch Qualitative Sozialforschung. Grundlagen, Konzepte, Methoden und Anwendungen. München. S. 427-431.

LABAW, P. J. (1982): Advanced Questionnaire Design. Cambridge/Mass.

LACAN, J. (1996): Die Ethik der Psychoanalyse. Weinheim.

LACLAU, E. (1990): Hegemony and socialist strategy: towards a radical democratic politics. London.

LACLAU, E. (1996): Emancipation(s). London.

LACLAU, E. u. C. MOUFFE (1991): Hegemonie und radikale Demokratie: zur Dekonstruktion des Marxismus. Wien.

LAMNEK, S. (1995): Qualitative Sozialforschung. Bd. 1 Methodologie. Weinheim.

LAMNEK, S. (1989/1995): Qualitative Sozialforschung. Bd. 2 Methoden und Techniken. Weinheim.

LATOUR, B. (1989): Wir sind nie modern gewesen. Versuch einer symmetrischen Anthropologie. Frankfurt/Main.

LATOUR, B. (2000): Die Hoffnung der Pandora – Untersuchungen zur Wirklichkeit der Wissenschaft. Frankfurt/Main.

LEGEWIE, H. (1991): Feldforschung und teilnehmende Beobachtung. In: FLICK, U. ET AL. (Hrsg.): Handbuch qualitative Sozialforschung. Grundlagen, Konzepte, Methoden und Anwendungen. München. S. 189-193.

LEITHÄUSER, T. (1979): Anleitung zur empirischen Hermeneutik: psychoanalytische Textinterpretation als sozialwissenschaftliches Verfahren. Frankfurt/Main.

LEXIKON ZUR SOZIOLOGIE (1995): Opladen.

LINDNER, P. (1999): Räume und Regeln unternehmerischen Handelns. Industrieentwicklung in Palästina aus institutionenorientierter Perspektive (= Erdkundliches Wissen 129). Stuttgart.

LINK, J. (1997): Versuch über den Normalismus. Wie Normalität produziert wird. Opladen.

LOSSAU, J. (2002): Die Politik der Verortung. Eine postkoloniale Reise zu einer anderen Welt. Bielefeld.

LÜDERS, CH. (2000): Beobachten im Feld und Ethnographie. In: FLICK, U., KARDORFF, E. V. u. I. STEINKE (Hrsg.): Qualitative Forschung. Ein Handbuch. Reinbek bei Hamburg. S. 384-401.

LÜDERS, CH. (2000): Herausforderungen qualitativer Forschung. In: FLICK, U., KARDORFF, E. V. u. I. STEINKE (Hrsg.): Qualitative Forschung. Ein Handbuch. Reinbek bei Hamburg. S. 632 – 642.

LYOTARD, J.-F. (1999): Das postmoderne Wissen: Ein Bericht. Wien.

MALINOWSKI, B. (1954): Magic, Science and Religion. New York.

MALINOWSKI, B. (1922): Argonauts of the Western Pacific. An Account of Native Enterprise and Adventure in the Archipelagoes of Melanesian New Guinea. London.

MALINOWSKI, B. (1979): Die Argonauten des westlichen Pazifik. Frankfurt/Main.

MASSEY, D. (1999): Spaces of Politics. – In: MASSEY, D., ALLEN, J. u. P. SARRE (1999; Hrsg.): Human Geography Today. Cambridge. S. 279-294.

MASSEY, D., ALLEN, J. u. P. SARRE (1999; Hrsg.): Human Geography Today. Cambridge.

MATT, E. (2000): Darstellung qualitativer Forschung. In: FLICK, U., KARDORFF, E. v. u. I. STEINKE (Hrsg.): Qualitative Forschung. Ein Handbuch. Reinbek bei Hamburg. S. 578-587.

MATTHES, J. (1973/1981): Einführung in das Studium der Soziologie. Hamburg.

MATTHES, J. (1973; Hrsg.): Alltagswissen, Interaktion und gesellschaftliche Wirklichkeit. Symbolischer Interaktionismus und Ethnomethodologie; Ethnotheorie und Ethnographie des Sprechens. Reinbek bei Hamburg.

MATTISSEK, A. (2002): Postmoderne Bilder von Bahnhöfen. Eine semiotische Analyse. Heidelberg. Unveröffentlichte Diplomarbeit.

MATTISSEK, A. (2004): Poststrukturalistische Formen der Diskursanalyse als methodischer Ansatz zur Untersuchung von Fragen um Macht und Raum. Vortrag im Workshop „Macht und Raum" auf der Tagung „Kulturgeographie – Aktuelle Themen, Methoden, Perspektiven" (29. – 31. Januar 2004, Leipzig), unveröffentlichtes Manuskript.

MATTISSEK, A. u. P. REUBER (2005): Die Diskursanalyse als Methode in der Geographie – Ansätze und Potentiale. Geographische Zeitschrift (im Druck)

MATURANA, H. u. F. VARLELA (1992): Der Baum der Erkenntnis. Hamburg.

MAYNTZ, R., HOLM, K u. P. HÜBNER (1969): Einführung in die Methoden der empirischen Soziologie. Köln-Opladen.

MAYR, M. (1997): Regionalorientierung und Dorfbezogenheit von Jugendlichen – untersucht am Beispiel der „Auberg-Gemeinden". In: HEINRITZ, G. u. R. WIEßNER (Hrsg.): Dorfbewohner als Dorfentwickler. Kommunikative Strategien in der ländlichen Entwicklungsplanung (= Münchener Geographische Hefte 75). Passau. S. 29-62.

MAYRING, P. (1990/1996/2002): Einführung in die qualitative Sozialforschung. Eine Anleitung zum qualitativen Denken. Weinheim.

MAYRING, P. (1991): Qualitative Inhaltsanalyse. In: FLICK, U. et al. (Hrsg.): Handbuch Qualitative Sozialforschung. Grundlagen, Konzepte, Methoden und Anwendungen. München. S. 209-213.

MAYRING, P. (1995): Qualitative Inhaltsanalyse: Grundlagen und Techniken. Weinheim.

MAYRING, P. (2000): Qualitative Inhaltsanalyse. In: FLICK, U., KARDORFF, E. v. u. I. STEINKE (Hrsg.): Qualitative Forschung. Ein Handbuch. Reinbek bei Hamburg. S. 468-474.

MEIER, V. (1989): Hermeneutische Praxis – Feldmethoden einer „anderen" Geographie? In: SEDLACEK, P. (Hrsg.): Programm und Praxis qualitativer Sozialgeographie (= Wahrnehmungsgeographische Studien zur Regionalentwicklung 6). Oldenburg. S. 149-158.

MERKENS, H. (2000): Auswahlverfahren, Sampling, Fallkonstruktion. In: FLICK, U., KARDORFF, E. v. u. I. STEINKE (Hrsg.): Qualitative Forschung. Ein Handbuch. Reinbek bei Hamburg. S. 286-299.

MEYER ZU SCHWABEDISSEN, F. (2001): Das räumliche Stereotyp in öffentlichen Diskursen – das Beispiel der Berliner Republik. In: REUBER, P. u. G. WOLKERSDORFER (2001): Politische Geographie. Handlungsorientierte Ansätze und Critical Geopolitics. Heidelberg. S. 199-206.

MITCHELL, D. (2000): Cultural Geography. A Critical Introduction. Oxford.

MÜLLER-DOOHM, S. (1997): Bildinterpretation als struktural-hermeneutische Symbol-analyse. In: HITZLER, R. u. A. HONER (Hrsg.): Sozialwissenschaftliche Hermeneutik. Eine Einführung. Opladen. S. 81-108.

MÜLLER-MAHN, D. (2001): Fellachendörfer. Sozialgeographischer Wandel im ländlichen Ägypten (= Erdkundliches Wissen 127). Stuttgart.

MÜNKER, S. u. A. ROESLER (2000): Poststrukturalismus. Stuttgart, Weimar.

NIEDZWETZKI, K. (1984): Möglichkeiten, Schwierigkeiten und Grenzen qualitativer Verfahren in den Sozialwissenschaften. Ein Vergleich zwischen qualitativer und quantitativer Methode unter Verwendung empirischer Ergebnisse. Geographische Zeitschrift 72, S. 65-80.

NISBETT, R. E. u. D. T. WILSON (1977): Telling More than We Can Know: Verbal Reports an Mental Processes (= Psychological Review, 84). S. 231-259.

NOELLE, E. (1963): Umfragen in der Massengesellschaft. Reinbeck.

NORVAL, A. (1996): Deconstructing Apartheid Discourse. London, New York.

OEVERMANN, U. et al. (1979): Die Methodologie einer „objektiven Hermeneutik" und ihre allgemeine forschungslogische Bedeutung in den Sozialwissenschaften. In: SOEFFNER, H-G. (Hrsg.): Interpretative Verfahren in den Sozial- und Textwissenschaften. Stuttgart. S. 352-434.

OPP, K.-D. (1995): Methodologie in den Sozialwissenschaften. Opladen.

PACIONE, M. (1995): Quality-of-Life Research in Urban Geography. In: KNOX, P. L. (Hrsg.): Urban social geography an introduction. Harlow.

PAYNE, S. L. (1951): The Art of Asking Questions. New Jersey.

PELZMANN, L. (1991): Arbeitslosigkeit. In: FLICK, U. ET Al. (Hrsg.): Handbuch Qualitative Sozialforschung. Grundlagen, Konzepte, Methoden und Anwendungen. München. S. 294-297.

PFAFFENBACH, C. (1994): Frauen im Qalamun/Syrien. Auswirkungen sozioökonomischer und politischer Transformationen auf die alltägliche Lebenswelt und die räumlichen Handlungsmuster der Frauen in einer ländlichen Region (= Erlangen Geographische Arbeiten Sonderband 21). Erlangen.

PFAFFENBACH, C. (1999): Kulturkonflikt oder Kulturkontakt? Nutzungs- und Kommunikationsmuster deutscher und tunesischer Touristen. In: POPP, H. (Hrsg.): Lokale Akteure im Tourismus der Maghrebländer (= Maghreb-Studien 12). Passau S. 35-69.

PFAFFENBACH, C. (2002): Die Transformation des Handelns. Erwerbsbiographien in Westpendlergemeinden Südthüringens (= Erdkundliches Wissen 134). Stuttgart.

PFEIFFER, K. (1974): Sprachtheorie, Wissenschaftstheorie und das Problem der Textinterpretation. Amsterdam.

PIRSIG, R. M. (1976): Zen oder die Kunst ein Motorrad zu warten. Ein Versuch über Werte. Frankfurt/Main.

PLATON: Der Staat. Über das Gerechte. Übersetzt und erläutert von OTTO APELT. Hamburg 1989.

POHL, J. (1986): Geographie als hermeneutische Wissenschaft: ein Rekonstruktionsversuch. (= Münchner Geographische Hefte 52). Kallmünz, Regensburg.

POHL, J. (1989): Die Wirklichkeit von Planungsbetroffenen verstehen. Eine Studie zur Umweltbelastung im Münchener Norden. In: SEDLACEK, P. (Hrsg.): Programm und Praxis qualitativer Sozialgeographie (= Wahrnehmungsgeographische Studien zur Regionalentwicklung 6). Oldenburg. S. 39-64.

POPPER, K. (1989): Logik der Forschung. Tübingen.

PORST, R. (1999): Umfrageforschung und Sekundäranalyse von Umfragedaten (am Beispiel des ALLBUS). Hagen.

PORST, R. (2000): Praxis der Umfragenforschung. Stuttgart.

POTTER, J. (2001): Diskursive Psychologie und Diskursanalyse. In: KELLER, R. et al. (Hrsg.): Handbuch Sozialwissenschaftliche Diskursanalyse. Band I: Theorien und Methoden. Opladen. S. 313-334.

PÜTZ, R. (2003): Kultur und unternehmerisches Handeln. Perspektiven der „Transkulturalität als Praxis". Petermanns Geographische Mitteilungen 147, S. 76-83.

REDEPENNING, M. (1999): Die Konstruktion von Regionen in geopolitischen Diskursen. Das Beispiel „Bosnien-Herzegowina". (Unveröffentlichte Diplomarbeit am Geographischen Institut der Universität Münster.)

REDEPENNING, M. (2001): Territorien und Politik – Anmerkungen zu den Friedensplänen für Bosnien-Herzegowina zwischen 1993 und 1995. In: REUBER, P. u. G. WOLKERSDORFER (2001): Politische Geographie. Handlungsorientierte Ansätze und Critical Geopolitics. Heidelberg. S. 187-198.

REICHERT, D. (1997): Q.E.F. (quod erat faciendum) oder nochmals: Wie betreibt man Geographie am Ende der Geschichte? In: EISEL, U. u. H.-D. SCHULTZ (Hrsg.): Geographisches Denken. (= Urbs et Regio, Kasseler Schriften zur Geographie und Planung, Sonderband 65). Kassel.

REICHERTZ, J. (1991): Objektive Hermeneutik. In: FLICK, U. et al. (Hrsg.): Handbuch Qualitative Sozialforschung. Grundlagen, Konzepte, Methoden und Anwendungen. München. S. 223-228.

REICHERTZ, J. (2000): Objektive Hermeneutik und hermeneutische Wissenssoziologie. In: FLICK, U., KARDORFF, E. v. u. I. STEINKE (Hrsg.): Qualitative Forschung. Ein Handbuch. Reinbek bei Hamburg. S. 514-524.

REINHARDT, C. (1999): Die Richardstraße gibt es nicht: ein konstruktiver Versuch über lokale Identität und Ortsbindung. Frankfurt/Main.

REUBER P., WOLKERSDORFER, G. (1992; Hrsg.): Postmoderne Freizeitstile und Freizeiträume im Ruhrgebiet. Bericht über ein Projektseminar. (= Working Papers Politische Geographie/Sozialgeographie 1). Münster.

REUBER, P. (1993): Heimat in der Großstadt. Eine sozialgeographische Studie zu Raumbezug und Entstehung von Ortsbindung am Beispiel Kölns und seiner Stadtviertel (= Kölner Geographische Arbeiten 58). Köln.

REUBER, P. (1999): Raumbezogene politische Konflikte: geographische Konfliktforschung am Beispiel von Gemeindegebietsreformen (= Erdkundliches Wissen 131). Stuttgart.

REUBER, P. u. G. WOLKERSDORFER (2003): Projektseminar: Freizeitstile und Freizeiträume in der Postmodernen Gesellschaft (= Working Papers. Politische Geographie/Sozialgeographie 1). Münster.

REUBER, P. (2003): Europa und die Europäische Union – Geopolitische Leitbilder als „strategische Regionalisierungen" in der politischen Diskussion. Abschlussbericht über ein DFG-Forschungsprojekt. Münster, unveröffentlicht.

RORTY, R. (1967): The linguistic turn. Chicago.

ROTH, E. (1984; Hrsg.): Sozialwissenschaftliche Methoden. Lehr- und Handbuch für Forschung und Praxis. München.

ROTH, E. u. H. HOLLING (1999): Sozialwissenschaftliche Methoden. München.

RUCHT, D. (1991): Soziale Bewegungen und Initiativgruppen. In: FLICK, U. ET AL. (Hrsg.): Handbuch Qualitative Sozialforschung. Grundlagen, Konzepte, Methoden und Anwendungen. München. S. 408-411.

RUSSEL (1967): Probleme der Philosophie. Frankfurt/Main.

SACHS (1992): Ortsbildung von Ausländern. Eine sozialgeographische Untersuchung zur Bedeutung der Großstadt als Heimatraum für ausländische Arbeitnehmer am Beispiel Köln. (= Kölner Geographische Arbeiten 60). Köln.

SAHR, W.-D. (1999): Der Ort der Regionalisierung im geographischen Diskurs. In: MEUSBURGER, P. (Hrsg.): Handlungszentrierte Sozialgeographie. Benno Werlens Entwurf in der kritischen Diskussion (= Erdkundliches Wissen 130). Stuttgart. S. 43-66.

SAHR, W.-D. (2003): Zeichen und RaumWELTEN – zur Geographie des Kulturellen. Petermanns Geographische Mitteilungen 147, S. 18 – 27.

SCHEUCH, E. K. (1973): Das Interview in der Sozialforschung. In: KÖNIG, R. (Hrsg.): Handbuch der empirischen Sozialforschung. Bd.1. Stuttgart.

SCHMIDT, CH. (2000): Analyse von Leitfadeninterviews. In: FLICK, U., KARDORFF, E. V. u. I. STEINKE (Hrsg.): Qualitative Forschung. Ein Handbuch. Reinbek bei Hamburg. S. 447-455.

SCHNELL, R. (1997): Nonresponse in Bevölkerungsumfragen. Ausmaß, Entwicklung und Ursachen. Opladen.

SCHNELL, R., HILL, P. u. E. ESSER (1995): Methoden der empirischen Sozialforschung. München, Wien.

SCHULZ VON THUN, F. (1999): Miteinander reden. Band 1. Reinbek bei Hamburg.

SCHÜTZE, F. (1977): Die Technik des narrativen Interviews in Interaktionsfeldstudien: dargestellt an einem Projekt zur Erforschung von kommunalen Machtstrukturen. Bielefeld.

SCHWAB-TRAPP, M. (2001): Diskurs als soziologisches Konzept. Bausteine für eine soziologisch orientierte Diskursanalyse. In: KELLER, R. et al. (Hrsg.): Handbuch Sozialwissenschaftliche Diskursanalyse. Band I: Theorien und Methoden. Opladen. S. 261-283.

SCHWEMMER, O. (1981; Hrsg.): Vernunft, Handlung und Erfahrung. Über die Grundlagen und Ziele der Wissenschaften. München.

SEDLACEK, P. (1982; Hrsg.): Kultur- und Sozialgeographie. Beiträge zu ihrer wissenschaftstheoretischen Grundlegung. Paderborn.

SEDLACEK, P. (1989; Hrsg.): Programm und Praxis der qualitativen Sozialgeographie (= Wahrnehmungsgeographische Studien zur Regionalentwicklung 6). Oldenburg.

SEIER, A. (1999): Kategorien der Entzifferung: Macht und Diskurs als Analyseraster. In: BUBLITZ, H. ET AL. (Hrsg.): Das Wuchern der Diskurse. Perspektiven der Diskursanalyse Foucaults. Frankfurt/Main, New York. S. 75-86.

SEIFFERT, H. (1991): Einführung in die Wissenschaftstheorie. Bd 2: Geisteswissenschaftliche Methoden: Phänomenologie, Hermeneutik und historische Methode, Dialektik. München.

SEIFFERT, H. (1992): Einführung in die Hermeneutik. Die Lehre von der Interpretation in den Fachwissenschaften. Stuttgart.

SHANKS, M. (1989): Information Technology and Survey Research. Where do we go from here? Journal of Official Statistics 5, S. 3-21.

SIEBERT, H (1999): Pädagogischer Konstruktivismus: Eine Bilanz des Konstruktivismusdiskussion für die Bildungspraxis. Neuwied.

SIMMEL, G. (1984): Grundfragen de Soziologie: Individuum und Gesellschaft. Berlin.

SOEFFNER, H.-G. (2000): Sozialwissenschaftliche Hermeneutik. In: FLICK, U., KARDORFF, E. V. u. I. STEINKE (Hrsg.): Qualitative Forschung. Ein Handbuch. Reinbek bei Hamburg. S. 164-175.

SOJA, E. (1996): Thirdspace. Journeys to Los Angeles and other real-and-imagined-places. Cambridge.

SOJA, E. (1999): Thirdspace. Espanding the Scope of the Geographical Imagination. In: MASSEY, D. ALLEN, J. und P. SARRE (1999; Hrsg.): Human Geography Today. Cambridge.

SOJA, E. (2003): Thirdspace. Die Erweiterung des Geographischen Blicks. In: GEBHARDT, H. u. BATHELT, H. (Hrsg.) Kulturgeographie: aktuelle Ansätze und Entwicklungen. Heidelberg. S. 269-288.

SPITTLER, G. (2001): Teilnehmende Beobachtung als Dichte Teilnahme. Zeitschrift für Ethnologie 126, S. 1-25.

SPÖHRING, W. (1995): Qualitative Sozialforschung. Stuttgart.

Stadt Münster (2001; Hrsg.): Bürgerumfrage 2000 (= Beiträge zur Statistik 76). Münster.

STEGMANN, B.-A. (1997): Großstadt im Image. Eine wahrnehmungsgeographische Studie zu raumbezogenen Images und zum Imagemarketing in Printmedien am Beispiel Kölns und seiner Stadtviertel (= Kölner Geographische Arbeiten 68). Köln.

STÖRIG, H. J. (1992): Kleine Weltgeschichte der Philosophie. Frankfurt/Main.

STRAUSS, A. L. (1991): Grundlagen qualitativer Sozialforschung. Datenanalyse und Theoriebildung in der empirischen soziologischen Forschung. München.

THOMAS, W. I. u. F. ZNANIECKI (1927): The Polish peasant in Europe and America. New York.

TREIBEL, A. (1997). Einführung in soziologische Theorien der Gegenwart. Opladen.

VAN MAANEN, J. (Hrsg.; 1995): Representation in Ethnography. London.

VIEHÖVER, W. (2001): Diskurse als Narrationen. In: KELLER, R. et al. (Hrsg.): Handbuch Sozialwissenschaftliche Diskursanalyse. Band I: Theorien und Methoden. Opladen. S. 177-206.

VOLLMER, G. (1994): Evolutionäre Erkenntnistheorie angeborene Erkenntnisstrukturen im Kontext von Biologie, Psychologie, Linguistik, Philosophie und Wissenschaftstheorie. Stuttgart.

WEBER, M. (1980/1985): Wirtschaft und Gesellschaft. Grundriss der verstehenden Soziologie. Tübingen.

WEIGT, E. (1970): Die Geographie. Eine Einführung in Wesen, Methoden, Hilfsmittel und Studium (= Das Geographische Seminar). Braunschweig.

WEISS, G. (1993): Heimat vor den Toren der Großstadt. Eine sozialgeographische Studie zu raumbezogener Bindung und Bewertung in Randgebieten des Verdichtungsraums am Beispiel Köln (= Kölner Geographische Arbeiten 59). Köln.

WENTURIS, N., VAN HOVE, W. u. V. DREIER (1992): Methodologie der Sozialwissenschaften: eine Einführung. Tübingen.

WERLEN, B. (1995): Sozialgeographie alltäglicher Regionalisierungen, Bd. 1. Stuttgart.

WERLEN, B. (1997): Sozialgeographie alltäglicher Regionalisierungen, Bd. 2. Stuttgart.

WESSEL, K. (1996): Empirisches Arbeiten in der Wirtschafts- und Sozialgeographie. Paderborn, München, Wien, Zürich.

WHYTE, W. F. (1955): Street corner society: The social structure of an Italian slum. Chicago.

WIEDEMANN, P. (1991): Gegenstandsnahe Theoriebildung. In: FLICK, U. et al. (Hrsg.): Handbuch Qualitative Sozialforschung. Grundlagen, Konzepte, Methoden und Anwendungen. München. S. 440-445.

WIRTH, E. (1979): Theoretische Geographie. Grundzüge einer theoretischen Kulturgeographie. Stuttgart.

WITZEL, A. (1982): Verfahren der qualitativen Sozialforschung. Überblick und Alternativen. Frankfurt/Main, New York.

WITZEL, A. (1985): Das problemzentrierte Interview. In: JÜTTEMANN, G. (Hrsg.): Qualitative Forschung in der Psychologie. Weinheim, S. 227-255.

WOLF, ST. (2000): Dokumenten- und Aktenanalyse. In: FLICK, U., KARDORFF, E. v. u. I. STEINKE (Hrsg.): Qualitative Forschung. Ein Handbuch. Reinbek bei Hamburg. S. 502-513.

WOLKERSDORFER, G. (2001): Politische Geographie und Geopolitik zwischen Moderne und Postmoderne (= Heidelberger Geographische Arbeiten 111). Heidelberg.

Women and Geography-Study Group (1997; Hrsg.): Feminist Geographies – Explorations in Diversity and Difference. Harlow, Essex, Singapore.

WOOD, G. (1994): Die Umstrukturierung Nordost-Englands. Wirtschaftlicher Wandel, Alltag und Politik in einer Altindustrieregion (= Duisburger Geographische Arbeiten 13). Dortmund.

WOOD, G. (2003): Wahrnehmung städtischen Wandels in der Postmoderne. Untersucht am Beispiel der Stadt Oberhausen. (= Stadtforschung aktuell 88). Opladen.

ZEDLER, P. (1983): Aspekte qualitativer Sozialforschung. Opladen.

ZIMA, P. V. (1994): Die Dekonstruktion. Tübingen, Basel.